全国农业推广专业学位研究生教育指导委员会推荐教材
受北京林业大学研究生教学用书建设基金资助

现代食品加工技术

XIAN DAI SHI PIN JIA GONG JI SHU

任迪峰 主编

中国农业科学技术出版社

图书在版编目（CIP）数据

现代食品加工技术 / 任迪峰主编. -- 北京 : 中国农业科学技术出版社，2015.8 (2022.8重印)
ISBN 978-7-5116-2068-2

Ⅰ. ①现… Ⅱ. ①任… Ⅲ. ①食品加工 Ⅳ. ①TS205

中国版本图书馆CIP数据核字(2015)第078726号

责任编辑 史咏竹
责任校对 马广洋

出版发行 中国农业科学技术出版社
北京市中关村南大街12号 邮编：100081
电　　话 （010）82105169（编辑室）
（010）82109702（发行部）
（010）82109709（读者服务部）
传　　真 （010）82109707
网　　址 http://www.castp.cn
经　　销 各地新华书店
印　　刷 北京建宏印刷有限公司
开　　本 787mm × 1 092mm 1/16
印　　张 14.5
字　　数 341千字
版　　次 2015年8月第1版 2022年8月第3次印刷
定　　价 46.00元

《现代食品加工技术》

编 委 会

主　编： 任迪峰　北京林业大学

副主编： 张柏林　北京林业大学

鲁　军　中国食品发酵工业研究院

编委会成员（按姓氏笔画）：

马　超　马　荣　王丰俊　王　海　王　雪

李　栋　李显军　刘海杰　许美玉　朱保庆

陈湘宁　汪立君　汪　涛　宋　涵　苑　鹏

侯占群　赵凤敏　赵宏飞　高福利　曹有福

黄志刚　盛群刚　潘黄蕾　霍春艳　魏　辉

前　　言

现代食品加工技术是食品工程设计和食品开发的基础学科之一，是高等学校农业推广硕士研究生培养食品加工与安全专业的专业基础课。作为必修课程，通过本课程学习使学生获得食品加工现代新技术的基础知识，掌握现代食品加工技术的主要内容、基本原理、主要设备或装置及其在食品工业中的应用。具有信息量大、前沿性强、跟踪发展趋势等特点，对于研究生可以启迪思路、开阔视野。

《现代食品加工技术》课程的内容包括食品加工业新型技术的基本原理，主要设备以及在食品工业中的应用等。全书共分九章，涉及绪论、超临界流体萃取技术、分子蒸馏技术、色谱分离技术、微胶囊技术、冷杀菌技术、生物传感器技术、电子鼻、电子舌技术、纳米技术、现代生物技术等在食品成分分离、结构鉴定、食品加工以及食品品质分析中的应用等。绪论主要讲授食品高新技术的主要内容、进展、应用前景、学习的意义等；超临界流体萃取技术（SFE），包括SFE基本原理、SFE过程系统及工艺及 SFE在农产品深加工中的应用示例；食品分子蒸馏技术，内容有分子蒸馏的基本概念和加工原理、分子蒸馏的发展概况及在食品工业中的应用实例；色谱分离技术，涉及色谱技术的基本概念及加工原理、举例色谱技术的工业应用、设立HPLC、LC-MS联用、GC、GC-MS联用、模拟移动床色谱技术及其应用等专题进行色谱分离技术的探讨；微胶囊技术，主要有微胶囊化技术方法分类及基本原理，微胶囊技术在农产品深加工中的应用示例；冷杀菌技术，涉及高压脉冲电场杀菌、磁力杀菌、感应电子杀菌、脉冲强光杀菌、臭氧杀菌等技术的基本原理，同时举例了部分冷杀菌在食品工业中的应用实例，并对冷杀菌的技术前景予以展望；生物传感器技术，涉及生物传感器的基本概念、基本原理和分类，以及在品质监控、成分分析和安全检测等食品工业中的应用实例；电子鼻、电子舌技术，包括电子鼻、电子舌技术的基本概念基本原理和发展状况，以及在食品工业中的应用实例；纳米技术，包括纳米技术的基本概念和发展概况、纳米食品的活性与安全性及其在食品工业中的应用实例。

本教材主要由来自北京林业大学、中国食品发酵工业研究院、中国农业大学、北京工商大学、北京农学院、中国农业机械化科学研究院、中华人民共和国农业部规划设计研究院、中国绿色食品发展中心、国贸工程设计院的知名教授编写，也吸收了青年教师参加。本书可作为食品科学与工程专业学位研究生的教学用书，也可供食品专业相关的科技工作者和大专院校师生参考。本书得到北京林业大学研究生教学用书建设基金资助。

由于编写时间仓促和作者水平有限，书中错误之处在所难免，恳请读者不吝批评指正。

编　者

2015年3月

前言

目　录

第一章　绪　论

第一节　现代食品加工技术的定义和内容

近年来，随着社会科技进步和人民生活水平的提高，人们对食品的认识也在不断加深，对食品的质量和营养的要求也越来越高，消费者已经不能满足于原有的食品加工技术生产的产品，因此，发展现代的食品加工技术已成为大势所趋。现代食品加工技术是指食品在提取、分离、浓缩以及贮存等加工过程中，能够使其有效成分保持生理活性及稳定性的先进技术。在确保无污染加工条件下，这些技术可以最大限度地降低加工过程中食品营养成分的破坏，具备低能耗、低污染排放、无溶剂残留等特点，从而提高生产率，减少成本，改善食品品质。到目前为止，关于食品加工技术的分类方法有很多。根据加工过程中单元操作不同，可分为粉碎技术、冷冻技术、微胶囊化技术、挤压技术等；根据加工过程中所使用的原料来源不同，可分为粮食加工工艺、乳制品加工工艺、肉制品加工工艺、果蔬加工工艺等；根据加工过程使用的分离方法不同，可分为膜分离技术、分子蒸馏技术、超临界萃取技术和冷冻干燥技术等。

本书主要从超临界流体萃取技术、色谱分离技术、分子蒸馏技术、微胶囊化技术、冷杀菌技术、生物传感器技术、电子鼻、电子舌技术、纳米技术9个方面来阐述这些现代食品加工技术及其在食品工业中的应用。

一、超临界流体萃取技术

超临界流体萃取技术（简称SFE）是一种以超临界流体作为萃取溶剂，在临界温度和临界压力条件状态下，利用其特殊的物理化学性质，对混合物进行萃取分离的技术。

该应用技术兴起于20世纪70年代末，是一种新型的、精致的生物分离技术，由于近年来社会飞速发展，这种技术已被广泛应用于石油、化学、医药、食品、保健品等领域，受到世界各地的普遍重视。由于超临界流体具有良好的流动和传质特性，它的许多物理化学性质在临界点附近对温度和压力的变化十分敏感，如密度、溶解度、介电常数等，于是这些特殊的性质能够被利用来实现萃取物质以及分离萃取物与溶剂。与传统的分离工序（例如用有机溶剂萃取及精馏）相比，超临界流体萃取技术具有更大更多的优点，它萃取纯度高，效果好，能够保留植物的全部成分，而且萃取效率高、速度快，安全性好，不产生溶剂残留，萃取过程工艺简单，耗能少、CO_2可循环使用、成本低，因此具有很高的应用价值。

本书重点阐述了超临界流体萃取技术应用的基本原理、过程系统、工艺过程以及该技术在农产品深加工中的应用范围和示例。

二、食品分子蒸馏技术

分子蒸馏是指在一定温度和真空度下，根据物质分子运动的不同的平均自由程而实现物质分离的一种液—液分离技术，是一种非平衡状态下的蒸馏。分子蒸馏技术有蒸馏温度低、真空度高、分离效果好、受热时间短等优点，适用于容易氧化、热敏性和高沸点的组分分离。

在20世纪30年代时，出现了分子蒸馏技术，但由于当时的精密仪器的机械制造水平和化学计量学等统计分析方法还不够成熟，导致分子蒸馏技术没有很好的应用。至20世纪60年代，日本、英国、美国以及前苏联等均有多套大型工业化装置投入使用，技术研究逐渐活跃，但相关技术的发展还很落后，致使在整体上分子蒸馏技术及装备还不够完善。近年来，这一领域受到了各国研究者的重视，分子蒸馏技术及应用得到了进一步的发展，并逐渐被应用于食品加工、精细化工、石油化学制品、油脂、制药及轻工业等领域。

本书具体介绍了分子蒸馏的基本概念和加工原理、分子蒸馏的发展概况以及在食品工业中的应用实例。

三、色谱分离技术

色谱分离技术又称层析分离技术或色层分离技术，是一种能够把复杂混合物中各个组分分离出来的有效方法。它是利用不同的物质在由固定相和流动相构成的特殊体系中有不同的分配系数的性质，当两相作相对运动时，这些物质会随着流动相一起运动，并在两相间进行反复多次的分配，从而使各物质分离。

当混合物的各组成部分的物理和化学性质十分接近，化合物的物化性能差别很小，其他的分离技术很难或根本无法应用时，色谱分离技术能显示出其实际的优越性。所以，在现代的食品加工工业中，发展色谱分离技术进行大规模纯物质分离提取的重要性日益增加。

本书阐述了色谱技术的工业应用，设立HPLC、LC-MS联用、GC、GC-MS联用、模拟移动床色谱技术及其应用等专题对色谱分离技术进行探讨。

四、微胶囊技术

微胶囊技术是指利用天然的或者是合成的高分子包裹材料，能够将固体的、液体的、甚至是气体的微小囊核物质包裹形成直径为1～5 000μm的一种具有密封或半透性囊膜的微型胶囊技术，得到的微小粒子叫微胶囊。由于此项技术可以使不相溶成分混合降低某些化学添加剂的毒性、改变物质形态、隔离活性物质、保护敏感成分和降低挥发性等，因此，它为食品工业高新技术的开发展现了良好的前景。

本书主要讲述了微胶囊化技术的基本原理以及分类，并列举了微胶囊技术在农产品深加工中的应用示例。

五、冷杀菌技术

相对于热杀菌技术而言，冷杀菌技术利用其他灭菌机理杀灭微生物，无需对物料进行加热，因而避免了食品成分因热而被破坏。冷杀菌技术有很多方法，如高压杀菌、放射线辐射杀菌、放电杀菌、超声波杀菌、紫外线杀菌、感应电子杀菌、静电杀菌、磁场杀菌和强光脉冲杀菌等。相比于传统的食品热杀菌技术而言，使用冷杀菌技术能够充分保留食品原有的营养成分和风味，甚至还能产生令人喜爱的特殊风味，而且处理时间短，杀菌彻底，不产生毒性物质。但是，由于有些技术还不够成熟，在实际应用中还受到较大程度的限制。

本书重点介绍了高压脉冲电场杀菌、磁力杀菌、感应电子杀菌、脉冲强光杀菌、臭氧杀菌等技术的基本原理，以及部分冷杀菌在食品工业中的应用实例，并展望了冷杀菌技术前景。

六、生物传感器

生物传感器是一类特殊形式的传感器，由生物分子识别元件与各类物理、化学换能器组成，用于各种生命物质和化学物质的分析和检测。生物传感器融生物学、化学、物理学、信息科学及相关技术于一体，已经发展成为一个十分活跃的研究领域。

生物传感器技术的研究重点是：广泛地应用各种生物活性材料与传感器结合，研究和开发具有识别功能的换能器，并成为制造新型的分析仪器和分析方法的原创技术，研究和开发它们的应用。

本书介绍了生物传感器的基本概念、基本原理和分类，以及在品质监控、成分分析和安全检测等食品工业中的应用实例。

七、电子鼻、电子舌技术

电子鼻是测量一种或多种气味物质的适用于许多系统中的气体敏感系统，与传统的气味分析技术，如火焰离子化检测、气相色谱法、质谱法等相比，具有快捷、经济、简便等优点，因此广泛应用于食品、农业、医药、公共安全及环境监控等领域。

20世纪80年代中期，电子舌技术作为一种分析、识别液体味道的新型检测手段发展了起来。与普通的化学分析方法相比，电子舌技术在传感器上输出的并不是样品成分的分析结果，而是一种与试样某些特性有关的信号模式，这种信号在被有模式识别能力的计算机分析后，能够得出对样品味觉特征的总体评价。

本书阐述了电子鼻、电子舌的基本概念、基本原理和发展状况，以及其在食品工业中的应用实例。

八、纳米技术

纳米技术也称毫微技术，是研究1～100nm结构尺寸范围内材料的性质和应用的一种技术，是一门交叉性很强的综合性学科，研究的内容非常广，涉及现代科技的广阔领域。纳米技术已成功用于许多方面，包括医学、化学、食品及生物监测、光学、制造业以及国防等。

纳米食品是指运用纳米技术对食物进行分子、原子的重新编程，使其某些结构发生改变，从而能大大提高某些成分的吸收率、加快营养成分在体内的运输、提高人体对矿质元素的吸收利用率、降低保健食品的毒副作用、延长食品的保质期。纳米食品具有提高营养、防止疾病、调节身体节律、增强体质、恢复健康和延缓衰老等功能。目前的纳米食品主要有钙与硒等矿物质制剂、添加营养素的钙奶与豆奶、维生素制剂、纳米茶和各种纳米功能食品等。

本书主要阐述了纳米技术的基本概念和发展概况、纳米食品的活性与安全性以及在食品工业中的应用实例。

第二节　现代食品加工技术的产生和发展

民以食为天，食品加工工业的发展直接关系到人们的生活质量。在我国，自改革开放以来，食品加工工业发展迅速，现在已经成为国民经济中的重要支柱。从行业的市场结构来看，食品加工工业是高度市场化的行业，全行业企业数目众多、竞争充分，为我国日益增长的消费需求提供了可靠的保障。而从行业技术水平来看，食品加工工业所拥有的技术含量相对较低。近年来在国家的政策主导下，中国食品工业加快了食品加工技术的研发，在很多核心领域食品加工技术都取得了重大突破，促使行业经济产值增长迅速，经济效益不断提高，产业竞争力逐渐上升。

18世纪末到19世纪初，近代食品工业产生。18世纪，英国发生了工业革命，随即产生了食品工业加工技术的应用，出现了以蒸汽机为动力的面粉厂，即利用机械进行加工的食品工业。1810年，法国的阿培尔提出用排气、密封和杀菌的方法来保存食品的“食品贮藏法”，由于该方法的出现，1829年建成了世界上第一个罐头厂。1872年，美国发明了喷雾式奶粉的生产工艺，1885年乳制品的生产正式成为工业生产的一部分。随着社会发展和科学技术的不断完善，现代食品加工技术的迅速发展，食品加工的深度和广度不断加深，运用的科学技术也越来越先进。

人类生存的第一需求是食品消费，在各国的国民经济中占有重要的地位，因此，各国也越来越重视食品加工技术的发展。“原始状态”曾是我国长期的消费状态，即人们的食品消费基本上以直接的农产品消费为主。因为长期以来，我国的小农经济特征非常明显，农村经济普遍呈现自给自足的特点，使得我国食品工业的发展远远晚于西方国家，从而导致食品加工技术呈现出水平低、核心技术依靠进口的特点。但是，随着我国经济的不断发展，当前食品加工技术的发展也非常迅猛。从国内的发展状况来看，食品加工技术的发展可初步划分为以下3个阶段。

一、缓慢增长阶段

我国现代化的食品加工技术开始于清末使用进口机械加工面粉，是“进口型”的。但引进机械后，技术水平严重依赖国外进口，而且对引进技术的吸收水平也很低，我国的发展仍然比较缓慢。整个国家的消费都处于小农经济自给自足的状态，而且食品消费主要以初级产品为主，加工食品的消费比例非常低。另一方面国家的政策也制约着它的发展，重视重工业而轻视轻工业，对食品加工技术的发展不够重视。

二、觉醒阶段

1978年实行改革开放以来，经济呈现全面振兴之势，为引进先进的加工技术提供了便利的条件。然而，由于食品加工有“积重难返”的难题，在改革开放之后并没有爆发出迅猛的发展势头。在两年之后，食品行业的技术引进以及新增投资开始发挥作用。从20世纪90年代起，我国的食品行业的发展呈现了觉醒之势，食品加工技术的整体水平迈上了一个新的台阶。

三、飞速发展阶段

进入21世纪，我国在政策上逐渐重视食品加工技术的发展，特别加大了对食品科技研发的政策与资金支持力度，使得我国食品加工技术的发展表现出平稳、快速地发展态势。经过这一阶段的快速发展，我国的食品加工技术进一步缩小了与发达国家水平的差距，甚至在某些领域与国际先进水平接近，在个别领域处于领先地位，为我国食品加工技术的进一步发展奠定了坚实的基础。具体表现在以农副产品为主要原料的食品制造业中，大量采用各个学科中最新最先进的技术，使食品生产中投入产出比增大、损耗降低；一系列现代营养、生物、电子、卫生、机械、光电、电磁、程控、材料等科学领域中的高新加工技术慢慢的被广泛应用于食品工业的各项加工环节中，从而改善产品品质与风味，保证了营养与卫生安全，提高了产品质量。

然而，我国的食品加工技术也存在自身的问题，食品加工技术整体水平仍然较低，与世界先进水平还有较大差距。首先，目前我国食品行业的企业规模普遍较小，大多数中小型企业的资金有限，且主要从事食品生产活动，缺乏经费投入研发。企业对研发的管理比较薄弱，技术人员自发创造型和投资驱动型相结合是普遍存在的模式，难以突破食品加工的关键技术。对研发的投入不足和管理方式的相对落后，导致食品工业技术创新不够，从而造成产品种类少、技术含量不高、档次偏低。其次，在我国的食品行业科技成果中，初级加工技术的成果所占比重大，而精深加工的成果明显少于初级加工的成果，食品行业大部分仍属于传统行业，粗加工水平占优势，缺少精加工产品，基本的技术含量和附加值偏低。即使某些企业已经形成集团优势，其产品的技术含量也不是很高，食品加工业正处于以农产品粗加工和劳动密集型为主向深加工和资金技术密集型转型的过程。最后，对食品行业的综合利用，尤其是废弃物的综合利用研究较少，与国际先进水平有较大差距。

第三节　现代食品加工技术的展望

我国地大物博，每年的食品产量都很大，很多食品如油料、水果、粮食、蔬菜、肉类和水产品等的产量都位居世界首位。然而我国食品的加工率很低，一方面是由于加工技术落后，另一方面则是很多食品种类不适宜深加工。目前我国加工食品占消费食品的比重约为30%，而发达国家一般都达到了60%～80%的水平，差距非常大。例如，蔬菜的加工，我国经过商品化处理的蔬菜仅占30%，而欧盟、美国、日本等发达国家与地区占90%以上；我国柑橘加工量仅为10%左右，而美国、巴西达到70%以上；我国虽为肉类大国，产量占世界总产量的1/4，但加工量只有5%左右。可见我国的食品加工业还远远落后于其他发达国家，我们还停留在主要以吃“原料”为主的时代。同时，食品加工高新技术产业化的通畅流程尚未形成。据有关报道，农业技术成果在农业产业化的转化率远远高于包括食品在内的其他行业。然而作为农业后续产业的食品加工业依然以小作坊生产方式为主，长期徘徊在低水平的旋涡之中，食品工业的原材料大部分源自于农林产品，使得食品加工“源头”与农业脱节。

现代食品加工业是人民生活现代化的重要保证。经过30多年改革开放的快速发展，我国食品加工业在经济社会的发展中具有举足轻重的地位和作用，已经成为国民经济的重要产业。进一步全面提升食品加工业的现代化水平，对提高农产品附加值，扩大就业，稳定和发展农业生产，调整经济结构，满足人民日益增长的物质需要具有重要意义。为此应该通过以下几个方面来提高我国食品加工技术的现代化水平。

第一，继续加强对食品加工业技术研发的资金和政策支持，推进行业跨越式发展。食品加工技术是一个国家食品工业竞争力的最重要来源，也是食品工业现代化水平的决定性因素。到目前为止，一系列重点科技项目已经实施了攻关，并在技术和经济方面取得了非常好的效应。在技术上，在膜分离、物性修饰、无菌冷灌装、浓缩、冷加工等关键加工技术上有所突破，开发出了一系列极具市场潜力的产品。在经济上我国食品工业以每年20%以上的速度增长，并且企业效益明显好转。基于发达国家食品加工业发展的经验以及科技投入的高产出，在今后的食品加工业发展中，我们应重视政策的宏观导向作用，对企业研发有重大技术突破的予以国家奖励。因为我国粮食、果品、蔬菜、肉类产量均居世界首位，但存在加工程度浅、半成品多、制成品少的问题，所以我国应重点开发食品产业综合加工利用技术和产品延伸加工技术，并引导企业加大对食品深加工等技术的研发。国家资金要用于突破具有共性或者是具有很大难度的基础性技术上，为整个食品加工业行业的跨越式发展搭建一个国家级的技术共享平台。

第二，鼓励食品加工行业的兼并重组，提高行业集中度，增强企业竞争力。目前我国食品加工业各行业在国际竞争中处于不利地位，我们的企业的产业集中度是非常低的，不能很有效地利用规模经济带来的好处，生产成本要高于同行业的国际企业。如果要提高我国食品加工业的国际竞争力，使我国从食品生产大国转变为食品生产强国，就必须要提高行业的集中度。根据各国和各行业的经验，提高行业竞争度的有效方法是兼并和重组。政府应该鼓励食品行业企业的兼并重组并同时要防止垄断的发生，通过这一过程组建大型的食品加工企业，使其在规模经济与完全竞争中求得较好的协调发展，在不影响竞争的情况下努力提高企业的规模水平，增强企业的实力。

第三，改变资金的投入来源，使得食品加工业技术研发资金的投入呈现多方位。目前，我国食品加工业的科技研发投入的资金来源比较单一，主要来自于政府和企业。食品加工业是关系国家全民健康的工业，食品科技的研发应该吸收各方面的力量进行共同攻关，发挥多方的积极作用。从研发的主体看，主要有企业、研究机构和高校。但是，从研发资金的投入主体来看就要复杂得多，可以是企业通过银行贷款进行研发，可以是企业利用自有资金进行独立开发，可以是研究机构与企业合作进行开发，也可以是高校、研究机构和企业共同开发，还可以是政府出资进行重点项目的研发支持等。总之，研发资金的投入主体是多元化和多层次的。在技术研发的过程中，只要有利于技术的开发，可以采取任何符合实际情况的联合开发模式。

第四，多加强国际间的合作和交流，促进食品加工技术的跨越式发展。虽然我国食品工业的规模和发展速度都很快，但是食品加工技术与国际发达水平还有很大差距。从产业经济学中梯度理论可知，我们可以利用自身的后发优势，积极引进技术，增强自主开发能力，并结合国际技术发展趋势和市场需要，引进高新技术，以设计和制造技术为主。引进技术要和技术攻关与试验研究相结合，安排足够的消化吸收资金，真正掌握国外先进技术的设计思想、设计方法、测试方法及关键数据设计、制造工艺等技术诀窍，并结合我国实际情况，改进创新。采取各种方法积极开展国际合作，大力拓宽渠道，包括合作开发与制造、派出人才培训、人才引进等。精心实施名牌战略，大力提高产品质量。产品质量是农副产品加工机械的一个非常重要的环节，提高产品的可靠性，在市场竞争中求稳定快速发展。建立高质量的产品质量指标体系，与国际或工业发达国家标准相适应，贯彻于设计、制造、检验、安装、调试及服务等全过程。要增强名牌意识，生产出市场占有率高的名牌产品，不仅在国内市场上能与外国货抗衡，而且要努力争取走出国门，跻身于世界大市场参与国际竞争。一方面引进先进的技术，提高本国的技术装备水平；另一方面也引入国际高级技术人才，同时还要加强高校、研究机构等研究实体和国际相关机构的交流与合作，鼓励有条件的企业进行国际投资，到国外设厂、建立研究机构。通过一系列的国际化道路，引导本国企业适应国际化的竞争规则，增强国际竞争力。

2014年，《中国食物与营养发展纲要（2014—2020年）》（以下简称《纲要》）发布，对食品加工业发展提出具体目标，强调要发展“方便营养加工食品”，并加快传统食品的工业化改造，推进农产品的综合开发与利用。关于“食品加工业发展目标”部分特别强调指出，“加快建设产业特色明显、集群优势突出、结构布局合理的现代食品加工产业体系，形成一批品牌信誉好、产品质量高、核心竞争力强的大中型食品加工及配送企业”，要求“到2020年传统食品加工程度大幅度提高，食品加工技术水平明显提升全国食品工业增加值年均增长速度保持在10%以上”。《纲要》强调要发展“方便营养加工食品”。当前，由于社会购买力增强，劳动力和时间成本上升，追求生活质量的意识提高，“方便营养加工食品”是年青一代城乡居民日常生活消费的主要选择，“加快发展符合营养科学要求和食品安全标准的方便食品、营养早餐、快餐食品、调理食品等新型加工食品，不断增加膳食制品供应种类”是食品加工业满足新时期新一代居民的消费新需求。总的来说，随着新技术的不断引进，我国食品加工业的发展有以下趋势。

第一，食品营养化——我国食品加工业发展的根本趋势。色香味只是表象、形式外因，营养价值是实质、内容和内因，是食品的根本所在。生产营养成分丰富和各营养成分比例合理的营养平衡食品是食品加工企业的根本任务。只有这样，才能使消费者“吃好”，才能增强国民体质，保持健康状态。我国营养产业的基本特点是：起步晚，基数小，成长快。2001年以前我国还没有“营养产业”的概念，所以，与国外相比，中国营养产业起步晚。不过，虽然起步比较晚，但发展非常快。目前，中国营养产业已经形成了一批有竞争力的企业，生产的维生素C、维生素E、维生素D_3在世界上占有垄断优势。食品营养与健康成为当今食品加工技术研究领域前沿。食品营养在人类慢性病防治中的重要性日益明显，要求食品加工业提供不仅仅是安全、而且是有助于维护人体健康的产品。目前已从结构、功能、作用机理、生物利用率、安全性评价等层面对很多食品进行了广泛深入研究，发展现代食品加工技术、开发新型营养补充剂、新型功能因子和新型功能食品，是发展现代食品加工业的重点。

第二，食品功能化——社会发展进步的必然要求。随着人们保健意识的增强和对自身健康状况的关注，人们对食品的期望不仅是具有良好的营养价值，而且是具有特定的保健功能，以预防、延迟疾病的发生，减轻疾病的症状和痛苦，促进疾病的康复。根据国际生命科学学院对功能性食品的最新解释，将其定义为：已被证实具有令人满意的一种或多种对人体有益的功能的食品。功能性食品除了要具有适当的营养作用，还要在某种程度上具有改善人体健康状况及降低患病风险的作用。“已被证实具有令人满意的功能”的解释是：当以正常的日摄入量食用某种食品时，只有证据证明它有益于人体健康，或者以有效摄入量摄入某种食品时，其有益作用是众所周知的，这样的食品才能被称为功能性食品。人们生活水平的提高导致的文明病、富贵病（糖尿病、心脑血管疾病、肥胖症等）的高发已成为损害人们健康状况的一大顽症，这在客观上也促进了保健食品的发展。

第三，食品生产的机械化、自动化、专业化、规模化和方便化——提高食品加工企业国内与国际市场竞争力的必然选择。提高食品生产的机械化和自动化水平，是生产营养价值高和卫生安全性好的食品的前提和基本要求，也是实现食品加工企业规模化生产和发挥效益的必要条件。为满足方便（即食化）消费食品的需求，发展方便食品加工中的保鲜、食品形态与营养保持、抗老化、无菌包装等关键技术，研究开发方便主食、方便肉禽水产制品，以及豆制品、蔬菜制品等方便副食，适合不同消费人群的冷冻、冷藏和常温保藏的系列开袋即食食品，只需简单加热的营养配餐及适合厨房加工的半成品，成为现代食品加工业发展的新方向。

第四，食品生物技术化——现代食品工业未来的发展趋势。食品生物技术是指将生物技术应用到食品原料的生产、加工和制造过程中。它不仅包括了最古老的生物技术加工过程，如食品发酵和酿造等，也包括了改良食品原料加工品质基因的现代生物技术，以及用以生产高质量的农产品、制造食品添加剂、植物和动物细胞的培养及与食品加工和制造相关的其他生物技术。现代生物技术主要是指基因工程技术、酶工程技术和发酵工程技术。展望21世纪基因食品的发展，未来生物技术不仅有助于实现食品的多样化，还有助于生产特定的营养保健食品，进而治病健身。

总之，现代食品加工业为满足人们的营养和消费需求，正向着追求营养、美味、安全、快捷、方便、多样化的方向发展。传统的食品加工技术通常难以满足现代食品加工业开发新产品的需求，因此采用高新技术将是食品加工业发展的必然。食品加工业的高新技术将在最大限度保持食品营养成分和其固有的品质，且生产能耗低、效率高、收益好的方向有更好的发展。

第二章 超临界流体萃取技术

第一节 超临界提取的基本概念

一、超临界流体萃取技术进展

超临界流体萃取（Supercritical Fluid Extraction，简称SFE）是用超临界流体作为萃取溶剂，利用其特殊的物理化学性质对混合物进行萃取分离的一种高新技术。超临界现象的发现和研究已有1个多世纪的历史，而超临界流体萃取技术在石油、矿冶、化工、医药、食品、环保等领域中的应用是在近几十年才发展起来的。

早在1822年，Cagniarddela Tour首次报道了超临界现象的存在，他指出在密封容器中，当温度上升到一定程度，气液之间的界面就会消失。1869年在英国皇家学术会议上Andrew发表了超临界实验装置和对超临界实验现象观察的文章，文章报道了二氧化碳的临界点为7.2MPa和30.92℃，和目前公认的7.185MPa和31.1℃十分接近。1879年10月，英国科学家Hannay和Hogarth首次发现了超临界流体与液体一样，可以溶解沸点高的固体物质，当系统压力上升时，固体物质溶解；当系统压力下降时，固体会析出。此后，许多学者继续研究了固体溶质在其他超临界流体中的溶解能力，有的学者还做了综述，使人们注意到高压天然气具有携带大量烃类的能力。但是，早期超临界流体的研究主要集中在相行为变化和超临界流体的性质上。直到1943年，Messmore首次利用压缩气体的溶解力作为分离过程的基础，Francis在1954年完成了在25℃及5.5MPa下，有液态二氧化碳和其他两种化合物组成的共464个三元系的平衡相图的实验研究，为人们提供了高压下的溶解度信息，增加了采用超临界流体来进行萃取分离的可能性，从此才发展出一种新的分离方法——SFE法。

1962年，Zosel通过实验得出一个重要的见解，超临界流体可以用来分离混合物，是一种分离剂。这一见解奠定了以后超临界流体萃取过程开发的基础，SFE作为新型分离技术也受到世人的瞩目。超临界流体萃取分离技术在解决许多复杂分离问题，尤其是从天然动植物中提取一些有价值的生物活性物质，如β-胡萝卜素、甘油酯、生物碱、不饱和脂肪酸等，已显示出了巨大的优势。随着人们对超临界流体性质和萃取理论的深入了解，SFE的研究工作在食品工业迅速发展，20世纪70年代就已建立了从天然产品中提取有效成分或脱除有害物质的工艺流程，其中包括对咖啡中的咖啡因、天然色素、啤酒中的呈味物质、茶叶中的儿茶酚、动物油脂、烟草中的尼古丁、香料的超临界流体萃取。随后一些中小规模的生产厂家开始建成。德国在1978年建立了世界上第一套用于脱除咖啡豆中咖啡因的工业化SFE装置，其后各国也相继建立了SFE实用装置。到了20世纪80年代，SFE技术的发展呈现出前所未有的势头，有关超临界萃取技术的国际会议接二连三的召开，各国学者对超临界的研究热情也被极大地激发了出来。近年来，国际上投入大量的人力、物力对超临界萃取技术进行研究，研究范围涉及食品、香料、化工和医药等领域，并取得了较大的进展。

如今，SFE作为一种新的分离技术已为人们所公认。在传统的分离方法中，蒸馏是利用溶液中各组分的挥发度的不同来实现分离的；溶剂萃取是利用溶剂与各溶质间亲和性的差异来实现分离的。而超临界流体萃取技术是通过调节体系的压力和温度来控制溶解度和蒸汽压这两个参数进行分离的，所以，超临界流体萃取技术综合了溶剂萃取和蒸馏的特点，具有传统萃取方法所不具有的优势：操作过程易于调节，工作时温度较低，因黏度小、扩散系数大，提取速度较快，压力不高，萃取率高，有特殊的分离效果，同时易于分离，具有节能、环保意义。因此，超临界流体萃取被冠以“神奇的超临界流体”“理想溶剂”“节能者”的美誉。SFE在高附加值、热敏性、难分离物质的回收和微量杂质的脱除有其优越之处，在食品、医药、化工、能源、环保等领域得到广泛应用，特别在制药、食品等工业中很有潜力。如在食品方面，传统提取沙棘油主要是压榨法和溶剂法，压榨法提取率低，溶剂法存在溶剂残留问题，超临界萃取技术提取沙棘油可以克服这些缺点，在低温下操作，提高萃取效率，几乎无残留问题，更安全。在制药方面，甘草中有效成分多为有机化合物，加热煎熬会使有效成分中某些热敏性成分受热而被破坏，降低药效，用超临界二氧化碳萃取甘草中的有效成分，操作温度低，不与提取物发生化学反应，产品无菌，具有潜在的优越性。

我国在超临界流体萃取技术方面的起步较晚。从20世纪70年代末到80年代初开始，我国一些大专院校和科研所采用进口装置对超临界萃取技术进行了大量的研究，开辟了一个全新的研究领域。到了20世纪90年代，我国先后召开了全国超临界流体技术与学术交流会、全国超临界流体技术及应用研讨会等，显示了我国对超临界流体技术研究的重视。目前已召开了多届全国超临界流体技术研讨会，国内的专家、学者发表了大量有关超临界流体基础理论研究及应用的文章。在“八五”“九五”“十五”期间，超临界流体萃取技术在食品工业中的应用、推广及国产化生产装置的研制，先后被国家科学技术委员会和国家计委（原中华人民共和国国家发展计划委员会，1954—1998年，全书简称国家计委）列为国家级重点科技攻关项目。当前，我国超临界流体萃取技术已开始逐步从研究阶段走向工业化。

二、超临界流体概念

物质有3种状态，气态、液态和固态。当物质所处的温度、压力发生变化时，这3种状态就会相互转化。但是，事实上除了上述3种常见的状态外，物质还有另外的一些状态，如等离子状态、超临界状态等。

超临界流体一般是指用于溶解物质的超临界溶剂。该溶剂处于气态和液态的平衡时，流体密度和饱和蒸汽密度相同时，界面消失，这个消失点称为临界点（Critical Point，CP），当流体的温度和压力处于它的临界温度和临界压力以上时，称该流体处于超临界状态区域。临界压力（Critical Pressure）就是在临界温度时，使溶剂由气态变成液态时所需的最小压力；临界温度（Critical Temperature）就是在增加压力至临界点以上时，使溶剂由气态变为液态时所需要的最高温度。所以，在临界温度和临界压力以上的超临界状态的溶剂统称为超临界状态流体（Supercritical Fluid，SCF）。

图2-1为纯流体的典型压力—温度图，图中线AT表示气—固平衡的升华曲线，线BT表示液—固平衡的熔融曲线，线CT表示气—液平衡的饱和液体蒸气压曲线，点T是气—液—固三相共存的三相点。按照相律，当纯物质的气—液—固三相共存时，确实系统状态的自由度为零，即每个纯物质都有它自己确定的三相点。将纯物质沿气—液饱和线升温，当达到图中C点时，气—液的分界面消失，体系的性质变得均一，不再分为气体和液体，C点称为临界点。与该点相对应的温度和压力分别称为临界温度和临界压力。图2-1中高于临界温度和临界压力的有“流体”字样的区域称为超临界区。如果流体被加热或被压缩至高于临界点时，则该流体即成为超临界流体。超临界点时的流体密度称为超临界密度（ρ_c），其倒数称为超临界比容（V_c）。

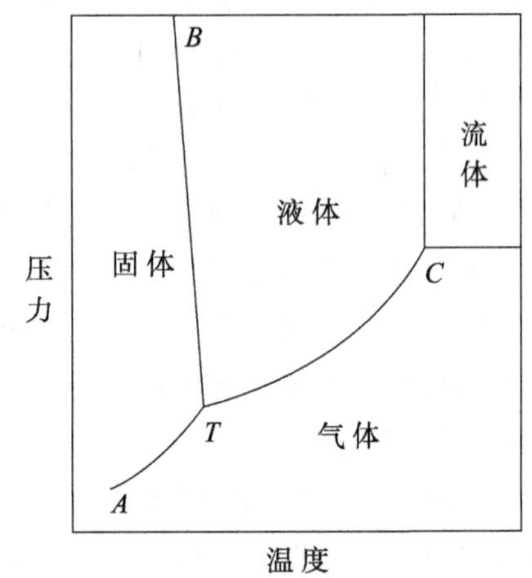

图2-1　纯流体典型压力—温度图

超临界流体没有明显的气液分界面，它既不是气体也不是液体，是一种气液不分的状态，因此具有许多独特的物理化学性质。超临界流体的密度比气体的密度要大数百倍，数值与液体相当；但是其黏度接近气体，与液体相比要小；扩散系数介于气体和液体之间，是液体的数百倍，是气体的1%。由于密度是溶解能力，黏度是流体阻力，扩散系数是传质速率的主要参数，因此，根据超临界流体特性可知，超临界流体具有较强的溶解力和较高的传质速率。另外，超临界流体的表面张力为零，它们可以进入到任何大于超临界流体分子的空间。在临界温度以下，气体的不断压缩会有液相出现。然而，压缩超临界流体仅仅导致其密度增加，不会形成液相。超临界流体的密度和压力与温度有着密切的关系。在温度恒定条件下，从气态到超临界状态的连续变化可通过改变压力实现。在临界点附近，流体的性质有突变性和可调性，即温度和压力的微小变化会显著影响流体的性质，如黏度、介电常数、密度、扩散系数、溶剂化能力等。因此，可通过调节体系的温度和压力控制其热力学性质、传质系数、传热系数和化学反应性质等，进而实现萃取和分离的过程。

三、超临界流体的选择

虽然许多物质都有超临界流体的溶剂效应，但实际上由于某种原因需要考虑其选择性、溶解度、临界点、化学反应等一系列因素，因此，可用作超临界萃取溶剂的流体并不太多。选择作为萃取剂的超临界流体应具备以下条件。

（1）临界温度应尽量接近常温，不宜太高或太低。

（2）化学性质稳定，不与萃取物发生反应，对设备没有腐蚀性。

（3）选择性高，具有选择性萃取目标物质。

（4）操作温度应低于被萃取溶质的分解变质温度，临界压力要低，以节省劳动费用。

（5）要有充足的货源，且价格尽量便宜。

（6）对被萃取溶质溶解力强，传质好。

要根据流体各自的特点和适应性来选择超临界流体萃取溶剂，能作为超临界流体的物质种类很多，但普遍应用的只有十几种，下面我们来讨论常用的几种超临界流体萃取剂。

（1）自然环境中最广泛存在、最易得到、最廉价的流体就是水。超临界水具有超临界流体的一般特性，又具有与普通水和一般的流体不同的性能。在超临界状态下，超临界水既是一种极性溶剂，又是一种非极性溶剂，可以溶解除无机盐以外的所有物质，又可以溶解分离金属物质，还可将氧气、氮气和其他有机物一同互溶。由于超临界水的这种优良特性，水是应用于工业中最具发展前景和价值的超临界流体。

（2）四氯甲烷无毒、不易燃、蒸汽压比二氧化碳低，不含氯不会破坏臭氧层。它可以在亚临界状态下萃取，萃取压力小于1MPa，也能达到较好的萃取效果。主要用于挥发性的香精香料提取，适于大规模的工业生产。

（3）二氧化碳具有不可燃、化学安定性好、无毒、价廉易购以及极易从萃取产物中分离出来的优点，被用来作为环境友好型溶剂。超临界二氧化碳流体的密度较大，对大多数溶质具有较强的溶解能力，传质速率高，而水几乎不溶于二氧化碳相中，这有利于在近临界和超临界二氧化碳来萃取分离有机水溶液；并且，在反应压力和温度适中的条件下，能够很容易被回收再循环利用，且无溶剂残留，从而防止了在提取过程中对人体有害物的存在和对环境的污染；二氧化碳的临界温度为31.06℃，可以在室温附近实现超临界流体技术操作，以节省能耗，还可以有效地防止热敏性物质的氧化变性；临界温度接近室温，对设备的要求相对较低，鉴于以上优点，二氧化碳是超临界萃取技术中研究最多，应用最广的超临界流体。

基于以上超临界流体的特点，在实际应用中，要根据萃取物的性质及流体的适应性来进行选择，找到最佳的超临界流体进行操作。

四、超临界流体的性质

（一）超临界流体的传递性质

CO_2临界温度是（T_c=31.06℃）是超临界溶剂临界点最接近室温的，其临界压力

（P_c=7.39MPa）也比较适中。特别应指出的是，CO_2的临界密度（ρ =0.448g/cm^3）是常用超临界溶剂中最高的（合成氟化物除外）。已知一般超临界流体的溶解能力随流体密度增加而增加，可见CO_2具有最适合作为超临界溶剂的临界点数据。

在物质的分离和精制过程中，既需要知道分离过程的可能性和进行程度，还要了解过程进行的速率，即了解过程中实际进行的程度。作为新兴分离方法的超临界CO_2流体萃取也一样，在萃取工业装置的设计和放大过程中，需要溶剂的溶解度和分配系数等热力学数据，也需要扩散系数、传递速率等动力学数据。由于超临界溶剂的溶解性能关系到萃取过程进行的可能性等重大问题，因此在萃取过程中，可用相际平衡的知识，包括溶解度和分配系数等热力学数据，来决定萃取过程进行的可能性和进行的程度，由此确定萃取剂的最小剂量，根据最终确定萃取剂的实际用量计算所需的理论级数，并估算所需的理论能耗。至于在给定设备中，过程实际能进行的程度或按分离要求进行萃取工业装置的设计和放大时，则需要扩散系数、传递速度等动力学数据。因此，如果过程进行的速率低，则在给定处理量和分离要求下所需的实际分离级数就增多，或需要增大溶剂量，从而使分离设备增大，设备费用和操作费用也相应增加。

溶质在超临界流体中的溶解度是平衡性质，至于达到平衡所需要的时间则是萃取动力学范畴，这与超临界流体的传递性质有关。从超临界流体的一般特性可知，超临界流体的密度接近液体的密度，而黏度却近似气体的数值，扩散系数比液体大数百倍。这也表明超临界CO_2流体中溶质的传递性能介于气相与液相之间，明显优于液相过程。

超临界流体的黏度比液体小近百倍，其流动性比液体要好得多，在相同的流速下，超临界流体的流动雷诺数要比液体大得多，所以传质系数也要比液体大的多；虽然溶质在超临界流体中的扩散系数比气体中的要小几百倍，但却比在液体中的大几百倍，这表明溶质在超临界流体中的传质比在液相中的传质要好得多。但在超临界CO_2流体萃取固体中的溶质或分离液体混合物的情况下，液体中和固体中的传质阻力往往对整个传质作用起控制作用，虽然与液体和固体相接触的超临界CO_2流体相的传质阻力较小，但它在总传质阻力中所占的比例不大，有时就体现不出超临界CO_2流体所具有的扩散系数大和黏度小的优越性。

过程进行的速度与系统偏离平衡的程度、流体流动条件和操作条件、系统固有的传递属性等一系列因素有关，其中传递属性是流体分子传递的3个性质：黏度系数、热导率和扩散系数。在超临界流体萃取中，和其他分离过程一样，流体和固体是处在传递情况之中，传热会导致其温度变化，而通过相界面的传质会引起混合物组成的变化。本体传递、热能传递和分子传递分别与黏度、热导率和扩散系数有关。

1. 黏　度

气体的黏度

气体的黏度可用气体分子运动学说的黏度理论来说明，这一理论是在气体分子为刚性球体、分子间无相互引力的假定下推导出来的。在分子间存在引力情况下，Chapman利用势位相互作用理论，并引用Lennard-Jones势能函数，在气体分子运动学说的基础上，用碰撞积分值来校正黏度计算公式，可较准确地计算出低压气体黏度。

压力对气体黏度只在某一温度和压力范围内有较显著的影响，若温度远高于其临界温度时，压力对气体黏度的影响就很小，但当压力超过最大数值时，黏度的变化将随着压力增加而更为强劲。

在超临界条件下，压力不变时，超临界流体的黏度随温度上升而下降到某个最小值，然后再随温度升高而增加。压力增加，该温度最小值增加。当温度低于最小值时，超临界流体的黏度与液体类似，随温度上升而下降。当温度高于最小值时，超临界流体的黏度与气体的情况相类似，黏度随温度升高而增加。在超临界流体萃取开发最有利的温度和压力范围内，超临界流体的黏度随温度升高而下降。

液体的黏度

液体的黏度比气体的黏度大得多，一般随温度升高而减小，并且液体的极性和组成液体分子的基团对黏度的影响较大。就温度对黏度影响而言，随温度的升高，气体的黏度是增大的，而液体的黏度却是减小的。在超临界状态下的流体黏度，既不同于气体，也不同于液体，这时，流体的密度与液体的密度接近，由于压力高，流体分子运动的平均自由程已很小，以致分子的平动范围变得很小，与液体相类似，分子的运动更多地被限制在由邻近分子所围成的“笼子”范围内，其振动的效应变得明显起来。所以超临界流体的黏度值有向液体靠拢的倾向。

从理论上研究超临界流体的黏度是困难的，但是用对比状态理论，把对比黏度与对比温度和对比压力关联起来，获得多种超临界流体黏度的通用关联却是可行的。

低于正常沸点的液体，其黏度与压力近似无关。在4MPa以下，可视为压力与液体黏度无关，但在高压下，黏度比其他性质具有更广的覆盖值区间。实验表明，增加压力会强化液体黏度随温度上升而减低的效应。

2. 热导率

气体的热导率

气体的热导率与能量的分子传递有关，因此，热导率与黏度、热容也有联系。在一定温度条件下，气体的热导率随压力的升高而提高，中等压力以下，压力对热导率的影响不大。在超临界条件下，当压力不变时，超临界流体的热导率先随温度增加而减小，经过一个最小值后，再随温度的增加而提高。压力增加，最小值点向更高的温度方向移动。

液体的热导率

大多数有机液体的热导率在0.1～0.2W/（m·K）的范围内。水、氨和强极性液体有较高的热导率，是上述值的2～3倍。高黏度的液体常具有较高的热导率。液体金属和某些有机硅化合物具有很高的热导率。一般而言，压力对液体热导率影响不大，当压力增加到1 000MPa时，其值增加1～2倍。在4MPa以下，可不计压力对热导率的影响。

3. 扩散系数

没有对流或从外界引入机械搅拌下的物质传递称为扩散（Diffusion）。如果把扩散限制在因浓度差而导致的扩散，则扩散流和扩散势间的比例常数称为扩散系数，也称扩散率。

气体的扩散系数

低压气体的扩散机理可以很好地用气体分子运动学说来说明。可知，非极性低密度气体的扩散系数与压力成反比，与温度3/2次方成正比。

液体的扩散系数

溶质在液体的扩散系数比在气体中的小的多，温度和黏度对扩散系数有较大的影响。液体的扩散系数正比于温度，反比于溶剂的黏度。超临界流体的扩散系数随温度升高而增大。对于低密度气体，扩散系数与温度的3/2次方成正比。

（二）超临界CO_2流体的溶解性能

在超临界状态下，流体具有溶剂的性质，称为溶剂化效应。用以作为分离依据的超临界CO_2流体的重要特性是它对溶质的溶解度，而溶质在超临界CO_2流体中的溶解度又与超临界CO_2流体的密度有关，正是由于超临界CO_2流体的压力降低或温度升高所引起明显的密度降低，而使溶质从超临界CO_2流体中重新析出，以实现超临界CO_2流体萃取。超临界CO_2流体的溶解能力将受到溶质性质、溶剂性质、流体压力和温度等因素的影响。

通过改变超临界CO_2流体的压力或温度，可使它的密度随之大幅度地改变。由于超临界CO_2流体的溶解度与密度密切相关，在临界区附近，操作压力和温度的微小变化会引起流体密度的大幅度改变，因而也将影响其溶解能力。所以可以很方便地改变超临界CO_2流体的溶解度，这一性质在实际应用中有如下两个方面的重大意义。

一是可作为使用方便、溶解性能良好的溶剂。可以很方便地通过改变萃取器中CO_2的温度、压力，使其达到对原料中溶质有很大溶解度的超临界状态，以将溶质迅速转移到超临界CO_2流体中去。然后将这种在萃取器中溶解有溶质的高压、常温、“稠密”的CO_2放入低压、常温的分离器中，此时CO_2就处于普通的气体状态，密度较低，对溶质的溶解能力也甚低，原先被溶解的溶质处于过饱和状态，于是从CO_2气体中分离出来，沉降在分离器底部。这个过程与普通溶剂提取时蒸发溶剂而留下溶质相似，只不过普通溶剂的蒸发是靠加热来完成（加热过程可能会破坏某些热敏性物质），而CO_2的蒸发是靠降低压力来完成。

二是可作为能调节溶解能力的多用途溶剂。由于能很方便地改变溶解度，可以仅用超临界CO_2来提取不同的物质或对混合物中的某些成分进行选择性的提取，而不需要使用多种具有不同溶解性能的有机试剂。

为了定性地测定超临界CO_2流体的溶解性能，Stahl等提出测定“溶质初始被萃取压力”的方法，将样品放在微型高压釜中，将萃取物通过毛细管直接喷到薄层色谱板上，并用薄层色谱法鉴定被萃取的化合物。实验在40℃下，压力0～40MPa范围内测定了一系列化合物被萃取的初压，结果见表2-1。

通过实验可总结出如下超临界CO_2流体溶解度的经验规律。

（1）极性较低的碳氢化合物和类脂有机化合物，如酯、醚、内酯类、环氧化合物等可在7～10MPa较低压力范围内被萃取出来。

（2）极性基团（如—OH，—COOH）的增加常会降低有机物的溶解性，使萃取过程变得困难。对苯的衍生物，具有3个酚羟基或1个羧基和2个羟基的化合物仍然可以被萃取，但具有1个羧基和3个以上羟基的化合物是不可能被萃取的。

表2-1　40℃下超临界CO_2流体萃取若干纯物质的结果

物　质		相对分子质量	碳原子数	官能团	熔点（℃）	沸点（℃）	被萃取压力（MPa）
稠环化合物	萘	128	10		80	218	7.0（强）
	菲	178	14		101	340	8.0
	芘	202	16		156	393	9.0
	并四苯	228	18		357	升华	30（弱）
酚　类	苯酚	94	6	1-OH	43	181	7.0（强）
	邻苯二酚	110	6	2-OH（1,2）	105	245	8.0
	苯三酚	126	6	3-OH（1,2,3）	133	309	8.5
	对苯二酚	110	6	4-OH（1,4）	173	285	10.0
	间苯三酚	126	6	3-OH（1,3,5）	218	升华	12（弱）
芳香族羧酸	苯甲酸	122	7	1-COOH	122	249	8.0
	水杨酸	138	7	1-COOH，1-OH	159	升华	8.5
	对羟基苯酸	138	7	1- COOH，1- OH	215	—	12.0
	龙胆酸	154	7	1- COOH，2- OH	205	—	12.0
	五倍子酸	170	7	1- COOH，3- OH	255	—	不能萃取
吡喃酮	香豆素	146	9	1- CO-	71	301	7.0（强）
	7-羟基香豆素	162	9	1- OH，1- CO-	230	升华	10.0
	6,7-二羟基香豆素	178	9	2- OH，1-CO-	276	升华	不能萃取
类脂化合物	十四烷醇	214	14	1-OH	39	263	7.0
	胆固醇	386	27	1-OH	148	360	8.5
	甘油三油酸酯	885	57	3-COOR	—	235	9.0

（3）更强的极性物质，如糖类、氨基酸类，则在40MPa压力以下是不可能被萃取出来的。

（4）化合物的相对分子质量愈高，愈难萃取。分子量大于500D的物质具有一定的溶解度，中、低分子量的卤化碳、醛、酮、醇、醚、酯是易溶的，有些低相对分子质量、易挥发成分甚至可直接用CO_2液体提取；高相对分子质量物质（如蛋白质、树胶和蜡等）则很难萃取。

（5）当混合物中组分间的相对挥发度较大或极性（介电常数）有较大差别时，可以在不同的压力下使混合物得到分馏。在CO_2的密度和介电常数有剧变的条件下，这种组分间的分馏作用变得更为显著。

从以上数据可以看出，应用有机化合物被萃取初压可以定性判别超临界CO_2流体应用于某一物质的可能性以及化合物极性大小对CO_2流体溶解能力的影响。但应用化合物可被萃取的初压来粗略判断它们在超临界CO_2流体中溶解度的方法是非常粗糙的，它既不能提供溶质在超临界CO_2流体中溶解度的数据，也无法了解溶解度的变化规律。有些结果会带来某一类化合物可能被萃取的错觉。因此，在实际工艺研究中，考察溶质在超临界CO_2流体中溶解度的影响因素和不同溶质在超临界CO_2流体中溶解性能的变化规律，将是必不可少的研究内容。

第二节　超临界提取的加工原理

一、超临界CO_2流体萃取基本过程

超临界CO_2流体萃取技术是利用CO_2在超临界状态下的对溶质有很高的溶解能力，而在非超临界状态下对溶质的溶解能力又很低的这一特性，来实现对目标成分的提取和分离。

（一）液相物料的超临界CO_2流体萃取流程

分离塔由多段组成，内部装有高效填料，为提高回流效果，各塔段温度控制以塔顶高温及塔底低温的温度分布为依据。液体原料经高压泵连续送入分离塔中间进料口，CO_2流体经加压、调节温度后连续从分离塔底部进入。液体混合物在萃取塔中与作为溶剂的超临界流体逆流接触后，分离成顶部产品和底部产品。被溶解组分随CO_2流体上升，由于塔温度升高形成内回流，提高了回流效率，塔顶分离器将萃取物与溶剂分离，其中一部分萃取物作为回流返回塔顶，其余的萃取物就是塔顶产品。溶剂经重新处理（过滤、或液化并再蒸发除去痕量物质，调节温度和压力等），然后由循环泵或压缩机将其以超临界状态循环进入塔底。

（二）超临界喷射萃取流程

用高压喷射萃取工艺，该工艺的核心部分为混合部分和萃取部分，由同心圆的两根套管组成，原料走内管，超临界CO_2通入大管与小管的环状空间。原料与超临界CO_2同方向并行流动。由于超临界CO_2是在细小的环状空间流动，故速度极快，当原料液体从小管中喷出时，会产生极大的喷射湍流，原料液体与超临界CO_2产生强烈混合，以致创造了适于萃取中性油的条件。故离原料液体喷出不远处，中性油已完全被萃取，得到原料固体产品沉淀于釜内，溶解了油的超临界CO_2继续进入分离釜中，在此经减压后，中性油沉淀下来，CO_2经冷凝、压缩后循环使用。该萃取工艺一般适用于黏稠物料，萃取容积较小，不需打开盖装料，可连续进料，并且效率高，萃取效果好，运行费用低。

（三）固体物料的超临界流体萃取

固体物料的超临界流体萃取可分为萃取、萃取物与溶剂分离两部分。在萃取这一工艺步骤中，超临界流体作为溶剂进入萃取器，在固体颗粒固定床的入口均匀分布，然后流经固体固定床并溶解固体中的待萃取物质。超临界流体通过固定床的流动方向可以由上而下，也可以由下而上。萃取物和溶剂分离的工艺步骤是在分离器中完成的。含有溶质的超临界流体离开萃取器后进入分离器，与溶质分离后的超临界流体溶剂返回进入萃取器，循环使用。

二、超临界萃取过程的影响因素

超临界萃取过程受很多因素的影响，包括被萃取物质的性质和超临界流体所处的状态等。在实际萃取过程中，被萃取物多种多样，其性质千差万别，不同的物质在萃取过程中都有不同的表现，而萃取系统中流体所处的状态对萃取过程也有很大的影响。这些影响交织在一起，使萃取过程变得较为复杂。在应用超临界萃取技术时，必须对影响其萃取效率的各种因素加以考虑，即优化操作条件，才能使萃取处于最佳状态。

（一）萃取温度的影响

萃取温度是超临界CO_2流体萃取过程的一个重要因素。与萃取压力相比，萃取温度对CO_2流体中溶质溶解度的影响要复杂得多。一般温度增加，超临界CO_2密度会降低，其溶解度下降，但温度的升高会使溶质的挥发性增加，加快了溶质的溶出速度和溶出量。实验表明，当压力较低时，升高温度CO_2溶解度降低，而在压力相对较高的情况下，升高温度CO_2溶解度提高。这是因为在压力较低时，温度升高会使CO_2密度降低，导致CO_2流体的溶剂化效应下降，使物质在其中的溶解度下降，此时温度升高对溶解度的不利影响是主要的；而在压力较高情况下温度升高不会使CO_2密度下降，却能使溶质挥发性增加，从而加大了溶质的溶出量，这时，升高温度对提高CO_2溶解度的有利影响占主导地位。

（二）萃取流体流量的影响

萃取流体流量就是指在萃取1kg原料时，每秒钟所流动的CO_2质量。这也是超临界CO_2萃取过程的影响因素。CO_2流量可以明显地影响超临界萃取的动力学过程。加大了CO_2流量时，会产生有利和不利的两方面影响。有利的方面影响是增加了溶剂对原料的萃取次数，流速提高，可以更好地“翻动”被萃取原料，使萃取器中各点的原料都得到均匀的萃取；增加萃取过程的传质效果，迅速地将被溶解的溶质从原料表面带走，萃取时间缩短了。而不利的方面是：由于萃取器内的CO_2流速增大，CO_2停留时间缩短，与被萃取物接触时间减少，CO_2流体中溶质的含量下降，当流量增加超过一定程度时，CO_2中溶质的含量还会急剧降低。

一般来说，流量较小时，溶解能力较大，而在CO_2的反复升压降压、加热冷凝中能耗较少，在成本构成中的能耗费用较低，但完成萃取所需的时间较长，产量小、效率低，使成本构成中人工工资和设备折旧费用增加。反之，CO_2流量增加到较大时，溶解能力逐渐降低，在达到一定限度时，会迅速下降，可缩短萃取时间，提高生产效率，降低产品成本中工人工资和设备折旧费用，但能耗增加。因此，在实际生产中可根据效率和成本的原则来综合考虑，设计出最佳流量，既能保证溶质充分溶解和萃取彻底，又要尽可能地缩短萃取时间，减少浪费，提高生产效率，降低成本。

（三）萃取压力的影响

压力是超临界CO_2流体萃取过程最重要的参数之一。不同化合物在不同超临界CO_2流体压力下的溶解度曲线表明，尽管不同化合物在超临界CO_2流体中的溶解度存在着差异，但随着超临界CO_2流体压力的增加，化合物在超临界CO_2流体中的溶解度一般都呈现急剧上升的现象。特别是在CO_2流体的临界压力附近，各化合物在超临界CO_2流体溶解度参数的增加值可达到两个数量级以上，这种溶解度与压力的关系构成超临界CO_2流体过程的基础。

萃取效率主要取决于压力的变化，溶解度随压力的增大而增加，使单位时间内萃取量增大，但压力不是随意增大或随意选择的，操作压力的增加会导致设备投资大幅增加，另外压力相对较高时，萃取物中色素等无用成分含量也会增加，对其品质有一定的影响，而且当压力上升到一定程度增幅越来越小。

（四）萃取时间的影响

长期以来，对萃取时间的考察都比较简单，文献中往往只提供有关萃取完全的时间方面的信息。事实上，对于萃取时间影响的重视有时可以收到意想不到的良好效果。已有许多研究结果表明，加大萃取强度，用尽量短的时间，更有利于整个萃取效率的提高，这种情况可能与组分之间存在的“溶解互助”效应有关。一般情况下，天然产物的成分复杂，其中性质相近的组分之间可以互为夹带剂，因此，设法让多种组分“同时出来”比分步出来将更加容易。其实，天然产物各组分之间的互助效应在萃取实验研究中经常被观察到。尽可能多地了解这一点，对于实际生产中的最佳工艺设计具有重要的指导意义。

（五）夹带剂的影响

1. 夹带剂的作用及其机理

夹带剂又称提携剂、共溶剂或修饰剂，是在纯超临界流体中加入的一种少量的、可以与之混溶的、挥发性介于被分离物质与超临界组分之间的物质。夹带剂可以是某一种纯物质，也可以是两种或多种物质的混合物。在超临界CO_2萃取过程中，对于极性高、分子量大的物质，一般需针对性地加入有关溶剂作为夹带剂，可较好地提取目标物质。夹带剂在超临界流体萃取中有如下作用。

（1）大大增加被分离组分在超临界CO_2流体中的溶解度，例如，向超临界CO_2流体中增加百分之几的夹带剂后，可使溶质溶解度的增加与增加数百个大气压的作用相当。

（2）增加溶质溶解度对温度、压力的敏感程度，使被萃取组分在操作压力不变的情况下，适当提高温度，就可使溶解度大大降低，从循环气体中分离出来，以避免气体再次压缩的高能耗。

（3）加入与溶质起特定作用的夹带剂，可使该溶质的选择性（或分离因子）大大提高。

（4）能改变溶剂的临界参数。当萃取温度受到限制时（如对热敏性物质），溶剂的临界温度越接近于溶质的最高允许操作温度，则溶解度越高，用单组分溶剂不能满足这一要求时，可使用混合溶剂。

（5）同有反应的萃取精馏相似，夹带剂可用作反应物。

夹带剂分为两类，一类是非极性夹带剂，另一类是极性夹带剂。夹带剂的种类不同，所起作用的机制也各不相同。一般来说，夹带剂可从两个方面影响溶质在超临界流体中的溶解度和选择性：一是溶剂的密度；二是溶剂与夹带剂分子间的相互作用。少量夹带剂的加入对溶剂的密度影响不大，甚至还会使超临界溶剂密度降低；而影响溶质溶解度与选择性的决定因素，是夹带剂与溶质分子间范德华作用力或夹带剂与溶质之间形成的特定分子间作用，如形成氢键及其他各种化学作用力等。另外，在溶剂的临界点附近，溶质溶解度对温度、压力的变化最为敏感，加入夹带剂，混合溶剂的临界点相应改变，如能更接近萃取温度，则可增加溶解度对温度、压力的敏感程度。

2. 夹带剂的选择

适当的夹带剂可大大增加被分离组分在超临界CO_2流体相中的溶解度和溶质的选择性，增加溶质溶解度对温度、压力的敏感程度，使被分离组分在操作压力不变的情况下，适当升温就可使溶解度大大降低，从循环气体中分离出来，以避免气体再次压缩的高能耗。

夹带剂的选择是一个比较复杂的过程，归纳起来可概括为以下几个方面。

（1）充分了解被萃取物的性质及所处环境：被萃取物的性质包括分子结构、分子极性、相对分子质量、分子体积和化学活性等。了解被萃取物所处环境也是很有必要，它可以指导夹带剂的选择。

（2）综合夹带剂的性质（分子极性、分子结构、相对分子质量、分子体积）和被萃取物性质及所处环境进行夹带剂的预选。对酸、醇、酚、酯等被萃取物，可以选用含-OH、-CO基团的夹带剂；对极性较大的被萃取物，可选用极性较大的夹带剂。

另外，夹带剂在改善CO_2溶解性的同时，也会削弱萃取系统的捕获作用，导致共萃物的增加，还可能会干扰分析测定，所以夹带剂的用量要小，一般不超过5%（摩尔分数）。夹带剂的应用可大大拓宽超临界CO_2流体萃取的应用范围，特别是当被萃取组分在超临界CO_2流体中的溶解度很小或需要高选择性萃取时，夹带剂的应用的效果是非常明显的。但夹带剂的应用会使已经很复杂的高压相平衡理论更加复杂化，对于整个工艺来说增加了夹带剂分离和回收过程，而且对超临界CO_2流体萃取没有残留溶剂这一大优点有所影响。因此要权衡利弊，选择使用。

（六）物质状态的影响

样品的物理形态、粒度、黏度等也对超临界CO_2流体萃取过程产生影响。被萃取的原料可能是固体、液体或气体，其中固体原料被实际应用的最多。对于气体原料一般要用固体吸附剂吸附后再进行萃取。由于液体与CO_2流体混溶，只有少数液体原料能直接进行超临界CO_2流体萃取，所以对于液体的萃取，要根据原料的性质来确定，大多数需要先用固体吸附剂吸附后再进行超临界CO_2萃取。

原料的粒度对萃取效率也有很大的影响。粒度指被萃取原料的破碎细度。通常原料颗粒愈小，溶质从原料向超临界CO_2流体传质的路径愈短，阻力越小，与超临界CO_2流体的接触表面积愈大，萃取进行得越快。一般情况下，萃取效率随着原料粒度的减小而增加，但如果原料中溶质的含量很高，整个传质过程中固体表面的对流传质过程起着主导作用，则原料的粒度对萃取过程的影响并不明显。但当原料的粒度过小时，会形成高密度的床层，使传输系统阻塞，造成生产运转不良，影响流体在固体床中的传质效率并增加物料的预处理成本。

对于天然植物性固态物料的超临界CO_2流体萃取，必须经过预处理使其细化，来适应萃取工序的生产。这样处理的目的有两个：一是通过对原料进行预处理，可大大增加物料的比表面积，从而有效提高传质面积，有利于超临界CO_2流体渗入其内部，故对传质起了强化作用；二是便于物料的输送和设备的装卸料。预处理的步骤一般是切割破碎、研磨、过筛，保证原料品质均匀，这对于连续化工业生产有很重要的意义。

（七）原料密度与厚层的影响

原料密度与厚层对超临界CO_2流体的传质性有比较大的影响。当原料密度较大或厚度较大时，CO_2不易从中穿透过去，造成萃取不完全。因此，要根据具体情况，改进反应器结构，减小原料的密度和厚度，加大超临界流体的传质能力。在实际生产中，也可采用喷射、搅拌、超声换能等措施强化CO_2对原料的渗透能力。

（八）传质性能的强化

尽管超临界CO_2流体具有较好的传质性能，但在超临界CO_2流体萃取天然产物的实际过程中，常采用必要的强化措施包括微波强化、超声波强化、电场强化、磁场强化、搅拌等，以减少溶质的阻力，从而强化超临界CO_2流体萃取的传质效果。通过对超临界CO_2流体萃取进行强化，可有效提高超临界CO_2 流体萃取的能力和得率，降低操作压力，缩短萃取时间，改善操作条件，降低能耗等，是一种很有前途的技术。

1. 超声波强化

超声波是频率为（2×10^4）~（1×10^9）Hz的声波，由一系列疏密相间的纵波组成，超声波与媒质的相互作用可以使超声波的相位和幅度等发生变化，而超声波会使媒质的状态、结构、组成和功能发生变化，这类变化称为超声效应。超声波与媒质的这种相互作用有热机制、机械机制和超声空化机制3种。

超声对普通流体的萃取分离有强化作用，其强化作用主要来源于超声空化。超声空化引起了湍动效应、微扰效应、界面效应、聚能效应，其中湍动效应使边界层减薄，增大传质速率；微扰效应强化了微孔扩散；界面效应增大了传质表面积；聚能效应活化了分离物质分子，从而从整体上能强化萃取分离过程的传质速率和效果。

超声对超临界CO_2流体萃取过程也具有强化作用。例如，对超声强化的超临界CO_2流体萃取紫杉醇的研究表明，由树皮到萃出物的超声强化超临界CO_2流体萃取过程，紫杉醇的浓度一次性快速、高效、无毒地浓缩了67倍左右，与常规溶剂法相比，大大地缩短了时间、降低了物耗与能耗，萃取的选择性也有所提高。

超声强化萃取过程给萃取分离技术注入新的生命力。由于其优势突出，能有效地加快萃取过程，提高萃取率，缩短萃取时间，有时甚至还能提高产品的品质，且不污染环境，因此，近年来受到了广泛的关注。目前，超声强化技术已应用于一些行业的少量样品的萃取，但用于大规模生产还较少，还有待于进一步摸索。因为超声萃取的设备还不成熟，还需加强超声设备的研制和超声强化萃取不同对象时工艺参数的优化选择。

2. 电场强化

电场强化萃取过程是近年来研究和开发的一项新的高效分离技术，也是静电技术与化工分离交叉的前沿学科。通过对电场中两相流动行为的研究，发现电场强度和交叉频率对液滴聚合和分散有重要影响。电场的强化作用可以成倍提高萃取设备的效率。另外，由于电场可变参数多，易于通过计算机控制，对过程进行有效控制调节，因此，电场萃取技术的开发和完善将促进萃取设备的概念设计产生飞跃的发展。

电场强化萃取的研究尚处于实验室发展阶段，相关文献报道的很少，但由于其不需添加任何化学物质，不会污染环境，而且已有的文献表明其对超临界CO_2流体萃取过程具有很好的强化效果，因此非常有必要进一步开展这方面的理论和应用研究工作。然而，这一技术目前还存在若干重要技术难点，如防止高压击穿、寻找有效介电材料、不再局限于有机相连续操作和设备放大等。因此，相关的材料和技术研究显得尤为重要。

三、超临界流体萃取技术的特点

超临界流体是化工过程中环境友好的介质，因此，超临界技术受到很大的重视。超临界萃取的技术的优点主要体现在以下几个方面。

（1）由于超临界流体与液体的溶解能力接近，并且它又与气体的传质能力相近，这种兼具液体与气体二者的优点的流体在萃取时能使传质很快地达到平衡；又由于超临界流体的表面张力为零，且具有很高的扩散系数，因此，流体介质容易渗入到被萃取物质的微孔中，传质速率快，可以达到快速高效的分离。

（2）超临界流体的萃取能力与流体的密度有关，而流体的密度取决于流体的温度和压力，通过改变流体的温度和压力，可以改变流体对溶质的溶解度。超临界流体具有巨大压缩性的流体，尤其在临界点附近，流体温度或压力微小的变化可使溶解能力大幅度改变，使流体具有极强的选择性，操作参数也易于调节。

（3）超临界萃取同时具有精馏和液相萃取的特点，实现了萃取和分离过程的一体化，使用的溶剂较少；而常规的萃取法在萃取出所要物质后进行分离，增加了溶剂的用量和能耗。相比之下，超临界萃取方法简单且节省能量。

（4）超临界流体如CO_2相对低的临界温度和临界压力，可以实现超临界萃取在较低温度下天然有效成分的萃取分离，操作条件温和，既保留了活性物质的生物活性，又不引起产品氧化，特别适于对热敏物质的萃取分离。

（5）超临界CO_2萃取物中不含有害物质，分离出的物质的化学溶剂残留量可以降到零，不会造成萃取物污染，从而保持了被萃取物质的纯天然性，在处理医药、食品时，体现了极大的优越性。

（6）萃取后，只要降低压力，超临界流体和萃取物就可以得到比较完善的分离，根本不需要用能耗高的蒸馏等操作加以分离，后处理简单。

（7）超临界CO_2流体无毒无害，安全不可燃，廉价纯净，还可循环利用，节省成本，生产过程中不会造成环境污染。

（8）检测、分离分析方便，能与GC（气相色谱）、IR（红外光谱）、MS（质谱）、GC-MS（气相色谱—质谱）等现代分析手段结合起来，能高效、快速地进行药物、化学或环境分析，超临界萃取还可以和其他分析方法在线联用，实现现代化。

然而，与传统的有机溶剂提取法比较，超临界CO_2流体萃取也有其局限性：由于其极性小，对大极性、分子量大的物质溶解度小或不溶，如对油溶性成分溶解能力较强而对水溶性成分的溶解能力较低，需要加入夹带剂以提高流体的溶解能力。设备和操作都要求在高压下进行，对操作人员技术要求高，设备投资费用高且设备折旧费比例过大，更换产品时清洗设备较困难。

第三节　食品工业中的应用实例

一、应用超临界技术提取螺旋藻中的β-胡萝卜素

螺旋藻是一种呈新鲜海米香味的淡绿色藻类，含有丰富的蛋白质和多种生物活性成分，因此常作为食品添加剂，其中含有丰富的β-胡萝卜素可作为功能食品和医药品的原料，已引起全世界广泛关注和重视。β-胡萝卜素是一种碳水化合物类胡萝卜素，广泛地存在于植物和动物组织中。它在体内可以分解为两个分子的维生素A，是很好的维生素A原，具有维生素A所有的生理活性。同时，β-胡萝卜素是一种良好的活性氧猝灭剂，清除羟基自由基的能力很强，对单线态氧的淬灭能力也明显高于α-生育酚和维生素C，所以，β-胡萝卜素能预防DNA和脂蛋白的氧化损伤，具有防治癌症，预防心血管疾病等多种生理功能，因此β-胡萝卜素作为功能食品和医药品的原料拥有良好的商业价值。β-胡萝卜素广泛存在于动植物中，在藻类中含量最高。螺旋藻是一种新兴的食疗品，其中，β-胡萝卜素的含量较高，6g螺旋藻中的β-胡萝卜素含量相当于28瓶牛乳或20个鸡蛋。β-胡萝卜素易于氧化，所以不管采用何种制备方法，都必须防止生产过程中β-胡萝卜素不必要的损失。以往对于胡萝卜素的提取研究大都以胡萝卜、番茄等植物活体为材料，在原料前处理阶段就难免造成一部分β-胡萝卜素的损失，而若使用的原料是以β-胡萝卜素为主要活性成分的螺旋藻干粉，就无需任何前处理过程，加上实验操作时间短，遮光措施到位，从一定程度上减少了β-胡萝卜素的损失。

20世纪80年代联合国粮农组织和世界卫生组织确定β-胡萝卜素为A类优良食品添加剂，目前在几十个国家和地区使用，但世界上β-胡萝卜素的产量很小，一般采用化学合成法。著名的瑞士制药企业也只能生产少量的β-胡萝卜素，通过在日本的子公司转给其他公司制成各种剂型产品。国内生产β-胡萝卜素的单位和数量更少，满足不了人们的需要。

食品超临界CO_2流体加工技术剂型产品。β-胡萝卜素传统的提取方法有有机溶剂提取法、沉淀剂富集法等。虽然采用有机溶剂法能有效提取β-胡萝卜素，但大多数有机溶剂会污染产品，而且分离工艺复杂。由于β-胡萝卜素是脂溶性物质，在50℃、29.5MPa下，纯β-胡萝卜素在CO_2中的溶解度为5.3g/m^3，与原料中其他复杂有机组分共存时的溶解度会更大，因此采用超临界CO_2流体萃取β-胡萝卜素具备可能性。已有研究报道，可采用超临界CO_2流体从海藻中萃取β-胡萝卜素，下面简单介绍廖传华的超临界CO_2萃取螺旋藻的实验研究。

工艺流程：螺旋藻原料→预处理→超临界CO_2流体萃取→含β-胡萝卜素的萃取物。

超临界CO_2萃取β-胡萝卜素的实验流程：将螺旋藻粉放入萃取釜中密封，设定好萃取釜的温度和压力。CO_2从钢瓶出来后，经低温浴槽冷却成液态，再经高压计量泵压缩入萃取器，与其中的螺旋藻粉接触、传质后，节流膨胀后进入分离器里。这时由于溶质在CO_2中溶解度降低而从CO_2中凝聚析出，汇集在分离器底部，而溶剂CO_2则从分离器顶端引出，通过湿式气体流量计和玻璃转子流量计，分别记录其累积流量和瞬时流量值，最后将CO_2循环使用。萃取器温度由萃取釜夹套与恒温水浴维持稳定。间隔一定时间取样，直到萃取完全，不再有萃取物放出。对萃取样品进行称重、分析。

螺旋藻粉中β-胡萝卜素的含量较高，采用超临界CO_2萃取螺旋藻中β-胡萝卜素，具有萃取效率高、速度快、无污染、工艺简单、萃取物色味纯正、藻粉可进一步利用和再出售等优点。在萃取过程中，压力越高收率越高（压力较小时，提高压力对提高收率影响很大，压力较大时，提高压力收率增加有限），温度越高收率越高，因此采用超临界CO_2萃取螺旋藻中β-胡萝卜素，具有很高的推广使用价值。

二、超临界CO_2流体萃取啤酒花

啤酒花也称律草花或蛇麻，是雌性啤酒花成熟时在叶和枝之间生成的籽粒，古代就用来酿造啤酒。啤酒花中对酿酒有用的部分是挥发性油和软树脂中的律草酮及蛇麻酮，也称为α-酸和β-酸。在啤酒花中除了软、硬树脂外，还有单宁、挥发性油、脂肪和蜡等。挥发性油赋予啤酒特有的香气，而葎草酮在麦芽汁的煮沸过程中将异构化为异α-酸。在啤酒酿造中最重要的物质是α-酸，它能给出啤酒所特有的清爽、苦味和香气。除了软树脂外，还有硬树脂，它不溶于非极性溶剂之中，虽其重要性尚未完全搞清楚，但它也能够提供香味。啤酒花在贮藏过程中，软树脂会逐渐转化成硬树脂。

过去在啤酒酿造时直接用啤酒花，存在于啤酒花中的α-酸只能利用25%，现今越来越多地使用啤酒花的萃取物。在传统的萃取过程中常采用二氯甲烷或甲酸等有机溶剂作萃取剂，最后用蒸发的方法将萃取剂除去，这样可使α-酸的利用率提高到60%～80%，此时得到暗绿色糊状萃取物，其中有价值的物质为软树脂，由α-酸和β-酸构成，黑绿色不纯物多，而且有残留溶剂存在，还需进一步精制。

采用超临界CO_2流体萃取技术，萃取效率高，软树脂和α-酸分别达到96.5%和98.9%，萃取物为黄绿色的带芳香味的膏状物，质量较传统的有机溶剂萃取法高，主要表现在α-酸的含量高，且不含有有机试剂，符合食品规范，有利于人体健康。采用超临界CO_2流体萃取得到的是一种安全的、高品质、富含啤酒花风味物质的浸膏。它一问世，理所当然地受到了人们的青睐，因而成为最早实现工业化生产的超临界CO_2流体萃取技术之一。

工业上最早应用超临界流体萃取技术于啤酒花萃取的是德国。啤酒花中的有用成分是挥发性油和软树脂的葎草酮及α-酸，挥发油赋予啤酒特有的香味，而葎草酮及α-酸在麦芽汁煮沸过程中，将异构化为异葎草酮及异α-酸，这就是造成啤酒苦味的重要物质。

常规萃取过程使用液体溶剂（如二氯甲烷），用蒸馏法提出所需的啤酒花浸膏，这样溶剂的残留也是一个问题。

20世纪80年代德国公司建成一套超临界CO_2萃取装置，工厂采用半连续操作。为了防止氧化，啤酒花的粉碎、萃取物的收集等都在不活泼的CO_2气氛中进行，以保证萃取质量。后来，在西方发达国家又有多家公司相继建立了萃取啤酒花的超临界CO_2流体萃取设备。

采用超临界CO_2流体萃取啤酒花浸膏的工艺流程是：啤酒花→粉碎→超临界CO_2流体萃取→分离→啤酒花浸膏。

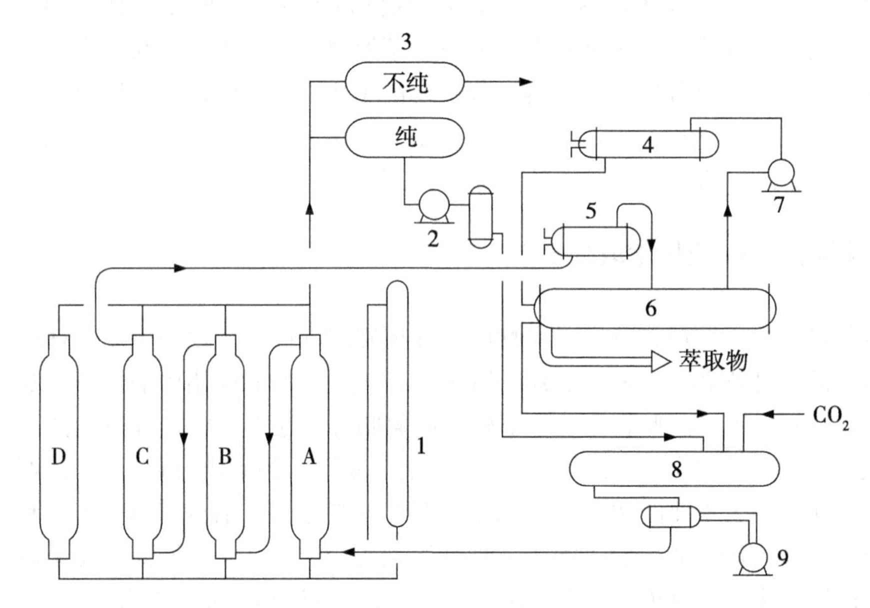

图2-2　超临界CO_2流体萃取啤酒花的生产装置流程示意图

1—传送罐；2，7—压缩机；3，8—CO_2气罐；4—后冷却器；5—预热器；6—热交换器；9—深冷器

具体操作是：首先把啤酒花磨成粉状，使之更易与CO_2接触。然后装入萃取釜，密封后通入超临界CO_2流体。达到萃取要求后，经节流降压，随CO_2流体萃取一起被送至分离釜，得到黄绿色产物。图2-2为超临界CO_2流体萃取啤酒花的生产装置流程示意图。在该生产装置中有4个萃取釜，在每个萃取周期中总有一个是轮空的。生产时，超临界CO_2流体依次穿过每个釜中的啤酒花碎片，然后含萃取物的CO_2（即混合物）节流降压，进入预热器预热，再进入下一个热交换器，在该热交换器中，混合物中的CO_2受热蒸发，萃取物（啤酒花浸膏）析出，并自动排出。蒸发的CO_2经再压缩，进入后冷却器预冷，之后进入热交换器与上述混合物进行间壁式热交换，管内为再压缩的CO_2，管外为含萃取物的CO_2混合物。冷凝后的CO_2流入CO_2储罐，经深冷器冷却再返回到萃取釜。从传送罐来的CO_2可被送往任何一个萃取釜。另外，有两个气罐用于暂存整个装置系统的纯CO_2和不纯CO_2，得到超临界萃取物。

超临界CO_2流体萃取啤酒花有如下特征。

（1）采用超临界CO_2流体萃取，没有残留溶剂；而一般有机溶剂萃取有残留溶剂，并且一些残留物有毒，建议禁止使用。

（2）啤酒花压片、有机溶剂萃取要比超临界CO_2流体萃取低，而液态CO_2流体萃取则比超临界CO_2流体萃取高。

（3）超临界CO_2萃取对环境无污染，有利于环境保护。

（4）萃取温度低，萃取物不易氧化或者变性。

（5）采用超临界CO_2流体萃取后，在萃取物中不会有农药残留存在。

我国也盛产啤酒花。国内学者对我国新疆维吾尔自治区、甘肃省产的啤酒花也做了大量的超临界CO_2流体萃取实验工作，取得大量的实验数据和批量样品，经部分啤酒厂试用，证明采用超临界CO_2流体萃取得到的浸膏来生产啤酒，啤酒的主要组分的含量、色泽、味道都与用全酒花生产的啤酒相似。实验结果表明，浸膏得率、α-酸含量以及α-酸的收率均达到较高的水平。

由于啤酒花收获等农业上的原因，在国外采用超临界CO_2流体萃取啤酒花生产是有季节性的（一般为当年的10月到翌年3月）。为了使设备不致闲置，常用于其他物料的萃取，如红茶中脱咖啡因，香料提取等，所以在工厂建设中要考虑到各方面的需要，以求增加品种，降低品种。

三、超临界流体萃取核桃油

核桃，又名胡桃、羌桃、万岁子，系胡桃科核桃属植物，我国各地广泛栽培，尤以华北平原最多，是我国的传统土特产品之一。核桃仁脂肪含量60%左右，居所有木本油料之首，是大豆油、菜籽油价格的十几倍，有“树上油库”的美称。核桃油脂肪酸主要为不饱和脂肪酸，含量在85%左右，其中油酸20%、亚油酸54%、亚麻酸17%，对降低血脂和胆固醇，促进新陈代谢，预防心血管疾病等有较好的作用。核桃油中脂肪酸组成不饱和脂肪酸含量是评价食用油营养水平的重要依据，不饱和脂肪酸是构成体内脂肪的一种人体必需的脂肪酸，具有如下功能：保持细胞膜的相对流动性，以保证细胞的正常生理功能；使胆固醇酯化，降低血中胆固醇和甘油三酯；是合成人体内前列腺素和凝血噁烷的前躯物质；降低血液黏稠度，改善血液微循环；提高脑细胞的活性，增强记忆力和思维能力，膳食中不饱和脂肪酸不足时，易产生下列病症：血中低密度脂蛋白和低密度胆固醇增加，产生动脉粥样硬化，诱发心脑血管病，所以对核桃油中的脂肪酸含量进行测定具有重要意义。核桃油本身就是一种很好的功能食品，同时也是生产其他功能食品的良好基料。日本、美国、法国等发达国家把核桃油视为高级食用保健油，国际市场售价非常高，且供不应求。

目前，我国核桃资源的利用仍以干果及其粗加工品为主，上市的核桃深加工品很少，这极大地降低了我国核桃的经济价值。核桃油是一种很有发展前途的保健专用油，对于拓展对外贸易，出口创汇具有良好的经济和社会效益，但我国核桃油的开发还处于起步阶段，开发生产核桃营养保健油，对促进大众身体健康、拓展对外贸易等具有良好的经济效益和社会效益，因此这是科研领域的一个主攻方向。中国粮油学会油脂专业分会在其2020年中长期发展规划中也指出，油脂加工技术的研发重点及方向中包括核桃油等特种油料资源的开发与利用。

核桃油的提取传统采用压榨法和溶剂萃取法。用压榨法，油脂得率低；用己烷、石油醚等有机溶剂萃取时，存在溶剂回收和溶剂残留等问题。超临界流体萃取技术，具有工艺简单，操作方便等传统工艺不可比拟的优点。它克服了溶剂提取法在分离过程中需蒸馏加热，油脂易氧化酸败，存在溶剂残留等缺陷；也克服了压榨法产率低，精制工艺烦琐、油品色泽不理想等缺点。因而，超临界流体萃取技术逐步地被广泛应用于食品工业，如麦芽胚油、洋葱油、沙棘油、卵磷脂及香精、色素等的提取。由于使用超临界CO_2流体萃取具有工艺简单、步骤少、耗时短、无溶剂残留、常温下操作等优点，我们简单介绍一下柳仁民对核桃油的超临界CO_2流体萃取及其GC-MS分析。

将粉碎后的核桃仁投入萃取釜中，对萃取釜、分离釜、贮罐分别进行加热或冷却，当系统各部分达到设定温度后，从CO_2钢瓶出来的CO_2气体经净化器净化后进入冷箱液化后，由高压调频柱塞泵送入预热器预热，经净化再进入萃取釜，升压到预定设置值使CO_2成超临界流体，对核桃仁中的油脂进行萃取，CO_2经分离釜减压与萃取物分离后循环使用。

核桃油的萃取率在50℃达到最高，以后随着温度的继续升高，核桃油的萃取率反而降低。这说明，当温度小于50℃时，温度的升高引起的组分挥发性增大和流体的传质速度加快起主要作用，温度大于50℃时，温度升高引起的CO_2流体的溶解能力下降起主要作用；在一定的温度下，超临界CO_2流体对核桃油的萃取率与压力呈正相关，这是因为随着压力的增加，超临界CO_2流体的密度增加，使得核桃油的溶解度增加，萃取率提高。但压力增加到一定程度时，萃取率的增幅就会减缓，这是因为萃取压力高，流体密度增大，但其扩散系数减小影响传质，故萃取率提高减缓；随着CO_2流量的增加，超临界CO_2传质推动力增大，萃取率提高，CO_2流量增大到一定程度时，萃取率的提高不明显，这是因为CO_2流体在萃取釜中的停留时间相对减少，与溶质来不及充分作用的缘故。随着萃取时间的延长，核桃油的萃取率逐渐增加，但其增幅逐渐减小，即萃取时间对萃取率提高的影响逐渐减小，这是萃取对象中的待分离成分含量随着时间的推移逐渐减少的缘故。

其最佳操作参数是：萃取压力30MPa，温度50℃，时间4h，CO_2流量25kg/h，在此条件下核桃油脂萃取率可达52.4%。经过GC-MS分析表明，超临界CO_2流体萃取而得到的核桃油含有5种脂肪酸，其中含有丰富的亚油酸（63.1%），总不饱和脂肪酸含量高达91.1%，是一种理想的营养保健食用油。比较不同方法得到的核桃油的理化特征可以看出使用超临界CO_2流体萃取得到的核桃油外观性状和品质较优，符合食用油的标准。

四、超临界流体萃取茶叶成分

（一）萃取茶多酚

茶叶是我国丰富的天然植物资源，富含具有保健药效功能的茶多酚（Tea Polyphenols，简称TP）。现代科学研究表明茶多酚是一类新型的天然、高效、安全的食品抗氧保鲜剂。茶多酚易溶于水、甲醇、乙醇、丙醇及乙酸乙酯，不溶于氯仿、苯等有机溶剂，具有增强机体抵抗力、抗氧化、防癌、抗肿瘤、抗辐射、抑菌、抗病毒、降血糖和血脂、预防心血管疾病、抗衰老等多种天然生物活性。茶多酚具有显著的抗氧化性和积极清除自由基能力，也是比较理想的保鲜剂。在食品和医药工业中具有广泛的应用前景。

国内外都在积极开展茶叶中茶多酚的提取研究，但目前大都采用先溶剂萃取、然后分离的方法，消耗溶剂量大，分离过程繁琐。而超临界二氧化碳萃取茶多酚，只需进行简单的后续处理就可以得到纯度较高的茶多酚粉末，进行有效的应用。

超临界二氧化碳萃取茶多酚流程：干茶叶放入萃取釜→加热至所需温度→打开进气阀→启动高压泵→调节压力至所需值→静态萃取→动态萃取同时收集萃取物→取下收集瓶→旋松高压泵→关闭气体阀门开放气阀→取下萃取釜→关闭机器。

而茶多酚在超临界CO_2中溶解度较低，其质量分数只有1×10^{-8}，加入少量夹带剂后可达到1×10^{-5}，因此要提高萃取量，加入夹带剂是必要的。高温高压下，茶多酚在超临界CO_2中溶解度较大，所以要选择的合适的茶多酚的萃取条件。

（二）萃取咖啡因

咖啡因是一种生物碱，对人体的新陈代谢有着广泛的影响，其在茶叶中的质量分数为1%～4%，对于喜欢喝茶且渴望健康生活方式的人来说，脱除茶叶中的咖啡因越来越受到人们的重视。早期均采用有机溶剂法，但该法会改变茶叶的色、香、味、形，且会残留有机溶剂。随着超临界流体萃取技术的发展，人们转而使用超临界CO_2萃取技术来生产脱咖啡因茶。

超临界CO_2萃取茶叶中的咖啡因具有临界温度低、安全无毒、利于传质等独特优点，可以分离含有热敏性的物质且在高压下对固态基质的渗透比普通溶剂要好。然而还存在着对较强极性溶质的溶解能力差、萃取选择性差等问题。因此，马卫华、在钟秦关于超临界CO_2萃取茶叶中咖啡因的实验研究中，从影响因素、夹带剂及解析部分的溶解平衡等方面进行考察，得出了温度和压力对于选择性的影响，从而全面系统地研究了超临界CO_2萃取茶叶中的咖啡因的影响因素，为实际应用提供了指导。

咖啡因超临界萃取工艺：称取茶叶样品装入萃取釜中，以体积分数50%的CH_3CH_2OH溶液作为夹带剂，用夹带剂泵打入萃取釜中，或在装入之前均匀喷洒在茶叶上。把萃取釜的温度和压力都调到实验设定值，用超临界CO_2预浸30min。设定好分离器1和分离器2的压力、温度，将分离器2的调压阀全开，进行动态萃取。萃取产品从分离釜底部采集，测定并记录萃取物质量。

超临界萃取实验中，4个影响咖啡因萃取量因素按由大到小的顺序为压力、流量、温度、时间。较好的优萃取条件为：压力45MPa，温度65℃，时间240min，CO_2流量16kg/h。

（三）萃取茶叶籽油

茶叶籽是山茶科山茶属植物茶树的种子据本草纲目记载茶叶籽可以制油，早在几百年前就有人尝试从茶叶籽中提取油脂，据实验测定茶叶籽的整籽含油10%～15%，茶叶籽油中不饱和脂肪酸高于80%，其脂肪酸组成与茶油、橄榄油相似，但茶叶籽油中亚油酸含量超过20%，高于茶油和橄榄油，并且维生素E含量较高，具有预防心脑血管疾病、抗辐射、延缓衰老等多种保健功能。由此可见，茶叶籽油本身就是一种很好的功能性油脂，同时也是生产其他功能食品的良好基料。由于茶叶籽油是一种营养价值很高的食用木本植物油脂，中华人民共和国卫生部于2009年12月发布公告（2009年第18号）批准茶叶籽油为新资源食品。

我国现有茶园面积大，潜在茶叶籽资源多，每年可产茶叶籽油几万吨，是一种可以利用的食用植物油资源。

超临界CO_2萃取技术已越来越多的用于植物油脂提取具有不燃不爆无毒在产品中无残留；超临界CO_2具有较大的溶解度和较高的扩散速度，可以在较低的温度下萃取植物组织中的油脂，尤其适合于提取热敏性成分。因此，采用超临界萃取技术可从茶叶籽中有效提取茶叶籽油，茶叶籽油透明清亮，色泽橙黄，具有茶叶籽原有的气味，提取率高，油脂色泽好，无溶剂残留的优点。

（四）萃取茶多糖

茶多糖（TPS）具有降血糖、降血脂、抗动脉粥样硬化、抗凝血、抗血栓、抗氧化、增强免疫力等多种作用，可用于糖尿病、冠心病、肿瘤及免疫功能低下等疾病的治疗。提取茶油后的茶籽粕中含有大量糖类物质，从茶籽中提取多糖对充分利用茶资源、促进茶产业经济的发展具有重大意义。

在应用过程中，茶多糖的生物活性至关重要，采用传统方法提取，不仅提取率低，而且其活性或多或少会遭到破坏。因此，采用加工温度低、无毒、无害、无残留、无污染、分离效率高的超临界萃取技术提取茶叶中的多糖具有了较好的可行性。为此，以某地茶叶为试验材料，进行超临界CO_2提取茶叶中多糖的试验研究表明，在颗粒度为40目茶粉、20%无水乙醇夹带剂、萃取压力35MPa、萃取温度45℃、萃取时间2h的条件下，茶多糖的提取率较高。该实验通过对茶叶中多糖传统提取技术及其机理的分析，结合超临界萃取技术在生物体中提取多糖组分的成功应用，分析了超临界萃取提取茶叶中多糖的可行性，并通过超临界萃取茶多糖初步试验进行证实，为茶叶中多糖提取技术提供了新思路。

第四节　超临界提取的发展展望

超临界流体技术以其独有的优点在萃取、材料制备、化学反应等方面得到了广泛的应用。从超临界流体技术的发展来看，超临界萃取将会有更为普及的工业化应用。在材料制备方面，超临界流体技术结合其他技术将会实现工业化；超临界流体中的化学反应将会成为研究的重点，同时对超临界流体中化学反应的原位检测手段也会越来越多，如红外光谱、X射线衍射、拉曼光谱等。随着超临界流体技术的发展，对超临界流体本身性质的研究也将会从宏观性质如相平衡行为、溶剂化作用等深入到微观领域，同时也会用量子化学来计算超临界流体的分子结构。可以相信，超临界流体技术作为一种新兴技术必然会对人类的生产和生活方式产生更为深刻的影响，但同时也应看到超临界流体技术特别是在化学反应的应用方面还有许多我们没有了解的地方，尚需进一步研究。

经过近几十年的不懈努力，人们对于超临界CO_2流体技术已有了深刻的认识，出现了许多新兴的而且是十分诱人的应用领域，但目前对于超临界CO_2流体萃取技术的研究和开发工作可谓方兴未艾。究其原因有以下几点：随着人们生活水平的提高和对健康的重视，人们越来越崇尚“回归自然”，对食品需求增多的同时，对其质量要求也越来越高，存在着巨大的潜在市场需求。如在美国超临界CO_2流体萃取的保健品供不应求，以至于美国国内现有的生产能力无法满足市场的需求，要到欧洲去订货，超临界CO_2流体被广泛应用于北美棕榈果、小连翘属植物、银杏等的萃取。精确可靠的模拟、设计技术的需求以及相平衡数据的进一步充实，为超临界CO_2流体技术的应用奠定了基础。超临界CO_2流体萃取作为一种新兴的分离技术，尽管在应用过程中面临设备一次性投资较大的问题，在操作成本上比传统的水汽蒸馏法和有机溶剂萃取法都高，但因其具有纯净、安全、保持生物活性，不易受热分解、稳定性强，色味纯正及提取率高等优点，而成为食品工业中一种具有相当发展潜力的高新提取分离方法。

超临界流体具有独一无二的优点，即其萃取能力与流体密度近似成正比，而流体的密度取决于温度和压力，通过改变温度和压力可以改变流体对溶质的溶解度。由于温度压力微小的变化，可以引起密度较大的变化，因此，操作的参数易于调节。一种超临界萃取剂可以通过极性调节来适应各种不同的调节对象，而传统的萃取技术需要根据不同的萃取对象挑选不同的萃取剂，既耗费材料又耗费人力。并且，超临界萃取技术既利用了萃取剂与被萃取物质间的分子亲和力实现分离，又利用了混合物中各组分的挥发度的差别，因此具有较好的选择性。超临界萃取可以在较低的温度下实现天然有效成分的萃取分离，这样既保留了活性成分、又不引入其他溶剂，从而保证了萃取物的高纯度，因此超临界萃取很适合热敏性物质的提取分离。超临界流体一般是低分子气体，分离比较容易，一般不会造成其残留在被萃取物质中，超临界流体回收溶剂只需小幅度调温调压就可以实现溶剂回收，回收的流程简单，无溶剂残留，降低能耗，也不会因为高温而导致产品变性。超临界流体表面张力为零，有较高的扩散系数，流体物质容易渗入到被萃取物质的微孔中内，传质速度较快，萃取效率高。并且其无毒无害，廉价纯净，生产过程中不会造成环境污染。

超临界萃取技术目前已取得了相当大的进展，工业上已有不少成功的例子，但仍未达到预期的大规模应用的效果，该技术还是处于成长阶段，还需进一步的完善。超临界萃取需要在相当高的压力下进行，压缩设备的投资大，设备管道材质要求高，高压下操作还会引起很多附加费用。超临界流体萃取过程虽是一个节能过程，但过程的经济性极大地取决于回收能量的能力或减少气体压缩所需的能量，因此食品行业采用高压加工技术带来的不利因素较难为人们所接受。又由于缺少生物化合物在高压下溶解度和相平衡的数据，所以给设计工作带来一定的困难，在大多数情况下需要通过实验来测定，获得必要的参数。在实际生产中还很难连续化操作，自动化程度低，还需要有高素质的专门操作人员。

超临界流体技术基础理论研究的发展特点是多相平衡的研究已从二元体系跨入到三元体系，超临界流体除了应用CO_2外，已扩展到各种烃类及其衍生物，如CHF_3、CF_3Br。在物理化学性质的研究方面，除了对表面张力、黏度、传热和传递性质进行了大量研究外，还对超临界流体的渗透及其在聚合物中的吸附等进行探索。超临界流体技术已应用到化学反应及超临界流体色谱，这极大地促进了超临界流体技术的发展，并促使人们对超临界流体技术的基础理论问题进行更为深入的研究。

目前，我国的超临界CO_2流体技术与国际上还存在很大差距。例如，超临界色谱在国际上已基本进行了工业化使用，而国内在此方面的研究还很少；我国在超临界CO_2流体萃取装置的机械制造水平、仪表自动化水平、机电一体化装置的设计与开发能力等方面存在着较大的差距。

我国食品行业制品在居民食品总消费中占30%，而发达国家占到80%以上。这说明，我们应该迅速发展我国的食品工业，提高农产品加工深度，提高农产品附加值，合理利用我国丰富的农副产品和野生动植物资源，促进国民经济发展。综上所述，超临界二氧化碳萃取技术是一项很有发展前途的新型技术，由于其独特的优点易引起世界各国工业界的关注，其在食品工业显示出强大的优越性，发展势不可当；它的应用范围正在不断扩大，研究更加深入，相信在不远的将来，随着高压技术的日臻完善和超临界流体理论更加深入的研究，超临界二氧化碳萃取技术在食品工业以及其他领域内会取得更大的发展。

总之，超临界流体萃取是一个具有相当潜力的分离方法，在食品工业中的应用前景将会十分乐观，这主要是因为该技术满足许多加工食品的特殊品质要求，特别是对生产价值高的食品添加剂极为有用。另一方面，近年来随着高压技术的不断发展，必将改变目前超临界流体投资费用高的状态。而且，超临界流体萃取技术若能与其他单元操作结合使用，也将会使系统产生更佳的经济效益。

参 考 文 献

[1] 陈岚, 满瑞林. 超临界萃取技术及其应用研究[J]. 现代食品科技, 2005, 22(1): 199-202.

[2] 陈明, 熊琳媛, 袁城. 茶叶中多糖提取技术进展及超临界萃取探讨[J]. 安徽农业科学, 2011, 39(8): 4 770-4 771.

[3] 陈升荣, 张彬, 罗家星, 等. 超临界CO_2萃取茶叶籽油[J]. 食品与发酵工业, 2012, 38(7): 169-172.

[4] 戴猷元. 新型萃取分离技术的发展及应用[M]. 北京: 化学工业出版社, 2007.

[5] 邓立, 朱明. 食品工业高新技术设备与工艺[M]. 北京: 化学工业出版社, 2007.

[6] 冯耀声, 胡望明. 超临界二氧化碳萃取茶叶中咖啡因的研究[J].科技通报 1994, 10(1): 33-37.

[7] 葛保胜, 王秀道, 孟磊, 等. 超临界二氧化谈苹取核桃油的工艺研究[J]. 食品工业, 2003, 25(2): 44-45.

[8] 韩布兴，等. 超临界流体科学与技术[M]. 北京: 中国石化出版社, 2005.

[9] 胡小玲, 管萍. 化学分离原理与技术[M]. 北京: 化学工业出版社, 2006.

[10] 胡苗霞, 魏道清. 超临界流体萃取及其在分析化学中的应用[J]. 焦作工学院学报, 2000, 19(4): 309-313.

[11] 李新, 安鑫南, 刘震. 超临界CO_2萃取螺旋藻中份胡萝卜素的研究[J]. 科技进展, 1998, 12(10): 13-15.

[12] 李博, 屠幼英. 响应面法优化超临界CO_2提取茶籽多糖的工艺研究[J]. 高效化学工程学报, 2010, 24(5): 897-902.

[13] 廖传华, 黄振仁. 超临界CO_2萃取螺旋藻的实验研究[J]. 中成药, 2003, 25(2): 95-97.

[14] 廖传华, 黄振仁. 超临界CO_2流体萃取技术-工艺开发及其应用[M]. 北京: 化学工业出版社, 2004.

[15] 柳仁民, 张坤, 崔庆新. 核桃油的超临界CO_2流体萃取及其GC/MS分析[J]. 中国油脂, 2003, 28(7): 51-53.

[16] 麻成金, 黄群, 吴道宏. 超临界CO_2和微波萃取茶叶籽油工艺研究[J]. 食品科学, 2008, 29(10): 281-285.

[17] 麻成金, 吴竹青, 黄群. 超临界CO_2和微波萃取核桃油的比较研究[J]. 中国油脂, 2006, 31(6): 72-75.

[18] 马卫华, 钟秦. 超临界CO_2萃取茶叶中咖啡因的实验研究[J]. 南京理工大学学报, 2007, 31(6): 771-774.

[19] 彭英利, 马承愚. 超临界流体技术应用手册[M]. 北京: 化学工业出版社, 2005.

[20] 祁新萍. 超临界CO_2流体萃取的应用进展[J]. 中国化工贸易, 2013,5(6): 283-284.

[21] 王海英, 杜为民. 螺旋藻干粉中β-胡萝卜素提取工艺研究[J]. 中国食物与营养, 2010, 16(6): 64-66.

[22] 王朝瑾, 马红青, 陈温娴. 超临界萃取茶叶中茶多酚的提取与应用[J]. 分析科学学报, 2009, 25(3): 281-284.

[23] 魏冬梅, 梁艳英. 核桃油的超临界CO_2萃取研究[J]. 安徽农业科学, 2012, 40(6): 3 546-3 547.

[24] 吴彩娥, 阎师杰, 寇晓虹. 超临界CO_2流体萃取技术提取核桃油的研究[J]. 农业工程学报, 2001, 17(6): 135-138.

[25] 肖建平, 范崇政. 超临界流体技术研究进展[J]. 化学进展, 2001, 13(2): 94-101.

[26] 赵东胜, 刘桂敏, 吴兆亮. 超临界流体萃取技术研究与应用进展[J]. 天津化工, 2007, 21(3): 10-12.

[27] 张德权, 胡晓丹. 食品超临界CO_2流体加工技术[M]. 北京: 化学工业出版社, 2005.

[28] 仲山民, 常银子. 超临界CO_2流体技术萃取山核桃油的工艺研究[J]. 中国粮油学报, 2013, 28(8): 37-40.

[29] 周家春. 食品工业新技术[M]. 北京: 化学工业出版社, 2005.

[30] 朱自强. 超临界流体技术原理和应用[M]. 北京: 化学工业出版社, 2000.

[31] 朱廷风, 廖传华. 螺旋藻中β-胡萝卜素的超临界CO_2萃取实验研究[J]. 食品科技, 2003, 29(4): 66-69.

[32] 朱振宝, 易建华, 田呈瑞. 超临界CO_2萃取核桃油的研究[J]. 中国油脂, 2005, 20(9): 65-67.

第三章　食品分子蒸馏技术

分子蒸馏（Molecular Distillation）也称短程蒸馏（Short Path Distillation），是一种在高真空条件下进行的非平衡连续蒸馏过程，具有特殊的传质传热机制。在高真空条件下，当蒸发面和冷凝面的间距小于或等于被分离物料的蒸汽分子的平均自由程时，由蒸发面逸出的分子既不与残余空气的分子碰撞，自身也不相互碰撞，从而毫无阻碍地奔射并凝集在冷凝面上，这样利用不同物质分子平均自由程不同使其在液体表面蒸发速率不同，从而达到分离目的。分子蒸馏是在高真空条件下进行的，相对于普通的真空蒸馏，其气液相间不存在相平衡，是一种完全不可逆过程，具有常规蒸馏不可比拟的优点，如蒸馏压力低、受热时间短、操作温度低、分离程度及产品收率高等，特别适合于分离低挥发度、高分子量、高沸点、高黏度、热敏性和具有生物活性的物料。目前，该技术已被广泛地应用于食品、药物、石油化工、轻工业、农药生产等领域，成为分离技术中的一个重要分支。

第一节　分子蒸馏技术的加工原理

一、基本概念

1. 分子碰撞

分子与分子之间存在着相互作用力。当两分子离得较远时，分子之间的作用力表现为吸引力，但当两分子接近到一定程度，分子之间的作用力会改变为排斥力，并随其接近到一定程度，排斥力迅速增加。当两分子接近到一定程度，排斥力的作用使两分子分开，这种由接近而至排斥分离的过程就是分子的碰撞过程。

2. 分子运动平均自由程

一个分子相邻两次分子碰撞之间所走的路程称为分子运动自由程，任一分子在运动过程中都在变化自由程，而在一定的外界条件下，不同物质的分子其自由程各不相同。就某一种分子来说，在某时间间隔内自由程的平均值称为平均自由程。

由热力学原理可知，分子运动平均自由程为：

$$\ell = \frac{k_B T}{\sqrt{2}\pi d^2 p}$$

式中，ℓ 为平均自由程，单位m；k_B为波兹曼常数（Boltzmann Constant），单位J/K；T为温度，单位K；p为压力，单位Pa；d为分子直径，单位m。

二、分子蒸馏技术的分离原理及过程

从上述分子自由程的计算公式可见，ℓ与压力成反比而与温度成正比。在相同的温度和压力下，不同物质分子的有效直径和分子自由程不同，轻分子的平均自由程大，重分子平均自由程小，若在离蒸发液面小于轻分子的平均自由程而大于重分子平均自由程处设置一冷凝面，轻分子从蒸发面逸出后，不与其他分子碰撞，直接飞射到冷凝面被冷凝，沿冷凝板向下流动；而重分子达不到冷凝面，很快与液相达到平衡，表观上不再从液面逸出，并沿加热板向下流动，这样轻重分子的混合物得到了分离。其分离过程的原理如图3-1所示。

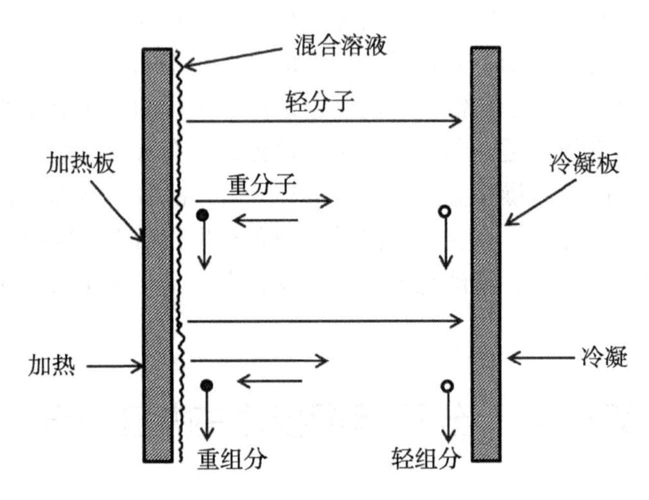

图3-1 分子蒸馏分离原理示意图

从图3-1可以看出，分子蒸馏过程主要分为如下4步。

（1）组分分子从液相主体向蒸发表面扩散。分子蒸馏速度的控制因素为液相中的扩散速度，欲提高液相扩散速度，在设计分子蒸馏设备时须减小液层厚度及强化液层的流动情况。

（2）分子在液层表面的自由蒸发。蒸发速度随着温度的升高而升高，但随着温度的升高，重分子的蒸出也加快，因此分离系数有所降低，所以要选择经济合理的蒸馏温度。

（3）分子从蒸发表面向冷凝面飞射。在这一过程中要避免蒸出分子与其他残气分子的碰撞，因此需要有足够的真空度，一般要求真空度达到1×10^{-3} Torr。由于分子蒸馏采用了内冷凝器，使蒸汽分子不再返回液相从而提高了分离效率。

（4）分子在冷凝面上冷凝。要保证冷热面之间有足够的温度差（一般为70～100℃），以及冷热面的间距，最常见的是1～5cm，且冷凝表面光滑，可认为冷凝步骤可以在瞬间完成。

三、分子蒸馏的主要特点

（1）操作真空度高。由于分子蒸馏的冷热面间的间距小于轻分子的平均自由程，轻分子几乎没有压力降就达到冷凝面，使蒸发面的实际操作真空度比传统真空蒸馏的操作真空度高出几个数量级，分子蒸馏的操作残压一般约为0.133 3Pa。

（2）操作温度低。分子蒸馏依靠分子运动平均自由程的差别实现分离，并不需要达到物料的沸点（远低于其沸点），加之分子蒸馏的操作真空度更高，这又进一步降低了操作温度。如某液体混合物在真空蒸馏时的操作温度为260℃，而分子蒸馏仅为150℃左右。

（3）物料受热时间短。分子蒸馏在蒸发过程中，物料被强制形成很薄的液膜，并被定向推动，使得液体在分离器中停留时间很短（以秒计）。特别是轻分子，一经逸出就马上冷凝，受热时间更短，一般为几秒或十几秒。这样使物料的热损伤很小，特别对热敏性物质的净化过程提供了传统蒸馏无法比拟的优越条件。

（4）分离程度高。由分子蒸馏的相对挥发度可以看出：

$$\alpha_\tau = \alpha \times \sqrt{M_2/M_1} = p_1/p_2 \times \sqrt{M_2/M_1}$$

式中，M_1为轻分子相对分子质量；M_2为重分子相对分子质量；α 为常规蒸馏相对挥发度；p_1为轻分子的饱和蒸汽压；p_2为重分子的饱和蒸汽压。由于$M_2/M_1>1$，所以$\alpha_\tau>\alpha$，即分子蒸馏较常规蒸馏更易分离。

由以上特点可以看出，分子蒸馏技术能分离常规蒸馏不易分离的物质，特别适宜于高沸点、热敏性物质的分离。因此，它为工业生产的各个领域中高纯物质的提取开辟了广阔的前景。

四、分子蒸馏技术加工设备

一套完整的分子蒸馏设备主要由进料系统、脱气装置、分子蒸馏器、馏分收集系统、加热系统、冷却系统s、真空系统、控制系统等部分组成，其中分子蒸馏器是整套设备的核心，分子蒸馏设备的发展主要体现在对分子蒸馏器结构的改进。分子蒸馏设备的改进和发展主要是围绕简化结构、降低液膜厚度、使液膜更加均匀、减小传热传质阻力、提高分离效率、加快蒸馏速度和节省投资等因素进行改进。分子蒸馏器的形式，可分为简单蒸馏型与精密蒸馏型，但现今使用的装置多为简单蒸馏型。简单分子蒸馏器大致分为静止式、降膜式、离心式和刮膜式。由于静止式的液膜很厚，物料被持续加热，容易造成分解，且分离效率较低，目前已经停用。降膜式依靠重力使流体在蒸发壁表面流动时形成一层薄膜，但液膜厚度不均匀，且液膜流动一般为层流，传质、传热阻力大。离心式依靠锥形蒸发筒体旋转，使物料在离心力作用下呈液膜状均匀分布在壁面上，分离效果较好，但结构较复杂。刮膜式是在降膜式的基础上发展起来的，蒸发筒体（一般为圆柱形）内设置转子，转子主要由旋转主轴、布料器、刮膜器（常称为刮板）

组成，主轴旋转时带动布料器及刮板一起转动，薄液膜均匀分布在壁面上，且因刮板转动使液膜高度湍动、不断更新，强化了传热、传质过程。刮膜式因采用机械搅拌刮膜，同降膜式相比，克服了布膜不均及较高的温度梯度等缺点；而同离心式相比，结构较为简单，更容易受热与控制，因而刮膜式是分子蒸馏设备中很有发展前景的一种。

第二节　分子蒸馏的发展概况

分子蒸馏技术是国际上一种新型的液–液分离或精细分离技术。该技术是随着人们对真空状态气体的运动理论进行深入研究发展起来的。早在20世纪20年代初，人们就意识到要利用真空改造蒸馏过程，并开始了减压蒸馏过程中气相阻力的研究，这便是分子蒸馏技术的开始。分子蒸馏技术在1920年开始于德国和英国，随后美国的KCC Hick Man和他的科研小组进行了进一步的研究，该研究与传统的蒸馏方法不同，是一种对高沸点，热敏性物料进行有效分离纯化手段。1971年Holló J、Kurucz E和Boródi A对分子蒸馏技术进行进一步研究，提出只要蒸发面和冷凝面存在温差蒸发即可在任何温度下进行，并将分子蒸馏技术成功运用于浓缩鱼肝油和提炼维生素A中。1995年Juraj Lutisan和Jan Cvengros运用理想气体动力学理论根据分子平均自由程提出分子蒸馏的分离作用是利用液体分子受热会从液面逸出，而且不同种类分子逸出后其平均自由程不同来实现的。近年来，美国、德国、日本、瑞典、波兰等国家相继利用分子蒸馏技术解决了许多分离领域中的难题，但分子蒸馏技术是一项国内外正在工业化开发应用的高新技术，尚未实现大规模的工业化。

我国对分子蒸馏技术的应用研究起步较晚，20世纪60年代的少量报道，到80年代末期，国内引进了几套分子蒸馏生产线用于硬脂酸单甘脂等的生产，使该技术在我国的工业化推广应用正式起步。由于其先进性和独特性以及广阔的应用前景，极大地激发了国内科研人员的兴趣。一些科研单位和大专院校（如北京化工大学、华南理工大学化学工程研究所等）都做了大量的研究工作并对分子蒸馏设备进行了研制和改进，部分成果已陆续实现工业化生产，取得了良好的经济效益和社会效益。

随着生活水平的提高和人们对天然食物的青睐，作为天然物质提取有效手段的分子蒸馏也逐渐引起了人们的广泛重视，目前已在许多领域得到了应用。例如：在食品工业中，提取脂肪酸及其衍生物生产二聚脂肪酸等；从动植物中提取鱼油、米糠油、小麦胚芽油等天然产物。近年来，在医药工业中，可用来提取合成天然维生素A、维生素E。分子蒸馏技术可以用来处理天然精油，除臭、脱色、提高纯度，使香料（如桂皮油、玫瑰油、山苍子油等）的品味大大提高。

分子蒸馏技术作为一种温和的蒸馏分离手段，其最大特点是克服了常规蒸馏操作温度高、受热时间长的缺点，尽量保持食品的纯天然性，无毒、无害、无残留物、无污染、分离效率高。分子蒸馏技术作为一种特殊的高新分离技术，主要应用于高沸点热敏性物料的提纯和分离，随着研究的不断深入和发展，它在油脂工业、精细化工、食品添加剂、医药行业、保健食品等方面的应用将更加广泛。

第三节　在食品工业中的应用实例

一、提纯单甘脂

（一）单甘酯的分类

单甘酯是单脂肪酸甘油酯（或称甘油单脂肪酸酯）的简称，英文名Monoglycerides。按照主要组成脂肪酸的名称可以将单甘酯进一步分为单硬脂酸甘油酯（Glycerol Monostearate）、单棕榈酸甘油酯（Glycerol Monopalmitate）、单月桂酸甘油酯（Glycerol Monolaurate）、单油酸甘油酯（Glycerol Monooleate）等。按照生产单甘酯的原料名称可以将单甘酯进一步分为牛油单甘酯、猪油单甘酯、豆油单甘酯、棕榈油单甘酯、向日葵油单甘酯等。按照单甘酯产品在生产中是否经蒸馏提纯可以将单甘酯进一步分为分子蒸馏单甘酯和普通单甘酯。分子蒸馏单甘酯是采用分子蒸馏工艺提纯的高纯度甘油单脂肪酸酯，其单甘酯含量高达90%～96%。在使用单甘酯的各个行业，高纯度、高效能、颜色浅的分子蒸馏单甘酯已逐步替代纯度低、颜色深的普通单甘酯。

（二）分子蒸馏单甘酯的发展

分子蒸馏技术出现在20世纪30年代，至60年代开始应用于工业生产，之后日本、美国、德国都设计制造了各种样式的分子蒸馏装置，并不断对短程蒸馏设备进行改进、完善。20世纪80年代末期，国外分子蒸馏技术已经应用于单甘酯的规模化生产，其纯度可达到90%～96%，至90年代中期，国外已研发出大型单甘酯分子蒸馏设备，单甘酯日生产能力已经突破百吨。我国在分子蒸馏技术生产单甘酯方面的研究起步较晚，20世纪80年代中期开始分子蒸馏技术的应用开发工作，陆续从国外引进了用于生产分子蒸馏单甘酯的分子蒸馏中试装置。例如，辽宁省丹东市从日本引进1套400kg/d的离心式分子蒸馏中试装置；广东省澄海区从美国引进1套150kg/d的分子蒸馏中试装置；广州市从德国引进1套400 kg/d的刮膜式分子蒸馏中试装置。20世纪90年代，广州市、沈阳市和北京市的单位陆续研制出国产分子蒸馏装置，经过不断的改进和完善，可日生产分子蒸馏单甘酯几吨，并逐步实现了分子蒸馏单甘酯的工业化生产，并为其他行业逐渐用分子蒸馏单甘酯替代普通单甘酯奠定了基础。之后，我国分子蒸馏单甘酯生产发展迅速，广东省等地的多个厂家陆续新增多条分子蒸馏单甘酯生产线，分子蒸馏单甘酯的产量逐年翻番。如今，随着国内加工业的迅速发展与分子蒸馏单甘酯在相关行业的成功应用，对分子蒸馏单甘酯的需求急剧扩大，生产厂商也相继涌现，年总产量从当初几百吨发展至今超过3万吨，生产能力达5万吨，我国已跃升为分子蒸馏单甘酯生产大国。

（三）分子蒸馏单甘酯生产的原理

工业生产中，多采用氢化油脂（三脂肪酸甘油酯）与甘油的酯交换反应生产单、双脂肪酸甘油酯（简称单、双甘酯），反应式如下所示：

$CH_2OOC(CH_2)_nCH_3\text{-}CHOOC(CH_2)nCH_3\text{-}CH_2OOC(CH_2)_nCH_3 + CH_2OH\text{-}CHOH\text{-}$

$CH_2OH \rightleftharpoons CH_2OH\text{-}CHOH\text{-}CH_2OOC(CH_2)_nCH_3 + CH_2OH\text{-}CHOOC(CH_2)_nCH_3\text{-}CH_2OOC(CH_2)_nCH_3$

由于是平衡反应，其中有效成分单脂肪酸甘油酯（简称单甘酯）含量一般在40%~50%，很难突破60%，如何提高单甘酯的含量是生产此乳化剂的关键。单甘酯用一般的高真空蒸馏是无法进行的，因为未达到沸点就已经分解焦化，而分子蒸馏就能顺利进行。采用分子蒸馏技术把单甘酯的含量提高到90%以上，此方法生产的产品被称为分子蒸馏单甘酯。其生产设备多采用旋转刮膜式分子蒸馏器，它的基本结构为外层蒸发器、里层冷凝器和运动刮膜机构。

如图3-2所示，蒸馏时，混合物（单、双甘酯）靠重力和机械力向下流动并形成快速移动、厚度均匀的薄膜在蒸发器壁面受热，能量足够的分子逸出液面而蒸发，气态重分子（双甘酯）的平均自由程小，未能到达冷凝器而发生多次碰撞返回到蒸发器壁面，从蒸发器这侧流出；而气态轻分子（单甘酯）的平均自由程大，所走距离远，能直接到达冷凝器被冷凝为液体，从冷凝器这侧流出，完成分离过程，获得单甘酯含量为90%以上的产品——分子蒸馏单甘酯。由于分子蒸馏是在高真空下未达到沸点温度时进行的，而且被蒸馏物受热时间很短，因此能确保一些高沸点而又对氧、对热敏感的有机物在蒸馏时不被氧化、聚合、分解变质。

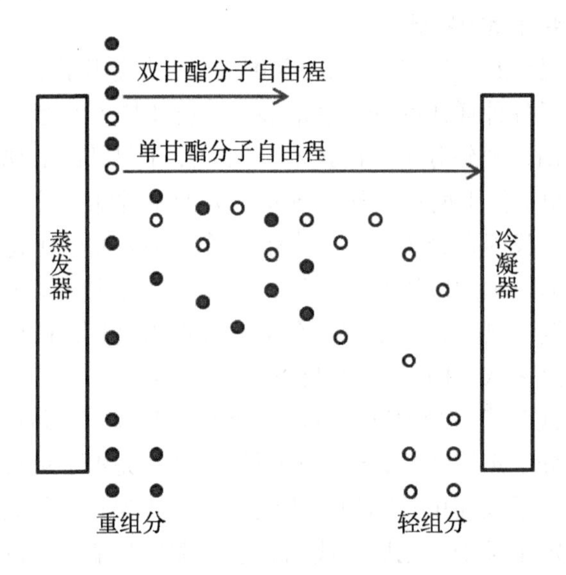

图3-2 分子蒸馏单甘脂生产原理示意图

（四）分子蒸馏单甘酯的生产工艺

分子蒸馏单甘酯的生产工艺包括单甘酯合成、采用分子蒸馏技术分离出纯单甘酯及产品喷雾冷凝包装 3 个部分。单甘酯合成工艺主要采用酯化和醇解两种工艺。经过合成单甘酯和甘油的混合物，相当于35%~65%的普通单甘酯。分子蒸馏技术分离出纯单甘酯工艺是采用0.1~1Pa的高真空和短程蒸馏的工艺降低单甘酯的沸点，从而将单甘酯从中间产品中蒸馏提纯出来，得到纯度为90%~96%的分子蒸馏单甘酯和残渣。分子蒸馏单甘酯经喷雾冷凝包装工艺袋装细粉状分子蒸馏单甘酯产品，残渣返回到合成单甘酯工艺循环使用。在上述分子蒸馏单甘酯生产设备的基础上增加灌装和小包装设备还可以生产多种复配乳化产品。一般的三级分子蒸馏单甘酯生产工艺如图3-3所示。

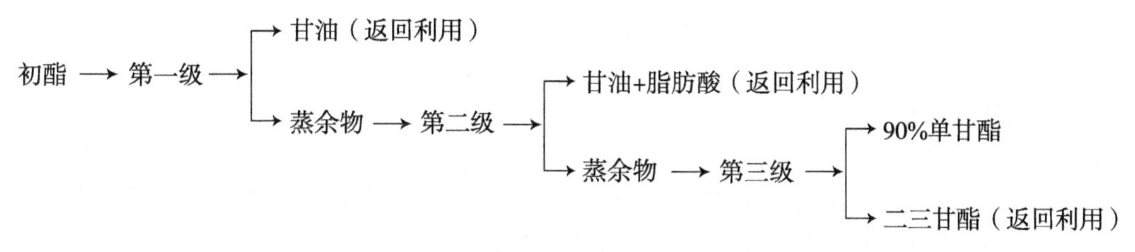

图3-3 分子蒸馏单甘酯生产工艺流程

（五）分子蒸馏单甘酯在食品工业中的应用

分子蒸馏单甘酯是一种高效的食品乳化剂和表面活性剂，添加到各种食品可起到乳化、起泡、分散、消泡、抗淀粉老化等作用。

在糕点中的应用：分子蒸馏单甘酯与蔗糖酯、丙二醇酯等乳化剂合用，是制作糕点的起泡剂。蔗糖单甘酯能促进蛋白起泡性，在制作蛋糕时能形成“蛋白—单甘酯”的复合体，有效地帮助蛋糕搅动起泡，产生稳定的气泡膜，从而制出稳定细小气泡、容积明显增大的糕点。

在面包等烘烤食品中的应用：分子蒸馏单甘酯具有亲水亲油基团，能增加食品各组份间的亲合力，降低界面上的张力，促进原料特别是油脂均匀地混合在一起。分子蒸馏单甘酯在面包中除了具有乳化作用外，还具有抗老化作用，可改变面包变硬、掉渣、失去弹性、口感变劣等现象，使制得的面包松软体大，富于弹性，内部结构呈松软海绵状，放置1周仍可保持良好风味。

在冰淇淋中的应用：分子蒸馏单甘酯是制作优质冰淇淋理想的乳化剂和稳定剂，其添加到冰淇淋中可改进脂肪在混合料中的分散性，使脂肪粒子微细、均匀分布；防止或控制粗大冰晶形成，赋予冰淇淋细腻的组织结构和好的干性度；改善冰淇淋稳定性和保形性，防止贮藏过程中收缩变形，改善口融性。分子蒸馏单甘酯与海藻酸钠、果胶等同用，效果更佳。分子蒸馏单甘酯的添加量为冰淇淋原料总重量0.5%左右。

在糖果、巧克力中的应用：利用蒸馏单甘酯作乳化剂和增塑剂，可防止奶油糖、太妃糖等糖果产生油脂分离现象，提高糖果的防潮性，减少变形，防止粘纸粘牙，改善口感。分子蒸馏单甘酯能抑制巧克力油脂结晶，防止巧克力起霜，提高巧克力脆性，有效地防止受潮受热变软而影响品味。分子蒸馏单甘酯还是胶姆糖的良好增塑剂，赋予胶姆糖、泡泡糖更佳的柔软性和可塑性，更佳的咀嚼口感。

在肉类制品中的应用：在生产香肠、午餐肉、肉丸、鱼肉馅等肉类制品时，往往需要添加适量淀粉，加入蒸馏单甘酯后，可防止淀粉回生、老化，改善食感。同时，由于蒸馏单甘酯的乳化作用，可使脂肪类原料更好地分散，易于加工，抑制析水、收缩或硬化现象。

食用油脂、乳制品中的应用：人造奶油、黄油、起酥油、花生酱、蚝油等产品，都需要加入分子蒸馏单甘酯作为乳化剂和稳定剂，以调整油脂结晶作用，防止油水分离、分层现象发生，提高制品质量。炼奶、麦乳精、乳酪、速溶全脂奶粉等乳制品，分子蒸馏单甘酯是其良好的乳化剂，可提高速溶性，防止沉淀、结块结粒，改善产品质量。对于粉末油脂制品如咖啡伴侣，蒸馏单甘酯是其主要的乳化剂。

二、提纯天然维生素E

维生素E，又叫做生育酚，化学名称(±)-2,5,7,8-四甲基-2-（4,8,12-三甲基十三烷基）-6-苯并二氢吡喃醇醋酸酯。常见的维生素E是金黄色黏稠液体或白色粉末，味道较淡，可以溶于有机溶剂，但不溶于水，是一种脂溶性维生素。维生素E易被氧化，是一种常用的抗氧化剂。天然的维生素E共有8种，分为两大类，分别是α-T、β-T、γ-T、δ-T四种生育酚，α-TT、β-TT、γ-TT、δ-TT四种生育三烯酚。其中，α-生育酚生物活性最高，其次是β-生育酚、γ-生育酚、δ-生育酚，而抗氧化性则恰恰相反。天然维生素E广泛存在于各种蔬菜、水果、坚果及肉蛋类食品中，在小麦胚芽中的含量尤为丰富。天然维生素E具有预防流产、延缓衰老、改善心血管疾病、治疗贫血，以及减缓机体铅、汞、银等重金属离子及多种有机毒性物质对机体损害等生理作用，其在生物活性、生理作用及安全性上均优于化学合成的维生素E。随着国际上对维生素E功能价值的日益了解，维生素E的市场需求量也在不断增加。

天然维生素E主要存在于油料作物种子及植物油中，在植物油精炼的过程中，维生素E被损耗，大量的维生素E残留在脱臭馏出物和油渣中，因此精炼植物油的脱臭馏出物是生产天然维生素E的重要原材料。脱臭馏出物的来源不同，它所具有的性质、使用及其价值也有显著不同（表3-1）。大豆油脱臭馏出物中含游离脂肪酸64.5%、甘油三酯16.3%、天然维生素E 9.55%、植物甾醇等物质6.62%。菜籽油脱臭馏出物中含游离脂肪酸64.01%、甘油三酯15.67%、天然维生素E 4.72%、植物甾醇12.22%。

表3-1　部分植物油及其脱臭馏出物中天然维生素E含量

原 料	维生素E含量		
	毛油（mg/100g）	精炼油（mg/100g）	脱臭馏出物（%）
大豆油	87 ~ 113	72 ~ 117	8 ~ 20
玉米胚芽油	84 ~ 148	68 ~ 77	7 ~ 11
棉籽油	84 ~ 96	24 ~ 69	6 ~ 15
菜籽油	52 ~ 57	34 ~ 52	7 ~ 10
葵花籽油	51 ~ 74	32 ~ 52	7 ~ 15
米糠油	41 ~ 54	23 ~ 35	2 ~ 5
棕榈油	13 ~ 19	8 ~ 15	0.3 ~ 0.5

目前，天然维生素E的提取方法主要有萃取、分子蒸馏、精馏、吸附、色谱等物理化学方法。但由于各组分的物理化学性质差别不大，并且维生素E很容易被氧化，所以直接

从脱臭馏出物中提取维生素E往往比较困难，需要对原料进行预处理，以提高分离过程的选择性。常用的预处理方法有酯化、转酯化、皂化、萃取、尿素络合等。由于脱臭馏出物组成非常复杂，所以提取工艺往往都是各种方法的综合运用。首先是酯化，脱臭馏出物可以与低级醇发生酯化反应，将其中的游离脂肪酸、甘油三酯等转化成沸点和分子量与天然维生素E差距较大的脂肪酸酯，再将剩余的甾醇等物质冷析分离，最后通过分子蒸馏将那些脂肪酸酯与维生素E分离。

Fizet等人将脱臭馏出物酯化后蒸馏出脂肪酸等物质，从残留物中分离出甾醇酯化产物甾醇酯后再把生育酚和甾醇分离，最终生育酚产率为93.6%，纯度达到96.5%。Albiez等人将原料中的酯类水解得到甘油、游离脂肪酸和水，分离甘油并蒸馏出游离脂肪酸后，对残留物中的甾醇酯进行水解得到游离甾醇，最终得到90%的游离甾醇和95%的生育酚。Watanabe等人将大豆脱臭馏出物短程蒸馏得到生育酚和甾醇的浓缩物，利用Candida Rugosa脂肪酶将甾醇和甘油酯分别转化为甾醇脂肪酸酯和游离脂肪酸，游离脂肪酸又转化为脂肪酸甲酯，再用分子蒸馏法将这些物质分离出来，最终得到76.4%的生育酚和97.2%的甾醇酯。栾礼侠等建立了以豆油除臭馏出物为原料（已酯化），采用分子蒸馏技术提纯天然维生素E的工艺流程，系统考察了蒸发温度、惰气分压、进料流量、刮膜器转速等对提取效率的影响，最终确定天然维生素E的最佳提取工艺条件为：进料速率250mL/h，操作压力0.1Pa，蒸馏温度130 ~ 160℃，搅拌速率130r/min。应用刮膜式分子整流设备经过3次分离操作就可以将豆油除臭馏出物中天然维生素E的含量从3%提高到80%。

利用分子蒸馏法提取天然维生素E时物料受热时间短，损失较少，提取率高，产物无毒无害无残留。由于在真空状态下进行操作，不需要太高的蒸馏压力和温度即可分离，且分离程度高，既减少了能量的浪费又获得了较高纯度的天然维生素E。缺点在于设备价格昂贵，为了保证高真空度，设备密封性要求高，加工难度大。

三、从鱼油中提取纯化DHA、EPA

DHA即二十二碳六烯酸（Docosahexaenoic Acid），属于Ω-3必需脂肪酸，俗称“脑黄金”，是人的大脑发育、成长的重要物质之一，是神经系统细胞生长及维持的重要元素。DHA在大脑皮层和视网膜的含量较高，其中，在人体大脑皮层中含量高达20%，在眼睛视网膜中所占比例最大，约占50%，因此，对胎婴儿智力和视力发育至关重要。DHA作为一种必需脂肪酸，其增强记忆与思维能力、提高智力等作用更为显著。人群流行病学研究发现，体内DHA含量高的人的心理承受力较强、智力发育指数也高。海洋鱼类是提取DHA的主要来源。海产鱼类特别是中上层鱼类的油脂中含有大量的DHA，如鲔鱼、秋刀鱼、远东沙丁鱼的油中DHA的含量均在10%以上。EPA即二十碳五烯酸（Eicosapentaenoic Acid），属于Ω-3系列多不饱和脂肪酸，是人体自身不能合成但又不可缺少的重要营养素，因此称为人体必需脂肪酸。虽然亚麻酸在人体内可以转化为EPA，但此反应在人体中的速度很慢且转化量很少，远远不能满足人体对EPA的需要，因此必须从食物中直接补充。EPA是人体常用的几种Ω-3脂肪酸之一。

普通鱼体内含EPA、DHA数量极微，只有寒冷地区深海里的鱼，如三文鱼、沙丁鱼等体内EPA、DHA含量极高，而且陆地其他动物体内几乎不含EPA、DHA。人类主要从鱼类油脂中摄取EPA和DHA，其中以海产肥鱼中含量最高，某些淡水鱼中也含有一定量的EPA和DHA，其他动物性食物中含量较少，而植物性食物中不含有EPA和DHA。鉴于EPA和DHA在深海鱼油中的广泛分布，从中提取、分离富集作为药品和保健品的高纯度EPA和DHA制剂，已成为开发研究的热点。目前，分离富集鱼油中DHA、EPA的方法主要有低温结晶法、尿素包合、超临界CO_2萃取、$AgNO_3$层析、分子蒸馏、色谱分离法、脂肪酸酶浓缩法等方法。其中，分子蒸馏法是普遍使用的分离方法。北京化工大学从20世纪90年代初开始对分子蒸馏技术进行开发研究，从小试至中试至工业规模化生产，已先后建立精制鱼油（DHA+EPA提取）、亚麻酸、天然维生素E等多个产品的生产厂。该法主要是根据脂肪酸碳数不同来分离EPA和DHA，碳数不同的脂肪酸分子其沸点亦不同，碳数越少脂肪酸的沸点越低，碳数越多脂肪酸的沸点越高。利用这一性质用分子蒸馏法，通过控制蒸馏温度可将一些碳链比EPA和DHA短或长的分子除去。这一方法是在相当于绝对大气压（1.33×10^{-5}）~（1.33×10^{-3}）kPa的高真空条件下进行的，分子运动在高真空下可以克服其相互间的引力，因而分子的挥发极其自由，沸点大大地降低了，因此可在较低的温度下进行分离，减少了EPA和DHA的热变性，而且还可以提高EPA和DHA的分离效果。脂肪酸甲酯和乙酯的沸点比脂肪酸的沸点要低很多，所以分子蒸馏法分离脂肪酸甲酯和乙酯的效果比分离脂肪酸的效果更好。方旭波等研究了以分子蒸馏法从乙酯化鱼油中富集乙酯化EPA和DHA的方法，发现采用KDL1短程分子蒸馏设备对鱼油进行分离纯化，1级分子蒸馏的工艺参数为：蒸馏温度120℃，真空度3Pa，进料速度2g/min。通过5级分子蒸馏，鱼油中EPA和DHA的含量从30.72%提高到63.87%，得率为35.65%。但是，所用的原料经过乙酯化处理后转变为深海鱼油乙酯，则功效成分EPA、DHA分别被乙酯化为EPA乙酯（EPA-EE）、DHA乙酯（DHA-EE），大量的医学研究表明，乙酯化后的EPA-EE、DHA-EE药用价值与EPA、DHA比大大降低，只可用作保健品，而且乙酯化后的深海鱼油经分离得到的产品中必定会或多或少地存在由于酯化而引入的杂质，这样若将分离出的EPA-EE、DHA-EE再进行处理，则还要进行脱有机溶剂、脱脂等比较烦琐的步骤，而且往往脱除不干净，影响药用组分药理作用的发挥。

四、α-亚麻酸提取技术

α-亚麻酸（全顺-9,12,15-十八碳三烯酸）属ω-3系列不饱和脂肪酸，其为无色至浅黄色无味的油状液体，溶于乙醇和乙醚，不溶于水。熔点为10～11.3℃，沸点为224.5℃/1.3kPa，相对密度为0.915 7g／cm^3，折射率为1.480 0。α-亚麻酸分子中存在3个共轭双键，具有非常强的还原性，高温、空气中的氧气、紫外线以及一些重金属离子都可以将其氧化，故富含α-亚麻酸的食用油应该避光、密封保存，使用时尽量避免高温煎炸。α-亚麻酸是前列腺素和白三烯的前体，是生物膜尤其是视网膜、大脑的重要脂质成分，与动物的生长、发育紧密相关。动物试验和临床观察结果表明：α-亚麻酸有很强的降低血脂、胆固醇、抗血栓、延缓衰老、抗过敏、抑制癌症发生和转移、增长智力和保护视力等功效。α-亚麻酸还能在体内转化成为对人体生长发育有重要作用的DHA（二十二碳六烯酸）及EPA（二十二碳五烯酸）。α-亚麻酸是人体每天都需要的营养物质，但无法通过人体合成，必须依靠膳食获得。据报道，我国膳食中普遍缺乏α-亚麻酸，日摄入量不足世界卫生组织推荐量的一半。目前我国正在积极推广α-亚麻酸，市场上出现了大量含α-亚麻酸的保健品和药品。α-亚麻酸主要以甘油三酯的形式存在于亚麻籽、沙棘籽等油料种子中，也存在于蚕蛹等动物性食品中。

α-亚麻酸的提取方法包括冷轧法、溶剂浸出法、尿素包合法、硝酸银柱色谱法、硝酸银溶液络合法和超临界萃取法（SFE）等。其中，冷榨法制得的油质量好，色泽浅，但出油率低，粕内残油高。溶剂浸出法产量大、出油率高，但溶剂残留较难控制且萃取纯度不高，回收溶剂的过程中还可能对α-亚麻酸产生破坏作用，从而降低α-亚麻酸的含量。张海满等利用尿素包合法提取得到最高质量分数89.3%的α-亚麻酸，该方法设备简单、易操作、成本低，并且不在高温下进行反应，尿素包合物形成后，还可有效地保护双键不受氧化，能较完全地保留其生理活性，在大规模分离、提纯、富集各种不饱和脂肪酸时可以使用。缺点在于很难将α-亚麻酸与相近碳数的脂肪酸分开。王威等采用硝酸银柱色谱法得到了91%以上的α-亚麻酸，该方法操作相对简单，可以反复回收利用，但缺点是Ag^+遇光或多烯有机物易被还原成Ag并且$AgNO_3$价格昂贵，具有一定的腐蚀性，浓缩产品中有Ag^+残留。沈晓京等用超临界萃取技术对亚麻籽和月见草进行提取，利用SFE法萃取在常温下进行，操作简便，萃取出的油脂保持了天然营养和生物活性，无醛、酮类异味，也不会残留任何有机溶剂，萃取效率也大大提高。但是超临界萃取法能分离不同碳链长度的脂肪酸，却难以分离相同碳数而具有不同饱和度的脂肪酸，而且对设备的要求较高，所以，应用SFE法提取α-亚麻酸还有待进一步研究。目前，随着分子蒸馏技术的不断发展，其在α-亚麻酸提取和纯化领域得到广泛的推广应用。

王志祥等采用甲酯化与分子蒸馏相结合的方法，从亚麻籽油中制备得到α-亚麻酸质量分数高达80.27%的产品。亚麻籽油经甲酯化后，采用分子蒸馏法对其中α-亚麻酸进行分离纯化，用α-亚麻酸的质量分数、提取率作为衡量纯化效果的指标。经单因素实验确定蒸馏温度、刮膜转速、预热温度和进料速度的操作范围，并利用响应曲面法的Box-Behnken实验设计，得到提纯α-亚麻酸的优化工艺条件：蒸馏温度91℃、刮膜转速250r/min、预热温度60℃、进料速度57mL/h，在此工艺条件下，α-亚麻酸质量分数从53.36%提高至80.27%，提取率为76.20%。车怀智等研究确定了乙酯化及分子蒸馏法从亚麻籽油中提纯α-亚麻酸乙酯的中试的工艺条件，确定最佳分离条件为：蒸馏温度110℃，操作压力为真空度1.0～1.5Pa，进料温度为60～70℃，经过分子蒸馏，可以将原料中α-亚麻酸乙酯由原来的55.8%提纯至59.2%。阚建全等建立了分子蒸馏法从花椒籽油中提纯α-亚麻酸的工艺条件，考察了蒸馏温度、系统压力、进料速率、刮膜器转速等操作因素对α-亚麻酸产品纯度与收率的影响，并通过正交实验对工艺条件进行了优化，得到刮膜式分子蒸馏装置纯化花椒籽油中α-亚麻酸的最佳工艺参数为：蒸馏压力0.2～0.3Pa或5.0～8.0Pa，蒸馏温度120℃，进样速率30滴/min，刮膜转速200r/min，此条件下花椒籽油中的α-亚麻酸的纯度可以从39.3%提高到63.9%。李婷婷等建立了分子蒸馏法从猕猴桃籽油中提纯α-亚麻酸的工艺条件，通过正交试验对影响分子蒸馏的主要因素，即蒸馏压力、蒸馏温度、进料速度、刮膜转速进行了优化，得到刮膜式分子蒸馏装置富集猕猴桃籽油中α-亚麻酸的最佳工艺参数为：蒸馏压力3.0Pa，蒸馏温度110℃，进料速度20滴/min，刮膜转速400r/min，在此条件下α-亚麻酸的质量分数提高到83.69%；4级分子蒸馏后猕猴桃籽油中α-亚麻酸质量分数达到86.27%。邱英华等采用尿素包合技术与分子蒸馏技术相结合的方法，建立了从蚕蛹毛油中提纯α-亚麻酸的工艺。首先采用尿素包合技术，从蚕蛹毛油中得到纯度为71%的α-亚麻酸，然后应用刮膜式分子蒸馏设备对α-亚麻酸进一步纯化，最佳工艺参数为：蒸馏温度110℃、蒸馏压力3.0Pa、进料速度1.5mL/min、刮膜器转速450r/min，在此条件下，α-亚麻酸纯度可达88.7%；经4级分子蒸馏，可将α-亚麻酸纯度提高至91.2%。

五、辣椒红素提取技术

辣椒红素是一种从成熟茄科红辣尖椒提取的天然红色素，属于类胡萝卜素之一的四萜类橙红色色素。它是叶黄素类共轭多烯烃含氧衍生物，作为维生素A的前体，是一种热门的抗氧化剂，色泽鲜艳、着色力强、保色效果好。辣椒红素是具有辣椒气味的橙红色黏稠液体、膏状物或粉末，无辣味，不溶于水，溶于乙醇、丙酮等有机溶剂，溶于大多数非挥发性油后呈橘红色至橙红色，与浓无机酸作用显蓝色。其熔点175℃左右，温度在70℃以上色素损失较明显；乳化分散性、耐热性、耐酸性均好；耐光性稍差，紫外线下易褪色；对金属离子稳定，但遇到Pb^{3+}会形成沉淀。目前，辣椒红素已被FAO（联合国粮农组织）、EEC（欧洲经济委员会）、WHO（世界卫生组织）等一些组织审定为无限性使用的天然食品添加剂。辣椒红素可以用于药品着色，可作为预防辐射、抗氧化剂预防癌症、抗细胞突变和预防动脉粥样硬化，对人体有一定保健作用，如燃烧脂肪、止痛祛湿；在化妆品应用上，天然安全、驻颜美容；在食品工业及仿真食品方面，辣椒红素可作食品着色剂，用于饼干、糖果、冷饮、熟肉制品、酱料及糕点装饰等，有一定的营养价值，并且可以安全和有效地延长仿真食品的货架期。

在国内外，辣椒红素一般的提取方法有油溶法、有机溶剂萃取法、分子蒸馏法和超临界CO_2流体萃取法4种。油溶法是常温下以液状食用油浸渍辣椒果皮或干粉，使其溶解，并通过一定工艺从中提取辣椒红素的方法。溶剂法是用有机溶剂对除去杂质的干辣椒粉浸提，并将浸提液减压蒸馏得到膏状物质的方法，包括浸渍法、渗漉法、索氏提取法、热逆流法等。分子蒸馏法是高真空度条件下进行的短程蒸馏——即具特殊传热机制的非平衡连续蒸馏法。超临界CO_2流体萃取法（SFE）是利用超临界CO_2作萃取剂，从液态或者固态物料中萃取、分离和纯化物质的方法。几种方法比较来看，油溶法提取辣椒红素由于油与色素难以分离，不易得到纯净物质，产品色价低，因此现已停止使用该方法；有机溶剂法则常用丙酮、乙醇等有机溶剂浸提，用法相对普遍，但其萃取产物色价偏低，带有明显的辣味；而超临界CO_2流体萃取法工艺简单、萃取溶剂无毒、易回收、所得产品纯度高，是新型分离技术，但是该法较适合于亲脂性、相对分子量较小的物质萃取，而且因为是高压设备，投资较大；因此，近年来，分子蒸馏方法在辣椒红素的分离中得到广泛的应用。

江英等采用刮膜式分子蒸馏装置对辣椒红色素的提纯进行研究，其工艺流程如下：辣椒皮粉碎后过筛，用丙酮进行超声波辅助提取，抽滤后收集滤液。首先将收集的滤液加入进料瓶中，系统真空度达到所需要求之后，物料以设定流速从进料器进入分子蒸馏装置进行蒸馏。在刮膜器的作用下，当料液流到内壁时很快被滚刷成薄膜，均匀分布于加热面上。在一定的温度和高真空条件下，易挥发的轻组分（主要为溶剂丙酮）迅速挥发到冷凝柱上，沿冷凝器流入轻组分收集瓶，而辣椒红色素为平均自由程较短、相对挥发性较低的重组分，因达不到冷凝器，则沿着蒸馏器筒体的内壁流入重组分收集瓶。分别收集重组分和轻组分，并对收集瓶中的样品进行检测。单因素分析表明，在蒸发压力为2 200Pa，刮膜器转速为300r/min、进料速度为20mL/min的条件下，当温度上升时色素色价上升，但当温度达到40℃后，色素色价下降并趋于平稳；色素的吸光比在45℃前呈上升趋势，45℃后吸光比下降，因此，兼顾色素色价和吸光比，蒸发温度可选择40～45℃；在转速较低时，随着转速的增加，色素的色价和吸光比均有所上升，说明转子转速的提高有利于原料在蒸发器内壁形成均匀的液膜，使传质传热效率上升，当转速达到300r/min时，色素色价不再升高，转速在280r/min时能够得到最佳的色素吸光比；进料温度是影响分子蒸馏效果的一个重要因素，当进料温度较低时，在蒸发器中用于预热原料的蒸发面积和能量都会增加，随着进料温度的升高，预热原料的蒸发面积和能量降低，有效蒸发面积增大，蒸发效果提高。当蒸发压力为2 200Pa，刮膜器转速为300r/min，进料温度升至30℃时，色素色价趋于稳定；温度为35℃时，色素吸光比达到最大值。进料速率的快慢主要影响物料在蒸发壁面上的停留时间。选取适宜的进料速率对提高产品的色价和吸光比有重要影响。蒸发压力为2 200Pa，刮膜器转速为300r/min时，最佳进料速度为20～30mL/min。按照单因素试验的最佳操作条件，取合适的值，进行$L_9(3^4)$正交试验对分子蒸馏进行工艺条件的优化，结果表明，各因素对实验结果的影响依次为进料温度>进料速度>转速>蒸发温度。其中，进料温度、进料速度和转速为主要因素，蒸发温度为次要因素，按照各因素的最优水平最终确定的最佳工艺为：操作压力2 200Pa，进料速率为20～30mL/min，料温度为30℃，蒸发温度为37～40℃，刮膜器转速280～320r/min；在最佳工艺条件下，色素色价可达176.45。

参 考 文 献

[1] 白杉. 天然色素的提取及应用[J]. 中外食品, 2006, 12(4): 47-49.

[2] 曹夫. 还辣椒一个公道[J]. 保健医苑, 2003, 2(6): 36-37.

[3] 陈立军, 陈焕钦. 分子蒸馏技术及其应用的研究进展[J]. 香料香精化妆品, 2004, 32(5): 22-26.

[4] 陈文伟, 陈钢, 高荫榆. 分子蒸馏的应用研究进展[J]. 西部粮油科技, 2003, 28(5): 35-37.

[5] 谷玉杰, 吕剑. 合成单脂肪酸甘油酯的进展[J]. 应用化工, 2001, 30(6): 8-11.

[6] 郝颖, 汪之和. EPA、DHA的营养功能及其产品安全性分析[J]. 现代食品科技, 2006, 22(3): 187-190.

[7] 黄巍, 邹学校, 马艳青. 辣椒红色素的研究进展[C]//第三届全国辣椒产业大会暨北票市辣椒产销经贸洽谈会专辑. 2008(9): 66-70.

[8] 黄明发, 吴桂苹, 焦必宁. 二十二碳六烯酸和二十碳五烯酸的生理功能[J]. 食品与药品, 2007, 9(2): 72-74.

[9] 蒋崇文. 超临界流体色谱法分离与制备天然维生素E的研究[D]. 杭州: 浙江大学, 2003.

[10] 李玉红. 红辣椒中红色素的提取与性质研究[J]. 天津化工, 2001, 15(6): 23-24.

[11] 李媛, 陆晓滨, 崔波, 等. 分子蒸馏技术及其在食品工业中的应用[J]. 山东轻工业学院学报：自然科学版, 2008, 22(4): 36-39.

[12] 李秋荣, 佟琪, 赵笑虹. 辣椒红色素的提取工艺及稳定性研究[J]. 化工中间体, 2004, 1(3): 24-26.

[13] 李艳梅, 王水泉, 李春生. 辣椒红色素的性质及其应用[J]. 农产品加工, 2009, 8(2): 54-56.

[14] 李桂娟, 徐雪丽, 宋伟. 天然维生素E的提取[J]. 长春工业大学学报：自然科学版, 2006(3): 20-24.

[15] 刘思杨, 贺稚非, 贾洪锋. 辣椒红色素的研究进展[J]. 四川食品与发酵, 2005, 27(3): 20-25.

[16] 刘蓉, 刘志敏. 辣椒红色素提取方法研究[J]. 上海蔬菜, 2006 ,20(3): 92-94.

[17] 刘发义, 李烈英. 超临界流体萃取技术在海洋生物活性物质提取中的应用[J]. 海洋科学, 1996, 20(4): 41-44.

[18] 彭书练, 单扬, 丁芳林. 辣椒碱的制取、纯化及应用研究[J]. 辣椒杂志, 2005, 5(3): 1.

[19] 任艳奎, 许松林, 栾礼侠. 应用分子蒸馏技术分离提纯玫瑰精油[J]. 应用化工, 2005, 34(8): 58-61.

[20] 任艳军. 深海鱼油和海狗的分子蒸馏提纯研究[D]. 天津: 天津大学, 2006.

[21] 申迎华, 周忠群, 王忠德, 等. 分子蒸馏技术新的研究进展及其在医药工业中的应用

[J]. 中国科技论文在线精品论文, 2010, 3(5): 498-504.
[22] 时宏. 分子蒸馏单甘酯的近况与发展(一) [J]. 粮油食品科技, 1998, 6(6): 5-7.
[23] 时宏, 郭洪. 面向21世纪的分子蒸馏单甘酯工业[J]. 中国油脂, 2000, 25(4): 38-41.
[24] 王芳芳, 江英, 苏丽娜. 应用分子蒸馏技术分离提纯辣椒红色素[J]. 食品科技, 2009, 34(2): 202-205.
[25] 王锦莺. 食品乳化剂作用机理及其在食品中的应用[J]. 表面活性剂工业, 1992, 9(3): 38-42.
[26] 王宝辉, 张学佳, 纪巍，等. 分子蒸馏技术研究进展[J]. 食品与生物技术学报, 2007, 26(3): 126-131.
[27] 汪家铭. 辣椒红素生产开发及应用前景[J]. 石家庄化工, 2000, (4): 8-9.
[28] 翁新楚, 董新伟, 任国谱. 脲包法在脂类分离中的应用[J]. 中国油脂, 1994, 19(6): 40-43.
[29] 吴侯, 翁新楚, 邱祺宏，等. 脲包—皂化法提取大豆油脱臭馏出物中的生育酚[J]. 上海大学学报：自然科学版, 2001, 7(4): 51-53.
[30] 吴时敏. 功能性油脂[M]. 北京: 中国轻工业出版社, 2001.
[31] 许志杰, 毛多斌, 郭晓东，等. 分子蒸馏技术的应用研究进展[J]. 包装与食品机械, 2007, 25(1): 43-47.
[32] 杨亦文. 高含量天然生育酚提取新工艺研究[D]. 杭州: 浙江大学, 2004.
[33] 杨倩, 王四旺, 王剑波, 等. 冷冻丙酮法提纯α-亚麻酸[J]. 中国中药杂志, 2007, 32(18): 100-101.
[34] 姚祖风, 姜洪杰, 张世文. 关于辣椒红色素的研究[J]. 吉首大学学报：自然科学版, 2000, 21(2): 50-54.
[35] 余剑, 段正康, 杨运泉, 等. 吸附法精制天然维生素E[J]. 中国油脂, 2006, 31(10): 45-47.
[36] 喻健良, 翟志勇. 分子蒸馏技术的发展及研究现状[J]. 化学工程, 2001, 29(5): 72-76.
[37] 詹吉昌. 关于天然维生素E研究的综述[J]. 黑龙江科技信息, 2008, 10(25): 31.
[38] 张万福. 食品添加剂[M]. 北京: 中国轻工业出版社, 1993.
[39] 张汐, 曹国锋. EPA和DHA的提取和富集方法[J]. 中国油脂, 1998, 23(1): 60-62.
[40] 张相年, 刘演波, 赵树进, 等. 从深海鱼油中制备提纯二十碳五烯酸(EHA)和二十二碳六烯酸(DHA)乙酯的研究[J]. 广东药学院学报, 1999, 15(3): 14-16.
[41] 张甫生, 庞杰, 李文东. 辣椒红色素在仿真食品中的应用[J]. 食品与机械, 2002, 18(5): 31-32.
[42] 赵国志. 分子蒸馏技术在油脂精细化工中的应用（一）[J]. 粮油食品科技, 2000(4): 25-28.
[43] 赵一凡, 谷克人. 天然维生素E提取工艺研究进展[J]. 中国油脂, 2007, 32(10): 48-52.
[44] 赵亚平, 吴守一, 陈钧, 等. 从鱼油中提取分离高纯度EPA和DHA的试验研究[J]. 农业工程学报, 1997(4): 203-206.
[45] 郑弢, 许松林. 分子蒸馏提纯α-亚麻酸的研究[J]. 化学工业与工程, 2004, 21(1): 25-28.
[46] 周端美, 臧志清, 林述英. 超临界二氧化碳对辣椒红色素和辣素萃取分离的初步研究

[J]. 福州大学学报：自然科学版, 1995, 23(1): 85-88.

[47] 周菁, 王伯初, 彭亮. 辣椒色素提取精制工艺概述[J]. 重庆大学学报, 2004, 27(1): 116-119.

[48] 周远扬, 雷百战, 潘艺. 鱼油EPA与DHA提取方法研究进展[J]. 广东农业科学, 2009, 45(12): 155-157.

[49] 周雯雯, 李湘洲, 张炎强. 辣椒红素的国内研究进展[J]. 云南化工, 2005, 32(5): 52-54.

[50] 朱定和, 方涛. 不同来源脱臭馏出物的组成分析[J]. 食品科技, 2010, 35(7): 195-198.

[51] Albiez, Kozak, Louwen. Process for concentrating tocopherols and/or sterols[P]. US Patent: 6815551, 2004-11-09.

[52] Chen Y, Yang J C. Studies on supercritical carbon dioxide extraction of linseed oil[J]. *Nat. Prod. Res. Dev*., 2002, 13(3): 14-19.

[53] Erdweg K. J. Molecular and short-path distillation[J]. *Chemistry and Industry*, 2005, 2(5):342-345.

[54] Fizet, Christian.Process for tocopherols and sterols from natural sources[P]. US Patnet: 5487817, 1996-01-30.

[55] Fu H, Gan A Y. Preparation of polyunsatuated fatty acid from fish oil with molecular distillation[J]. *J. Wuxi Univ. Light Ind*., 2002, 21(6): 617-621.

[56] Ikemoto A, Fukuma A, Fujii Y, et al. Lysosomal enzyme activities are decreased in the retina and their circadian rhythms are different from those in the pineal gland of rats fed an alpha-linolenic acid-restricted diet[J]. *Nutrition*, 2000, 130(12): 3 059-3 062.

[57] Ines Redmann, Didier Montet. Fructose mono-and polycaprylate purification by molecular distillation[J]. *Biotechnology Techniques*, 2004, 9(2): 123-126.

[58] Jural Lutisan, Cvengros. Mean free path molecules on Molecular distillation[J]. *The Chemical Engineering and the Biochemical Engineering Journal*, 1995, 56(2): 39-50.

[59] Kankaanpaa P, Sutas Y, Sallninen S, et al. Dietary fatty acids and Allery[J]. *Ann. Med*., 1999, 31(4): 282-287.

[60] Renaud S, Lanzmann-Petithory D. Dietary fats and coronary heart disease pathogenesis[J]. *Curr. Atheroscler Rep*., 2002, 4(6): 419-424.

[61] Shen X J, Lai B S, Chen Z T, et al. Effec of time of super-critical fluid extraction on quality of fatty acids in plant medicines oil[J]. *Chin. J. Pharm*., 2002, 33(11): 533-535.

[62] Wang W, Li M J, Liu J H, et al. Research on the quality standardiztion criterion onPerilla frutiscens Ⅱ. Preparation and identification ethanol α -linolenic ester[J]. *Chin. Tradit Herb Drugs*, 1999, 30(4): 267-268.

[63] Zhu D, Wang S C, Guo Y, et al. Purification of α -linolenic acid from Perilla fruit scensoil[J]. *Chin. Tradit Herb Drugs*, 1997, 28(6): 242-243.

第四章 色谱分离技术

“色谱简单地说就是有颜色的谱带，比如我们把胡萝卜汁倒进色谱柱中用溶剂淋洗，就会分出6～7个有颜色的层带，每一层就是一种化合物。还有，我们靠色谱分析，发现了香烟里有5 000多种化学成分，就连一瓶茅台酒里都有900多种化学成分”。中国色谱领军人物、大连化物所卢佩章院士曾这样形象生动地描述这门高深的技术。作为一门分析化学研究科学，色谱分离技术是几十年来分析化学中最富活力的领域之一；作为一种物理化学分离分析的方法，色谱分离技术是从混合物中分离组分的重要方法之一，能够分离物化性能差别很小的化合物。当混合物各组成部分的化学或物理性质十分接近，而其他分离技术很难或根本无法应用时，色谱技术愈加显示出其优越性。色谱法起源于20世纪初，最初仅仅是作为一种分离手段，直到20世纪50年代随着生物技术的迅猛发展，人们才开始把这种分离手段与检测系统连接起来，最终成为在环境、生化药物、精细化工产品分析等生命科学和制备化学领域中广泛应用的物质分离分析的一种重要手段。本章将介绍色谱技术的基本概念、技术原理及其在淀粉糖工业、天然产物分离、酒类检测、食品中抗生素与农残检测等领域的应用，并重点介绍高效液相色谱（HPLC）、高效液相色谱–质谱联用技术（HPLC-MS）、气相色谱（GC）与气相色谱–质谱联用技术（GC-MS）在食品检测与质量控制等方面的应用。

第一节 概 述

色谱分离技术（Chromatographic Separation Technology）又称色谱分析、色谱分析法、层析法。由于不同物质在固定相和流动相中具有不同的分配系数，当两相作相对运动时，这些物质随流动相一起运动，并在两相间进行反复多次的分配，从而达到分离的效果，这正是色谱分离技术的基本原理。常见的色谱分离技术包括柱色谱法、薄层色谱法、气相色谱法、高效液相色谱法等。

一、色谱技术的发展

1903年俄国植物学家茨维特（M S Tswett）发表了题为《一种新型吸附现象及在生化分析上的应用》的研究论文，1906年他将这种应用吸附原理分离物质的新方法命名为色谱法，从而奠定了经典色谱法的基础。1938年，德籍奥地利化学家R Kuhn采用色谱法成功进行了维生素和胡萝卜素的分离和结构分析，色谱分析法由此名声大振，迅速为各国科学家关注并被广泛应用。20世纪50年代James和Martin从理论和实践方面完善了气—液分配色谱法，并发明了第一个气相色谱检测器；1956年Van Deemter提出了色谱速率理论，并应用于气相色谱。20世纪60年代，由于气相色谱对高沸点有机物分析的局限性，为了分离蛋白质、核酸等不易气化的大分子物质，气相色谱的理论和方法被重新引入经典液相色谱，之后科克兰（Kirkland）、哈伯、荷瓦斯（Horvath）、莆黑斯、里普斯克等人开发了世界上第一台高效液相色谱仪，开启了高效液相色谱的时代。1958年，Golay发明了毛细管柱气相色谱；1975年，Small发明了以离子交换剂为固定相、强电解质为流动相，采用抑制性电导检测器的新型离子色谱法；1981年，Jorgenson创立了毛细管电泳法。进入21世纪，色谱技术进一步发展，出现了超高效液相色谱、多维色谱、色谱与质谱等技术的联用、高速逆流色谱、模拟移动床色谱等新的色谱新技术。

二、色谱技术分类

（一）按流动相状态

气相色谱法（Gas Chromatography），包括气—固色谱法（固定相为固体）和气—液色谱法（将不挥发的液体固定在适当的固体载体上作为固定相）。

液相色谱法（Liquid Chromatography），包括液—固色谱法（固定相为固体）和液—液色谱法（液体固定相固定在适当的固体上作为固定相）。

（二）按分离机制

吸附色谱法（Adsorption Chromatography），利用吸附剂表面对不同组分物理吸附性能的差异而使之分离的色谱方法。

分配色谱法（Partition Chromatography），利用固定相对不同组分分配性能的差别而使之分离的色谱方法。

离子交换色谱法（Ion Exchange Chromatography），利用离子交换原理和液相色谱技术的结合来分离测定溶液中阳离子和阴离子的一种分离分析方法。

亲和色谱法（Affinity Chromatography），利用生物分子间专一的亲和力而进行分离的一种层析技术。

三、几种常见的色谱分析法

（一）柱色谱法

柱色谱法是最原始的色谱方法，这种方法将固定相注入下端塞有棉花或滤纸的玻璃管中，将被样品饱和的固定相粉末摊铺在玻璃管顶端，以特定的流动相进行洗脱而实现样品的分离。常见的洗脱方式有两种，一种依靠溶剂本身的重力自上而下进行洗脱，另一种是依靠毛细作用自下而上进行洗脱。洗脱后分离组分的收集也有两种不同的方法，一种是在色谱柱尾端直接接收流出的洗脱液，另一种则是在洗脱后将固定相烘干，然后采用机械方法分开各个色带，再以合适的溶剂浸泡固定相提取组分分子。柱色谱法自问世以来，已经被广泛应用于各种混合物的分离，包括对有机合成产物、天然提取物以及生物大分子的分离。根据色谱柱中填料的不同，柱色谱法可以进一步分为硅胶柱色谱法、葡聚糖凝胶柱色谱法、聚酰胺柱色谱法等。

（二）薄层色谱法

薄层色谱法是将固定相涂布在金属或玻璃薄板上以形成薄层，用毛细管或者其他工具将样品点染于薄板一端，之后将薄层板的点样端浸入流动相中，依靠毛细作用令流动相沿薄板上行展开样品而实现物质分离的一种色谱方法。薄层色谱法成本低廉，操作简单，广泛应用于样品的粗测、有机合成反应进程的监测等领域。

（三）气相色谱法

气相色谱是机械化程度很高的色谱方法，气相色谱系统由气源、色谱柱、柱温箱、检测器和记录器等部分组成。气源负责提供色谱分析所需要的载气（流动相），载气需要经过纯化和恒压的处理。气相色谱的色谱柱根据结构可以分为填充柱和毛细管柱两种，填充柱比较短粗，直径在5mm左右，长度在2～4m，外壳材质一般为不锈钢，内部填充固定相填料；毛细管柱由玻璃或石英制成，内径不超过0.5mm，长度在数十米至一百米，柱内填充填料或者图布液相的固定相。柱温箱是保护色谱柱和控制柱温度的装置，在气相色谱中，柱温常常会对分离效果产生很大影响，程序性温度控制常常是达到分离效果所必须的，因此，柱温箱扮演了非常重要的角色。气相色谱已被广泛应用于小分子量复杂组分的定量分析。

（四）高效液相色谱法

高效液相色谱法（High Performance Liquid Chromatography，简称HPLC）又称高压液相色谱、高速液相色谱、高分离度液相色谱等。高效液相色谱以液体为流动相，采用高压输液系统，将具有不同极性的单一溶剂或不同比例的混合溶剂、缓冲液等流动相泵入装有固定相的色谱柱，在柱内各成分被分离后，进入检测器进行检测，从而实现对试样的分析。该方法已成为化学、医学、工业、农学、商检和法检等学科领域中重要的分离分析技术。高效液相色谱系统由流动相储液瓶、输液泵、进样器、色谱柱、检测器和记录器等组成，其整体组成类似于气相色谱，但是针对其流动相为液体的特点做出很多调整。HPLC的输液泵要求输液量恒定平稳；进样系统要求进样便利切换严密；由于液体流动相黏度远远高于气体，为了减低柱压，高效液相色谱的色谱柱一般比较粗，长度也远小于气相色谱柱。

（五）毛细管电泳色谱法

毛细管电泳色谱（Capillary Electrophoresis，简称CE）又称高效毛细管电泳（High Performance Capillary Electrophoresis，简称HPCE），是利用电介质中带电粒子在电场作用下迁移速度的不同进行分离分析的技术，并以毛细管作为分离通道，具有分离效率高，快速，易自动化、微型化和分离模式较多等特点，它的主要缺点在于重复性差。CE分离模式随着毛细管技术的不断发展，其分离模式也不断扩展，主要的分离模式有如下几种：①毛细管区带电泳（CZE），基于电泳迁移率不同而分离，是最简单、应用最为广泛的操作模式，主要适合于在一定缓冲液化合物要带电荷；②胶束电动色谱

（MEKC），是电泳和色谱法的混合体，基于疏水性/胶束和离子的相互作用，主要适合于分离中性溶质和带电溶质；③毛细管电色谱（CEC），是一种微型化的色谱形式，是固体和电驱动流动相之间的分配，类似于CZE；④毛细管凝胶电泳（CGE），是按化合物大小进行分离，适合大分子化合物的分离，如蛋白质和核酸；⑤毛细管等电聚焦（CIEF），是一种高分辨率的电泳技术，依据肽段和蛋白质的等电点进行分离；⑥毛细管等速电泳（CITP），是一种“移动的界面”电泳技术，两种缓冲液结合产生一种状态，溶质以同样地速度连续迁移分离。而主要应用于天然药物黄酮类化合物的毛细管电泳分离模式有CZE、MEKC和CEC。

四、几种色谱分离新技术

（一）超临界流体色谱

超临界流体色谱（SFC）是一种以超临界流体作流动相的色谱分离技术。由于超临界流体兼有气体的低黏度和液体的高密度以及扩散系数介于气液之间的特性，所以它比液相色谱有更高的分离效率。又由于SFC常在较低的温度下操作，所以更适合于那些用气相色谱不便分离的热不稳定性和高分子量化合物的分离、分析。超临界流体的密度比气体大得多，使超临界流体的压力或密度发生变化，可以控制溶质的迁移率和溶质间的选择性，因此，SFC既具有气相色谱的主要优点（溶质在流动相中的高扩散系数），又具有液相色谱的主要优点（流动相对溶质的良好溶解能力）。理论上讲，无论化合物是极性的、热不稳定性的、化学活泼性的，还是低挥发性的，SFC都能将它们快速地分离开。目前，SFC已广泛用于食品、聚合物及其添加剂、药物及其代谢物以及各种生物制品的分析和制备中。

（二）光色谱

光色谱是以激光的辐射压力为色谱分离的驱动力，在毛细管中将待分离组分（或粒子）按几何尺寸的大小予以分离的技术。光色谱是20世纪90年代中期发展起来的新技术，在分离和测定粒子大小及生物化学研究中有较大的应用潜力。光色谱分离技术的分离对象主要是微米级大分子，如聚合物微球、生物细胞、蛋白质、肽、DNA、RNA和线粒体等生物大分子等。光色谱技术还可以将分离的粒子进行捕集，进而利于下游的相关分析研究。

（三）逆流色谱技术

逆流色谱技术是一种新颖的液–液分配色谱技术，它同其他各种色谱分离技术的根本差别在于它不采用任何固态的支撑体（如柱填料、吸附剂等），其分离管柱是由很长的聚四氟乙烯管绕制而成的螺旋形管柱。运动螺旋管内两液相对流分配的现象是逆流色谱的物理基础，在使用时，通过管柱特定的旋转运动形成的离心力场来支撑住柱内的液态固定相，这时待分离混合物样品由泵的压力推入管柱，样品就会随着移动相快速地穿过两相对流的整个管柱空间，样品中的各个组分就会按其在两相间的分配系数的差异而被分离开来。由于这一分离技术不用固态支撑体，完全排除了支撑体对样品的不可逆吸附、沾染、变性和失活等影响，所以能实现高纯净度、高回收率、超负荷大制备量的分离纯化。逆流色谱技术特别适合于天然产物复杂混合物中某些特定成分的高纯度单体的分离纯化与制备，尤其是在诸如黄酮等易被填料吸附的物质的分离与制备中具有明显优势。

（四）亲和膜色谱（Affinity Membrane Chromatography，简称AMC）

亲和膜色谱是20世纪80年代末出现的一种将亲和色谱与膜分离技术相结合的新型色谱分离技术。它利用膜作基质，通过对其进行改性，在膜的内外表面活化并偶合上配基，再按吸附、清洗、洗脱、再生的步骤对生物产品进行分离。亲和膜色谱中料液以对流方式流过膜孔，溶液中的蛋白质能很快地扩散到配基上，例如γ-球蛋白与固载在尼龙膜上的蛋白质A结合速度要比与固载在琼脂糖上的蛋白质A结合快200～300倍。亲和膜色谱与传统的膜分离、亲和色谱相比，不仅具有纯化倍数高、压降小，分析时间短、生物大分子在分离过程中变性几率小、允许较快的加料速度等特点，而且比柱亲和色谱更易实现规模化纯化分离。因此亲和膜色谱技术从出现到现在发展迅速，已成功应用于纯化分离多种酶、蛋白质、单克隆抗体等生物分子。

第二节　色谱技术的加工原理

色谱法的分离原理就是利用待分离的各种物质在固定相与流动相中的分配系数、吸附能力等亲和能力的不同实现物质分离的。使用外力使含有样品的流动相（气体、液体）通过固定于柱中或平板上、与流动相互不相溶的固定相表面。当流动相中携带的混合物流经固定相时，混合物中的各组分与固定相发生相互作用。由于混合物中各组分在性质和结构上的差异，与固定相之间产生的作用力的大小、强弱不同，随着流动相的移动，混合物在两相间经过反复多次的分配平衡，使得各组分被固定相保留的时间不同，从而按一定次序由固定相中先后流出。通过与适当的柱后检测方法结合，即可实现混合物中各组分的分离与检测。根据物质的分离机制，色谱技术又可以分为吸附色谱、分配色谱、离子交换色谱、凝胶色谱等，其基本原理如下。

一、吸附色谱

吸附色谱利用固定相吸附中心对物质分子吸附能力的差异实现对混合物的分离，吸附色谱的色谱过程是流动相分子与物质分子竞争固定相吸附中心的过程。

吸附色谱的分配系数：

$$K_a=X_a/X_m$$

式中，X_a表示被吸附于固定相活性中心的组分分子含量，X_m表示游离于流动相中的组分分子含量。

分配系数对于计算待分离物质组分的保留时间有很重要的意义。

二、分配色谱

分配色谱利用固定相与流动相之间对待分离组分溶解度的差异来实现分离。分配色谱的固定相一般为液相的溶剂，依靠图布、键合、吸附等手段分布于色谱柱或者担体表面。分配色谱本质上是组分分子在固定相和流动相之间不断达到溶解平衡的过程。

分配色谱的分配系数：

$$K=C_S/C_M=(M_S\cdot V_M)/(V_S\cdot M_M)$$

式中，C_S代表组分分子在固定相中的浓度，C_M代表组分分子在流动相中的浓度，V_M代表流动相的体积，V_S代表气液色谱中固定相的体积或气固色谱中吸附剂的表面容量。

三、离子交换色谱

离子交换色谱利用被分离组分与固定相之间发生离子交换的能力差异来实现分离。离子交换色谱的固定相一般为离子交换树脂，树脂分子结构中存在许多可以电离的活性中心，待分离组分中的离子会与这些活性中心发生离子交换，形成离子交换平衡，从而在流动相与固定相之间形成分配。固定相的固有离子与待分离组分中的离子之间相互争夺固定相中的离子交换中心，并随着流动相的运动而运动，最终实现分离。

离子交换色谱的分配系数又叫做选择系数，其表达式为：

$$K_s=RX^+/X^+$$

式中，RX^+表示与离子交换树脂活性中心结合的离子浓度，X^+表示游离于流动相中的离子浓度。

四、凝胶色谱

凝胶色谱的分离原理比较特殊，待分离组分在进入凝胶色谱后，会依据分子量的不同，进入或者不进入固定相凝胶的孔隙中，不能进入凝胶孔隙的分子会很快随流动相洗脱，而能够进入凝胶孔隙的分子则需要更长时间的冲洗才能够流出固定相，从而实现了根据分子量差异对各组分的分离。调整固定相使用的凝胶的交联度可以调整凝胶孔隙的大小；改变流动相的溶剂组成会改变固定相凝胶的溶涨状态，进而改变孔隙的大小，从而获得不同的分离效果。

第三节　色谱技术的工业应用

一、色谱分离技术在淀粉糖工业中的应用

在我国，食糖工业的生产和消费一直是以蔗糖为主，淀粉糖为辅。但近几年来我国大力扶持淀粉糖的开发与推广，并且由于在实际生产中，淀粉糖和蔗糖的结合应用能够达到更高的技术要求，所以，越来越多的企业开始关注和使用淀粉糖产品。淀粉糖指的是利用小麦、玉米、薯类等粮食作物中的淀粉，经过酸或者酶的作用生产出的糖类，包括液体葡萄糖、结晶葡萄糖（全糖）、麦芽糖浆（饴糖、高麦芽糖浆、麦芽糖）、麦芽糊精、麦芽低聚糖、果葡糖浆等。在淀粉糖生产中，淀粉糖水解后会产生许多单糖、多糖、聚合糖和多元醇。各种糖类的分离程度决定了产品的品质，而利用色谱技术可以实现各组分的高效分离，从而达到提高产品档次和降低生产成本的目的。

（一）淀粉糖的分离分类

1. 单糖之间的分离

淀粉糖的单糖包括木糖、葡萄糖、果糖和阿拉伯糖等。陈书勤等人利用模拟移动床（SMB）色谱分离技术优化得到的分离果糖和葡萄糖的色谱条件为：在Φ30mm×450mm的有机玻璃柱中装满DPXX-01型树脂，树脂柱外用夹套保温，用去离子水做洗脱液，操作温度62.7℃，进料体积20.0mL，进料浓度40.1%，洗脱流速5.6mL/min时，果糖分离程度最高可以达到纯度为94.6%，回收率为90.3%，可以满足生产高纯果糖的需要。

2. 单糖与多糖之间的三组分分离

包括蔗糖、甜菜碱和三聚糖，麦芽糖、异麦芽糖和葡萄糖，半乳糖、乳糖和乳酮糖等的分离。例如窦光朋、邵先豹等利用色谱分离技术将麦芽三糖与葡萄糖、麦芽糖分离，得到组分在90%以上的麦芽三糖液。然后将提纯后的麦芽三糖以骨架镍为催化剂，在温度80～130℃，压力8～12MPa的条件下，发生加氢反应制备高纯度麦芽三糖醇。最后将获得的高纯度麦芽三糖醇液经过活性炭脱色过滤、离子交换脱盐、真空浓缩，得到高纯度麦芽三糖醇产品。

3. 单糖和醇之间的分离

包括葡萄糖与山梨醇、木糖与木糖醇、甘露糖和甘露糖醇等的分离。江南大学彭奇均等在实验室模拟移动床（SMB）分离设备上成功地实现了木糖醇母液中木糖和木糖醇组份的分离提纯。在阀门切换时间为15min，进料木糖醇母液中木糖浓度35g/L，木糖醇浓度114g/L，进料和出料总量恒定为16mL/min，循环洗脱剂流量恒定为18mL/min的操作条件下，木糖醇母液进料流量在1～2.3mL/min范围内都可同时获得纯净木糖醇与木糖产品，实现了木糖和木糖醇产品液纯度和收率均达到100%的目标，有效地指导了产品分离实验、工业化放大设计和生产优化操作。

4. 多元糖醇类间的分离

包括木糖醇、阿拉伯醇、甘露糖醇和山梨醇等的分离。例如张锁秦、马秀俐等利用

SM-19阳离子树脂分离木糖醇与阿拉伯糖醇。在生产过程中，木糖醇中往往含有10%左右的杂质，主要是阿拉伯糖醇。将SM-19阳离子树脂用蒸馏水浸泡过夜后，装于带有控温系统的层析柱（2cm×100cm）中。母液中加蒸馏水稀释1倍，上样；净化液直接上样，以蒸馏水为洗脱液，柱温为50℃，流速5mL/min，自动部分收集器收集，折光仪检测各级组分的折光率，绘制折光率—流出液组分曲线，参照折光率取点，每点1mL，蒸干称重，采用乙酸酐/吡啶法酰化后，进行气相色谱分析。色谱条件为：SE-54毛细管柱，气化室温度为270℃，FID检测器温度300℃，程序升温：起始170℃，停留1.0min，5℃/min升温，终温230℃，停留6.0min。洗脱过程中，阿拉伯糖醇先被洗脱下来，然后是木糖醇。

（二）应用于淀粉糖分离的色谱技术

1. 排阻色谱技术

排阻色谱法是利用色谱柱内一种组分排除另一种组分的技术。例如果糖和葡萄糖的分离，就可以在流动料液中加入排斥葡萄糖的离子进行分离和纯化，最后严格控制果糖的结晶即可得到结晶果糖。

2. 两树脂联用技术

由于一般的糖醇料液中存在的多种成分之间结构性质相差不大，往往一种树脂无法彻底实现分离的目的。因此在分离过程中可以同时采用两种树脂，使料液中的某两组分分别强吸附于不同的两种树脂，而第三组分对此两树脂都是弱吸附，以获得第三组分的同时分离纯化。同理可以有串联、并联和混装等方式以达到多组分分离的目的。

3. 连续操作技术

吸附色谱技术其本质上属于间歇操作色谱。间歇色谱需用大量昂贵的固定相，消耗大量流动相，吸附剂的利用效率和分离产物浓度都很低。而目前极力推广应用的连续性色谱技术属于经济型工艺流程，能够同时实现调节和控制自动化，使其操作强度大大低于同等规模的间歇操作色谱。最新发展起来的连续性色谱技术主要是环型色谱、错流梯度色谱（CGC）和移动床（MB）色谱技术。其中模拟移动床（SMB）色谱技术的应用和发展前景更为广阔。模拟移动床（SMB）工艺技术采用的是对流操作原理。其具有设备结构小、投资成本低、放大快速简便、产率高和生产能力强等特点。至今在淀粉糖工业中已实现了工业化色谱糖醇分离的工艺，大多数是采用了SMB分离技术。但目前SMB分离技术也具有一定的局限性，其所得产品液的浓度要低于进料液的浓度，而且其在工业中的应用主要仍局限于二组分体系的分离。因此关于SMB技术的研究和开发仍然是色谱工业应用中一个受到众多关注的问题。

二、色谱技术分离纯化天然产物中的黄酮类化合物

黄酮类化合物是广泛存在于自然界中的一类重要天然有机化合物，主要包括黄酮、黄酮醇类、黄酮苷类等。目前已发现黄酮类化合物的生理功能主要有抗心血管疾病、抗氧化、清除自由基、抑制肿瘤、防止骨质疏松、保肝、利胆、利尿、抗肝炎病毒、抗衰老等。

色谱技术分离制备黄酮类化合物的方法很多，柱色谱法是分离黄酮类单体化合物的有效方法，最常用的是以硅胶、聚酰胺为填料的色谱柱。从国内外大量关于黄酮类化合物单体分离的文献来看，70%的研究采用硅胶柱色谱，20%的研究采用聚酰胺色谱，约10%的研究采用葡聚糖凝胶（Sephadex LH-20）柱色谱和制备型高效液相色谱法，其中，有许多研究同时采用其中几种方法进行分离，取得了很好的效果。实际工业化生产中多数采取硅胶色谱柱制备黄酮类单体化合物，采用大孔吸附树脂制备总黄酮。

（一）纸色谱法（PC）

纸色谱法适用于分离各种天然黄酮类化合物及其苷类的混合物。混合物的鉴定常采用双向色谱法，以黄酮苷类为例，一般第一向展开采用某种醇性溶剂，如n-BuOH-HAc-H_2O（4∶1∶5上层，BAW），主要是根据分配作用原理进行分离。第二向展开溶剂则用水或水溶液，如2%～6%的HAc。主要是根据吸附作用原理进行分离。

黄酮类化合物的苷元中，平面性较强的分子如黄酮、黄酮醇、查耳酮等，用含水类溶剂如3%～5%的HAc展开时，几乎停留在原点不动（R_f<0.02）；而非平面性分子如二氢黄酮、二氢黄酮醇、二氢查耳酮等，因亲水性较强，故R_f值较大（0.10～0.30）。黄酮类化合物分子中羟基苷化后，极性即随之增大，故在醇性展开剂中R_f值相应降低，同一类型苷元，R_f值依次为：苷元>单糖苷>双糖苷。以在BAW中展开为例，多数类型苷元（花色苷元例外）R_f值在0.70以上，而苷则小于0.70。但在用水或 2%～8% 的HAc，3%的NaCl水溶液或1%的HCl展开时，上列顺序将会颠倒，苷元几乎停留在原点不动，苷类的R_f值可在0.5以上，糖链越长，则R_f值越大。

（二）硅胶柱色谱法

硅胶是一种高活性吸附材料，属非晶态物质，不溶于水和任何溶剂，无毒无味，化学性质稳定，除强碱、氢氟酸外不易与其他物质发生反应，各种型号的硅胶因其制造方法不同而形成不同的微孔结构。在以硅胶为填料的色谱柱上，样品与硅胶与洗脱剂之间主要靠吸附—洗脱达到分离。硅胶柱色谱法是一种可以从植物的粗提物中分离大量黄酮类化合物的分离技术，其中影响黄酮类化合物分离的主要因素为黄酮类化合物与硅胶之间的亲和力以及与洗脱剂之间的作用力。因此，选择合适的溶剂是能否实现成功分离的关键。溶剂的洗脱能力对于不同的吸附剂来说是不同的，常用溶剂在硅胶上的洗脱能力见表4-1。

表4-1　硅胶柱色谱常用溶剂

溶　剂	溶剂参数 ε^0	黏度（20℃）（mPa·s）	透光率极限（nm）	沸点（℃）
正戊烷	0.00	0.23	210	36.1
石油醚	0.01	0.3	210	30～60
环已烷	0.03	1.0	210	80.7
环戊烷	0.04	0.47	210	49.3
四氯化碳	0.14	0.97	265	76.8
氯戊烷	0.20	0.26	225	108.2

（续表）

溶　剂	溶剂参数 ε^0	黏度（20℃）（mPa·s）	透光率极限（nm）	沸点（℃）
二甲苯	0.20	0.62 ~ 0.81	290	138
甲　苯	0.22	0.59	285	110.8
氯丙烷	0.23	0.35	225	46.8
苯	0.25	0.65	280	80.2
乙　醚	0.29	0.23	220	34.6
氯　仿	0.31	0.57	245	61.3
二氯甲烷	0.32	0.44	245	40.0
四氢呋喃	0.35	0.51	220	64.7
丁　酮	0.39	—	330	79.6
丙　酮	0.43	0.32	330	56.2
乙酸乙酯	0.45	0.54	260	77.2
戊　醇	0.47	4.1	210	137.3
乙　腈	0.50	0.65	210	81．6
吡　啶	0.55	0.71	305	115.3
正丙醇	0.63	2.3	210	97.2
乙　醇	0.68	1.20	210	78.4
甲　醇	0.73	0.60	210	64.6
水	大	1.00	200	100.0

硅胶柱层析法用于分离与鉴定弱极性的黄酮类化合物较好。在选择溶剂时，要综合考虑溶剂的强度、黏度、沸点和毒性等。一种溶剂往往难以分离多成分的混合物，必须采用已达到一定溶剂强度的混合溶剂。黄酮中含有的多羟基黄酮类化合物极性较大，要选择溶剂强度较大的洗脱溶剂。分离黄酮苷元常用的展开剂是甲苯—甲酸甲酯—甲酸（5：4：1），并可以根据待分离成分极性的大小适当地调整甲苯与甲酸的比例。

（三）聚酰胺柱色谱法

由于聚酰胺对黄酮类化合物吸附能力较强，该吸附剂是利用黄酮类化合物富含酚羟基的特点，通过分子中的酚羟基与聚酰胺分子中的酰胺基形成氢键缔合产生吸附，吸附的强度取决于黄酮类化合物酚羟基的数目与位置及溶剂与黄酮类化合物或与聚酰胺之间形成氢键的缔合能力大小，溶剂分子与聚酰胺或黄酮类化合物形成氢键缔合的能力越强，则聚酰胺对黄酮类化合物的吸附能力将越弱。聚酰胺柱层析正是利用此性质对黄酮类化合物进行吸附、脱附而分离的。该色谱方法适用范围较广，特别适合于分离含游离酚羟基的黄酮及其苷类。

在聚酰胺柱分离苷元时，可用氯仿—甲醇—丁酮—丙酮（40：20：5：1）或苯—石油醚—丁酮—甲醇（60：26：3.5：3.5）作移动相。从粗提物中分离苷时，可用甲醇—水混合溶剂作移动相。如潘浪胜等采用聚酰胺色谱方法对吴茱萸甲醇提取物的乙酸乙酯萃取部分进行聚酰胺柱色谱分离，以乙醇—水梯度洗脱，其中，乙醇—水（30：70）部分再反复经聚酰胺柱色谱分离、甲醇重结晶得化合物金丝桃苷和异鼠李素-3-O-半乳糖苷。

（四）高速逆流色谱

高速逆流色谱（HSCCC）是一种液—液分配色谱技术。该技术具有很多优点：不需要任何载体、分离效率高，产品纯度高、样品分离量大及便于工业化生产。在生物工程化工、食品等领域应用广泛，在天然产物的分离和纯化方面也取得了巨大的进展。近年来，HSCCC技术以其独特的分离优势，已广泛应用于天然产物中黄酮类化合物的分离纯化研究。Sutherland等综述了198篇利用HSCCC技术分离纯化天然产物有效成分的文献报道：从108种植物中分离得到了363种化合物，其中黄酮类化合物的文献报道有89篇，所分离得到的黄酮类化合物占总数的25%。可见，HSCCC技术在分离纯化黄酮类化合物方面有着极大的应用空间。目前，利用HSCCC技术分离制备黄酮类化合物的报道众多，如Xiao等通过两步分离纯化从黄芪中得到了5种黄酮苷类化合物，分别是毛蕊异黄酮-7-O-β-D-葡萄糖苷、芒柄花苷、（6aR,11aR）-9,10-二甲基氧紫檀-3-O-β-D-葡萄糖苷、（3R）-2'-羟基-3',4'-二甲基氧异黄烷-7-O-β-D-葡萄糖苷和毛蕊异黄酮-7-O-β-D-葡萄糖苷-6''-O-醋酸盐。HSCCC技术克服了传统硅胶柱分离纯化黄酮类化合物步骤反复、耗时耗溶剂、制备量小等缺点，同时也证实了利用HSCCC技术从黄芪中分离纯化黄酮类化合物以及从传统植物药中发现化学单体有着极大应用潜力。

（五）大孔树脂吸附法

大孔树脂吸附分离技术是黄酮类化合物提取分离、精制纯化的常用技术。曹群华等优选D101大孔树脂柱对沙棘籽渣总黄酮进行分离，其最佳工艺条件为选用径高比1：10的色谱柱，树脂投量与生药比 2：1，吸附时间3h，30%乙醇为洗脱剂，其用量与生药比10：1，最终沙棘籽渣总黄酮的得率达2.39%，纯度达64.81%。纪兴等也选用D101型大孔树脂分离地锦草总黄酮的提取工艺，通过正交试验，得到的最优工艺为10mL样品液上柱、静置吸附30min、用95%乙醇洗脱，最终得到地锦草总黄酮含量大于16%，高于乙醇提取干浸膏的7.61%，回收率大于93%。潘廖明等比较了9种不同型号的大孔树脂对大豆异黄酮的吸附性质，发现LSA8的吸附效果最好；进一步对其吸附等温线、吸附动力学曲线、静态吸附曲线、动态吸附透过曲线和解吸曲线的分析，确定LSA8在35℃时对大豆异黄酮具有较好的吸附效果，其动态最大吸附量为204.6mg/g干树脂；采用体积分数70%乙醇溶液解吸5h，其大豆异黄酮含量可达57.0%，比原样提高了48倍。陈强等比较了10种大孔吸附树脂对葛根黄酮的吸附率与解吸率，最终筛选得到AB8树脂较宜于葛根黄酮的提纯，经AB8树脂吸附分离后，提取物中黄酮含量提高近1倍。何琦等通过对部分国内外大孔吸附树脂的银杏黄酮吸附性能筛选，确定D140树脂12个周期反复使用的平均银杏黄酮吸附率达66.61%，产物收率为3.54%，产物黄酮含量为24.54%，是一种综合性能较佳的银杏黄酮专用吸附树脂。

（六）毛细管电泳色谱法

近年来毛细管电泳色谱法（CE）在天然产物分析上具有很好的优势，涉及天然药物黄酮化合物CE的研究也日益增多。Luo等利用硼砂作为缓冲液毛细管区带电泳（CZE）分离和测定独一味的活性黄酮类化合物，分别考察7-O-木犀草素葡萄苷、异鼠李素、芹菜素、木犀草素和槲皮素与硼砂相结合的络合常数和Gibbs自由能的变化，确认主要作用为黄酮和硼砂离子偶极或离子诱导偶极的作用，并且在pH值为9.0的30mmol/L硼砂为缓冲液中测定7-O-木犀草素葡萄苷在独一味中的含量。Fonseca等以50mmol/L磷酸盐和50%乙腈（pH值=2.8）为缓冲液CZE分析德国洋菊中的香豆素、绿原酸、黄酮、黄酮醇、黄烷醇等11种物质，Suntornsuk等则采用20mmol/L磷酸盐、10%乙腈和6%甲醇（pH值=8.0）为缓冲液测定积雪草中山萘素和芦丁的含量。Stoggl等以粒径3μm的C18硅胶颗粒填充CEC柱，对儿茶素、槲皮素、杨梅黄酮、橙皮素和柚皮素进行了分离。Chen等使用商业化的CEC柱（Hypersil C18）分析了甘草中的甘草黄苷、异甘草黄苷、芒柄花苷、甘草素和异甘草素5种黄酮化合物。利用相同的柱子，Chen等同时对淫羊藿中的7种黄酮进行分析，色谱条件为：磷酸和乙腈为流动相，pH值为3.0适合于甘草中黄酮化合物的分析，而pH值为4.0适合淫羊藿中黄酮化合物的分析，两种方法均取得了较好的测定结果。Fonseca等以球形ODS填充到管径75μm毛细管中，在pH值为2.8的磷酸流动相下，对黄酮类化合物（芹菜素、芹菜素-7-O-葡萄苷、木樨黄定、木樨黄定-7-O-葡萄苷、槲皮素和芦丁）、香豆素类化合物（伞形花内酯）和酚酸类化合物（咖啡酸和绿原酸）进行分离和分析，测定结果与商业化的C18柱进行比较，CEC柱显示较高的选择性和分离效果。

三、色谱技术在酒类检测中的应用

在越来越重视食品安全的现代，酒类检测的方式越来越多样化，检测的项目也越来越详细。目前，我国市场上销售最多的酒类产品为白酒、葡萄酒和啤酒3种类型。关于这些酒类检测的国家质量标准也在不断修改中，其中色谱技术在三大酒类检测中有着广泛的应用。

（一）色谱技术在白酒检测中的应用

中国白酒是我国传统酒工业中的一个重要组成部分，其工艺和品牌在世界上都具有很高的影响力。但很多分析工作证明，我国白酒的香味组成成分非常复杂，不同酒类间的含量也互不相同，对于统一标准检测有很大的难度。早在1968年，中国食品发酵工业研究院与中国科学院大连化学物理研究所合作，对茅台酒香味组分进行了剖析研究，采用了包括填充柱、毛细管柱和制备色谱在内的系列分离方法以及红外线、质谱等鉴定技术，从茅台酒中定性鉴定出50种组分，从而奠定了在我国采用现代色谱技术分析白酒的基础。1976年内蒙古合成化工研究所沈尧坤采用DNP填充柱，使白酒中的甲醇、杂醇油、乙酸乙酯、己酸乙酯的测定分析变得简单易行。在此之后，蔡心尧、尹建军等又采用FFAP键合柱直接测定包括有机酸的高级脂肪酸乙酯在内的57个香味组分。1995年，采用HP-INNOWax柱，通过直接进样并结合压力脉冲进样技术，使茅台酒的可定性组分达到81种。在1996年以后，中国食品发酵研究所一直采用CP-Wax57CB柱分析白酒的香味成分。该柱克服以上5种毛细管柱分析白酒的共有缺陷，使乙酸乙酯与乙缩醛得到完全分离。目前，我国对于白酒的检测依然依赖于色谱技术，一方面，通过色谱技术实现对酒的分类和鉴别，例如周小平等人利用气相色谱FFAP和CP-Wax57CB柱联用建立了名优白酒的“质量指纹”，可以实现方便快速鉴别酒的种类；另一方面，通过色谱技术来检测白酒中甲醇、甜味剂、增塑剂等添加成分的指标，实现安全控制。

GB 2757—2012《蒸馏酒及其配制酒》规定，白酒产品需检测甲醇，检测方法依照标准GB/T 5009.48。该标准制定了甲醇的气相色谱检测法，采用该方法，即使是成分复杂的基酒，比如调味酒等，虽然其中的醇类、酯类、酸类等物质种类繁多，容易形成干扰，但只要选取合适的色谱柱，采用恰当的程序条件，甲醇的峰型、分离度均能达到良好。

甜味剂的检测也是目前比较常见的检测指标，主要是检测甜蜜素。GB/T 5009.97—2003《食品中环己基氨基磺酸钠的测定》规定了甜蜜素（食品中环己基氨基磺酸钠）的3种测定方法——气相色谱法、比色法、薄层层析法。如今国内关于蒸馏酒和配制酒中甜蜜素色谱检测的文献和专利有很多，检测出的产品越来越符合国际标准。

增塑剂是新添加的酒类检测项目，2012年11月底，“酒鬼酒塑化剂事件”使得增塑剂再次成为人们关注酒类安全的重点。市场上占主导地位的增塑剂是高沸点的邻苯二甲酸酯类（PAEs）。事实上，增塑剂并不是食品添加剂，并不是企业故意添加以改变白酒口感。白酒中查出增塑剂可能与生产、运输和贮存过程中使用塑料和橡胶管件等有关。目前，公开发表的文献中，针对酒中PAEs的检测方法采用的都是气质联用法。卓黎阳等以液—液萃取技术为提取及净化方法，利用超高效液相色谱－串联四极杆质谱技术建立了酒中邻苯二甲酸酯类的快速检测方法。该方法不仅适用于白酒，也适用于啤酒和葡萄酒中。

（二）色谱技术在啤酒检测中的应用

啤酒中含有多种不挥发物，因此不能直接作毛细管气相色谱分析。传统的啤酒香味组分分析方法一般需采用气体进样（顶空进样或吹扫捕集），或溶剂萃取、浓缩。前者只能分析易挥发的香味组分，后者使用大量溶剂并加以浓缩，不仅由于萃取率不同而造成定量不准确，而且引入了溶剂浓缩带来的杂峰，易使定性出现偏差。蔡心尧、尹建军等采用固相提取（SPE）小柱提取和富集啤酒中的主要香味组分，然后直接作毛细管气相色谱分析，以GC—MS对14种醇、酯、酸组分作了定性鉴别。陆久瑞等采用气相色谱内标法进行了啤酒中酒精含量的测定。蔡心尧等采用气相色谱法测定了啤酒中的联二酮。刘玉梅等采用高效液相色谱法测定了啤酒花及其制品中的3-酸和六氢3-酸的含量。

（三）色谱技术在葡萄酒检测中的应用

随着人们生活水平的提高，国人饮酒的习惯发生了很大的变化，在众多的酒类产品中，葡萄酒因其具有保健的功能，因而受到越来越多的消费者的青睐。GB 15037—2006《葡萄酒》主要是从两个方面进行评判：感官要求方面强调外观、起泡和香气与口感；理化方面检测指标主要是酒精度、总糖、干浸出物、有机酸、金属离子和添加剂等。

1. 葡萄酒的香气成分分析

葡萄酒的香气是构成葡萄酒质量的主要因素，李记明等人采用色谱—质谱—计算机联用系统对葡萄酒的香气成分分析，共检测出91种成分，包括醇、酯、缩醛、醛、酮、内酯、萜烯7类化合物，其中高级醇和酯是主要的香气组分。其色谱操作方法如下：取100mL过滤后的葡萄酒样品，分别用50mL、25mL、25mL二氯甲烷萃取3次，萃取液分别用50mL的50g/L碳酸钠洗涤2次，弃去水层；有机层分别用25mL二氯甲烷洗涤2次，然后弃去水层，用5g无水硫酸钠干燥过夜，用旋转蒸发器浓缩至1mL，贮于0～5℃冰箱备用。用十七烷做外标，取5L浓缩液用气相色谱仪检测。GC条件为：DBWax石英弹性毛细管柱60m×0.32mm，液膜厚0.52μm，氢火焰离子检测器FID，起始温度50℃，时间5min，程序升温2.5℃/min，保留时间20min，检测器温度200℃，氮气流速2.5mL/min，扫描间隔2s。

2. 葡萄酒中有机酸的检测

有机酸在酒的发酵中扮演着重要的角色，各种各样的有机酸是酒产香的前体物质，酸能有效增强酒的浓厚感，降低甜度，并且具有缓冲、协助其他香味成分的作用。葡萄酒中的酸主要有酒石酸、苹果酸、柠檬酸、琥珀酸、乳酸、碳酸、醋酸。这些成分可以通过液相色谱进行检测，其原理是这些酸均属水溶性有机酸，所以酒样可经过稀释、过滤后直接进样，用高效液相色谱仪C18柱将各种有机酸分离，经紫外检测器检测，并用标准物的保留时间进行定性，外标法定量测定。其色谱操作方法如下：使用型号为250mm×4.6mm，5μm的C18柱，流动相为pH值2.70的磷酸—磷酸氢二钾缓冲溶液，柱温25.0℃，流速0.8mL/min，紫外检测波长215nm，进样量20μL。

3. 葡萄酒中人工合成色素的检测

有关葡萄酒中添加剂的检测一直是区分高低档葡萄酒的一个重要指标。张予林、马静远等人利用变波长高效液相色谱法在实验室中设计了一种能简单快速检测葡萄酒中4种人工合成色素（柠檬黄、日落黄、胭脂红和苋菜红）的方法。其色谱操作方法如下：葡萄酒样品采用聚酰胺吸附法进行前处理，优化的色谱条件为：Agilent ZORBAX SB-C18（4.6mm×250mm，5μm）反相色谱柱，流动相A液为甲醇，流动相B液为醋酸铵溶液（0.02mol/L），流速为1.0mL/min，梯度洗脱，变波长检测葡萄酒样品中柠檬黄、苋莱红、胭脂红、日落黄的检测波长分别为430nm（0～2.2min），230nm（2.50～3.95min），480nm（3.95～5.00min）和480nm（3.95～5.00min），柱温35℃，检测时间为5min，进样量为20μL。试验结果证明，在人工合成色素质量浓度为10～100mg/L时线性关系良好。对葡萄酒样品进行的精密度及加标回收试验表明，实验方法重复性高。

四、色谱技术在抗生素检测中的应用

在我国，抗生素在畜禽养殖业中不仅广泛地作为治疗药物使用，而且普遍作为促生长剂和预防用药以提高经济效益。近年来，作为动物饲料添加剂的抗生素已成为世界范围内需求量增加最大的抗生素之一，在集约化、规模化的现代动物养殖业中起着不可替代的作用。为了增加收入，有些养殖户不合理使用药物，滥用药品的现象普遍存在，如添加各种抗生素、促生长剂等，从而使药物残留超过最大残留限量，对人民的身体健康造成危害，对我国的食品安全造成隐患。

抗生素的种类包括β-内酰胺类、氨基糖苷类、大环内酯类、喹诺酮类、氯霉素类、四环素类等，其中以头孢类、四环素类、氯霉素类应用最为广泛。

（一）色谱技术检测头孢类药物

头孢类抗生素自20世纪60年代初发明并应用于临床以来，由于其具有抗菌谱广、抗菌作用强、对青霉素酶稳定、临床疗效高、不良反应较少等特点，是目前临床应用较广泛的抗生素，常见的有头孢羟氨苄、头孢克洛、头孢氨苄、头孢拉定和头孢噻吩。在乳品生产中用其进行奶牛乳房消毒，因此乳品中常会检测到头孢类药物残留。针对于该残留，目前主要采用液相色谱进行检测。例如，蔡玉娥等人采用液相色谱对乳品中的多种头孢类抗生素进行检测，其方法如下。取脱脂鲜奶3.0mL，加入500μL 20%乙酸，再加入2.5mL水，振荡均匀，于4℃冷冻保存15min，取出后以3 000r/min的转速离心15min，取上层清液，过0.22μm尼龙膜，取滤液用水稀释10倍后取20μL进样检测。色谱条件为：流动相A为水磷酸缓冲液（19：1，*V*/*V*）；流动相B为乙腈/水/磷酸缓冲液（10：9：1，*V*/*V*）；流动相pH值5.0。淋洗梯度：0～5min，B 0%；5～10min，B 0%～17%；10～16min，B 17%～100%；16～20min，B 100%：20～22min，B 100%～0%；22～27min，B 0%。流速为1mL/min，检测波长为270nm，进样量20μL。该方法的回收率可达96%以上。

（二）色谱技术检测四环素类药物

四环素类抗生素是由链霉菌产生的一类广谱抗生素，主要有四环素（Tetracycline，简称IC）、金霉素（Chlortetracycline，简称CIC）、土霉素（Oxytetracycline，简称OIC）、强力霉素（Doxycycline，简称DC）、去甲基金霉素（Demeclocycline，简称DMCTC）、甲烯土霉素（Methacycline，简称MIC）和二甲胺四环素（Minocycline，简称MINO）等。在家畜饲养时，常常用四环素作为防治肠道疾病和促进生长药物，因此在蛋奶肉制品中容易检测到残留。由于该类药物易与蛋白结合，因此在前处理时需用酸性脱蛋白剂使四环素药物解离出来。很多文献采用EDTA作弱酸性溶剂，也有采用基质固相分散技术及固相萃取柱进行处理的。净化一般采用C18固相萃取柱。检测方法有薄层色谱、高效液相色谱等。例如，武婷等利用高效液相色谱测定四环素、金霉素、土霉素、强力霉素、去甲基金霉素、甲烯土霉素、二甲胺四环素、脱水四环素和差向脱水四环素9种四环素类药物的含量，其色谱条件如下：色谱柱Kromasil C18柱（250mm×4.6mm，I.D.，5μm）；流动相为甲醇：乙腈：0.01moL/L草酸溶液（pH值2.0）= 8：14：78，在3min内变为10.5：31.5：58，恒定3min，在6～12min内变为15：45：40；流速1.0mL/min；进样量10μL；柱温25℃；检测波长0～6.16min为350nm，6.17～12.00min为270nm。实验结果发现9种被测物在12min内均得到良好的分离。在1～100μg/mL范围内均与其各自对应的峰面积呈良好线性关系（*r* >0.999 1），回收率为85.5%～105.7%，精密度*RSD*<3.2%，该方法的检出限（*S*/*N*=3）为0.05～0.5μg/mL。

（三）色谱技术检测氯霉素类药物

氯霉素类药物包括氯霉素、甲砜霉素、氟甲砜霉素、琥珀氯霉素、棕榈氯霉素及乙酰氯霉素等。氯霉素曾是兽医诊疗中常用的药物，但氯霉素蓄积在人体中，对肝、肾功能不全者有可能引起蓄积中毒，对人的造血细胞具有严重的毒性反应，有可能引发人的再生障碍性贫血。尤其是对婴幼儿的危害极大。中国、美国、欧盟及其他许多国家和地区都将氯霉素检测指标视为食品安全非常重要的一个指标，对氯霉素检测加强控制。

在我国食品工业的原料生产过程中，很多养殖行业都涉及使用氯霉素。例如蜂蜜产业、海鲜养殖行业、水产养殖等，在养殖过程中使用的药物残留无法清除，使得在出口产品检测中不合格遭到巨额损失的事情屡见不鲜。近几年，我国对于氯霉素的使用加强控制，除了少数不法商贩仍在使用，大多数食品在安全检测中氯霉素已经达标。对于氯霉素的检测主要采用高效液相色谱和气相色谱。样品前处理的萃取溶剂多采用乙酸乙酯、甲醇或者乙腈。将试样用萃取液提取后以水溶液溶解，用正己烷液—液分配，水相过C18，然后用甲醇洗脱。张杰等人利用HPLC检测牛奶中的氯霉素，其方法如下：色谱柱ZORBAX SB-C18（4.6mm × 150mm，5μm）；流动相为甲醇—水（40：60，*V/V*），流速0.8mL/min，波长278nm，柱温30℃，进样量10μL。陈少芸等采用HPLC测定蜂王浆中的氯霉素含量，色谱条件如下：色谱柱Nova-PakC18，4μm，3.9mm × 150mm；流动相为甲醇：水=35：65，混匀后超声脱气20min；流速1.0mL/min，检测波长275nm，进样量100μL。彭涛等采用LC-MS-MS，同时测定了虾中的氯霉素、甲砜霉素和氟甲砜霉素，分析方法如下：流动相为甲醇：10mmoL/L醋酸铵水溶液=30：70（*V/V*），流速0.2mL/min，柱温25℃，ESI（-）MRM检测。毛细管电压1.5kV；源温度80℃；去溶剂温度350℃；锥孔气流30L/h；去溶剂气流400L/h，碰撞气体为氩气，碰撞气压0.25Pa。以上方法都有较高的回收率，检出限都符合国家标准的要求。

五、使用色谱技术检测火腿肉中的敌敌畏

在我国，农药残留引起的食物中毒事件时有发生，敌百虫、敌敌畏都属于对人畜等哺乳动物具有剧毒的有机磷杀虫剂，但是在火腿等腌制食品中，添加敌百虫或敌敌畏用来防腐、防治蚊蝇和蛆虫，在一些相关食品行业中早已成了公开的秘密，从2004年以来已经相继有许多关于毒火腿的有关报道，因此检测此类食品中敌百虫、敌敌畏的残留量具有重要的现实意义。食品中有机磷农药的残留检测方法已有许多报道，其中很多项目已有国家标准方法，在GB/T 5009.20—2003《食品中有机磷农药残留量的测定》中有许多关于单个或多种有机磷农药的检测方法。浙江省疾病预防控制中心张晶等建立一种应用气相色谱仪测定火腿中敌百虫、敌敌畏残留量的快速检测方法，具体如下：样品先用乙腈提取，再利用敌百虫和敌敌畏在不同溶剂中分配系数的不同，对提取液进行净化，最后利用气相色谱仪的毛细管色谱柱和火焰光度检测器（或氮磷检测器）对样品进行分离和检测。利用该方法，敌百虫和敌敌畏均能得到良好分离，在0.2 ~ 20.0μg/mL（FPD）和0.01 ~ 10.0μg/mL（NPD）的线性范围内，相关系数均大于0.999，最低检出量分别为0.286 4ng、0.040 6ng（FPD）和0.010 1ng、0.004 5ng（NPD），当样品添加浓度为0.05 ~ 2.0mg/kg时，方法回收率分别为69.92% ~ 95.76%。该方法操作简便，灵敏度高，重现性和选择性好，分离效果良好，最低检出量和回收率均符合农药残留分析的要求，是检测脂肪类样品中敌百虫和敌敌畏的有效定性、定量方法。浙江省质量技术监督

检测研究院盛华栋等建立了火腿肉中敌敌畏残留的凝胶渗透色谱分析方法，用丙酮和二氯甲烷提取火腿样品中的敌敌畏，提取液经凝胶渗透色谱（GPC）净化，浓缩定容后用GC-PFPD检测分析。试验结果表明：GPC能有效去除提取液中的共提物，提高样品检测灵敏度和准确度。添加浓度为0.01～1.0mg/kg时，敌敌畏的空白样品添加回收率平均值为81.8%～92.7%，变异系数（CV）小于5%。最低检测浓度是0.002mg/kg。

第四节 专题——HPLC、LC-MS联用

高效液相色谱（HPLC）是以液体为流动相，采用颗粒十分细的高效固定相，并采用高压输液系统，将具有不同极性的单一溶剂或不同比例的混合溶剂、缓冲液等流动相泵入装有固定相的色谱柱，在柱内各成分被分离后，进入检测器进行检测，从而实现对试样的分离和分析。HPLC常包括高压输液泵、色谱柱、进样器、检测器、馏分收集器以及数据获取与处理系统等部分。HPLC非常适合于分离生物大分子、离子型化合物、不稳定的天然产物以及其他各种高分子化合物等，已成为化学、医药、工业、农学、商检和法检等科学领域中的重要分析技术。

质谱分析（MS）是使所研究的混合物或单体形成离子，利用电场和磁场将运动的离子按其荷质比分离后进行检测的方法。由于核素的准确质量是一个多位小数，决不会有两个核素的质量是一样的，而且决不会有一种核素的质量恰好是另一核素质量的整数倍，因此测出离子准确质量即可确定离子的化合物组成，获得化合物的分子量、化学结构、裂解规律和由单分子分解形成的某些离子间存在的某种相互关系等信息。质谱仪器必须具备进样系统、离子源、质量分析器和检测器，此外，还有真空系统、计算机控制及数据处理系统等。

高效液相色谱准确度高，分离范围广，但定性能力弱，而质谱具有其他分析方法无可比拟的灵敏度，对于未知化合物的结构分析定性十分准确，对相应的标准样品要求也比较低。液相色谱—质谱联用技术（LC-MS），结合了液相色谱对复杂化合物的高分离能力和质谱对化合物准确的鉴别功能，可实现多种化合物的同时测定，大大缩短了分析时间，提高了分析的灵敏度和准确性。基于LC-MS技术在化合物分离鉴定方面的独特优势，在食品分析检测中的应用越来越广泛。

一、在维生素检测中的应用

维生素（Vitamin）是维持人体正常物质代谢和某些特殊生理功能不可缺少的低分子有机化合物，主要参与各种酶的组成，因其结构和理化性质不同，使其各具特殊的生理功能。维生素种类很多，在化学结构上并无共性，可分为胺类（维生素B_1）、醛类（维生素B_6）或醇类（维生素A）；根据其物理性质可分为两大类，即脂溶性维生素和水溶性维生素。脂溶性维生素包括维生素A（视黄醇）、维生素D（骨化醇）、维生素E（生育酚）、维生素K（甲萘醌）和β-胡萝卜素等；水溶性维生素包括B族维生素（维生素B_1、

维生素B_2、维生素B_6、维生素B_{12}、维生素PP等）、维生素C、叶酸、泛酸和生物素等。简便、快速、准确地得到食物中不同形式的维生素含量是食品检测所面临的重要任务。近年来，维生素的检测技术已得到重大的发展，HPLC法、离子色谱法（IC）、电化学法及化学发光法（CL）、荧光分析法（FA）、气相色谱—质谱法（GC-MS）、离子色谱—质谱法（IC-MS）和高效液相—质谱法（HPLC-MS）等方法均得到广泛应用。在众多方法中，HPLC法由于具有分离效果好、分析速度快、灵敏度高、特异性强、操作简便等特点而倍受青睐。HPLC法不仅适合于维生素总量的分析，也可用于维生素同分异构体的分离。同时，HPLC法还可以同时对多种维生素进行分析，如对食物中的维生素A、维生素E、维生素D同时分析，对叶酸、泛酸和维生素C同时分析，对多种类胡萝卜素同时分析，对维生素A、维生素E和β-胡萝卜素同时分析等。近年来，HPLC-MS技术的发展使得维生素的检测灵敏度进一步提高，因此具有广阔的应用前景。

1. HPLC法测定食品中脂溶性维生素

脂溶性维生素包括维生素A（视黄醇）、维生素D（骨化醇）、维生素E（生育酚）、维生素K（甲萘醌）和β-胡萝卜素等，随着HPLC法在食品分析中的应用，现已成为脂溶性维生素主要的分析方法。HPLC法适合于天然食物和维生素A强化剂等各种食物中维生素A的测定，特别是对于低含量的样品测定的精确度也较高，最小的检出限为0.8ng。谢和金等建立了酵母中麦角固醇的HPLC含量测定方法，具体条件如下：HY Persil BDS C18反相柱，流动相为甲醇：水=97：3（*V*/*V*），检测波长283nm。酵母样品加碱乙醇（乙醇溶液中含25%氢氧化钾）皂化、提取、洗涤、蒸干、定量测定。结果显示，该方法在0.02～0.8mg/mL范围内线性良好，最低限量为0.01mg/mL，回收率为96.0%～98.0%。HPLC方法已成为各国检测维生素E的首选分析方法，可以对不同型的维生素E 进行测定，我国现行的食品中维生素的国家标准检测方法中维生素E的分析方法也采用HPLC法。高效液相色谱法能够简便地分离和定量α型、β型、γ型、δ型维生素E，具有准确、分辨率高、被测物损失少的优点。但当食物中的β型或γ型维生素E含量较少时，β型和γ型维生素E的两峰重叠，该重叠峰用γ型维生素E进行定量计算，在这种情况下会低估有效维生素E的含量。反相HPLC法在同时分析其他维生素时，β型维生素E与γ型维生素E不易分离，而正相HPLC法能很好地分离维生素E的8种同分异构体。

2. HPLC法测定食品中水溶性维生素

目前，HPLC方法已经广泛应用于食品中B族维生素（维生素B_1、维生素B_2、维生素B_6、维生素B_{12}、维生素PP等）、维生素C、叶酸、泛酸和生物素等水溶性维生素的检测。如李克、王华娟等采用离子对反相高效液相色谱同时测定含微量元素的复合维生素片剂中的烟酰胺、维生素B_6、维生素B_1及维生素B_2。样品经水解过滤后直接进样、等度洗脱、固定波长检测，17 min即可完成一次样品测定，方法准确，操作简便易行。谈震建立了反相高效液相色谱测定复方卵磷脂软胶囊中B族维生素含量的方法，采用C18色谱柱，以乙腈－甲醇－水（12：6：82）为流动相，所得结果线性良好，烟酰胺、维生素B_6和维生素B_1、维生素B_2的平均回收率分别为100.0%、100.1%、99.7%、99.9%。Pilar V等采用氯基C16柱（RP-Amide C16）反向液相色谱方法成功实现了婴儿食品中9种B族维生素的分离测定，克服了使用硅基柱时维生素与硅醇基之间的相互作用造成部分维生素保留时间重复性差的问题，得到了比较好的结果。张连龙等采用双通道反相高效液相色谱法成功测定了黄金搭档组合维生素片中维生素B_1、维生素B_2和维生素B_6的含量。崔蓉等研究了水溶性维生素C、维生素B_1、维生素B_2、烟酸和烟酰胺的高效液相色谱测定方法，该方法可在6min内同时测定上述5种水溶性维生素，方法简便快速，适用于复合维生素制剂和溶液中上述5种水溶性维生素的分离测定。

3. HPLC-MS法在维生素测定中的应用

Olivier Heudi等建立了一种同时测定婴儿强化配方食品中维生素A、维生素D_3和维生素E的LC-MS检测方法，该方法首先将样品皂化处理，然后用固相微萃取技术提取维生素，然后进行LC-APCI-MS分析，其具体方法如下：50g样品匀浆后溶解在40℃蒸馏水中混合得到均质液，取上述均质液30g，将内标维生素D_2和5, 7-二甲基母育酚加到250mL锥形瓶中，并加入0.2g高峰淀粉酶于45℃孵育30min，然后加入7g氢氧化钾、50mL乙醇、1g硫化钠和1g抗坏血酸钠于85℃回流加热30min，冷却后转移到100mL容量瓶并边搅拌边加入2g 1-戊烷磺酸钠，用蒸馏水定容至100mL；取上述20mL皂化液用固相萃取小柱吸附15min，正己烷洗脱，洗脱液用氮气吹干后溶于HPLC流动相中，过滤后进行LC-MS分析。色谱条件：色谱柱Nucleosil 100-5（250mm × 4.6mm I.D.），流动相为己烷—二噁烷—异丙醇（96.7：3：0.3，*V/V/V*），流速1.45mL/min，自动进样器进样量40uL。质谱条件：碰撞电压200V，毛细管电压及电流3 000V、4μA，APCI蒸发器温度350℃，雾化器气压（氮气）60 psi。结果表明，该方法灵敏度高，检出限低，适合保健婴儿食品中脂溶性维生素A、维生素D和维生素E的检测。

二、在多不饱和脂肪酸的检测中的应用

多不饱和脂肪酸（PUFAs）指含有两个或两个以上的双键且碳链长度为18～22个碳原子的直链脂肪酸，主要分为ω-3 PUFAs和ω-6 PUFAs两大类。ω-3 PUFAs主要包括α-亚麻酸（ALA）、二十碳五烯酸（EPA）、二十二碳六烯酸（DHA）和二十二碳五烯酸（DPA）等。ω-6 PUFAs主要来源于植物油，包括亚麻酸（LA）、γ-亚麻酸和花生四烯酸等。目前脂肪酸的分离主要采用气相色谱法，但由于PUFAs的热不稳定性，使GC的应用受到一定限制。HPLC具有分离分析难挥发物质的特点，因而可应用于PUFAs的分离分析。由于PUFAs在紫外—可见光区吸收较弱，光度法难以准确测定，高效液相色谱—荧光检测法采用柱前衍生化法进行荧光检测，具有高选择性、高灵敏性而成为一种行之有效的手段。高水平等采用柱前荧光标记技术建立了花粉中饱和与不饱和脂肪酸的HPLC-MS检测技术，以荧光试剂苯并[b]吖啶酮-5-乙基对甲苯磺酸酯（BAETS）作为柱前衍生化试剂，对27种饱和脂肪酸和7种不饱和脂肪酸进行了优化衍生，在Hypersil BDS C18色谱柱（4.6mm × 200mm I.D.，5μm）上，采用梯度洗脱对34种混合脂肪酸（FFA）衍生物进行了分离及定性定量分析。荧光检测激发和发射波长分别为273nm和503nm，多数脂肪酸的线性回归系数大于0.999 5，检测限在11.70～68.25 fmol。采用大气压化学电

离源（APCI）的正离子模式，实现了花粉中FFA组分的质谱鉴定建立的方法具有良好的重现性，获得了满意的测定结果。方志娥等建立了母乳中亚油酸、a-亚麻酸、花生四烯酸和DHA的高效液相色谱法，经液—液萃取并衍生提取母乳中的不饱和脂肪酸后，采用Agilent SB-C8（4.6 mm×150 mm，5μm），流动相为乙腈：水=83：17，流速1.0mL/min，柱温30℃，检测波长254nm。结果显示，a-亚麻酸在50~350μg/mL、亚油酸在200~1 500μg/mL，DHA在10~80μg/mL，花生四烯酸在20~160μg/mL范围内呈良好的线性关系，前三者的最低检测限均为0.2μg/mL，后者为0.4μg/mL；高、中、低浓度的平均回收率在92.65%~100.70%。

全文琴等通过高效液相色谱/电喷雾质谱联用（LC-ESI-MS）建立了快速、简单、准确鉴定鱼油中EPA/DHA含量的方法。鱼油经2 mol/L NaOH乙醇溶液皂化、3 moL/L HCL酸化后，使用Waters液相色谱仪、Symmetry C8柱（2.1mm×150mm），以甲醇—水为流动相、十七酸为内标，利用质谱定性定量测定EPA/DHA含量。色谱条件为：色谱柱为Symmetry C8柱，柱温35 ℃；流动相甲醇：水=80：20，流速为0.3mL/min，进样体积为5μL。质谱条件：离子源为ESI电离源，电喷雾离子化负离子采集模式（ESI），m/z范围200~800amu；毛细管电压3.5kV，锥孔电压25V，萃取电压4.0V，射频电压0.5V，源温度103℃，脱溶剂温度300℃，脱溶剂气280 L/h，选择离子m/z 269、m/z 301和m/z 327。该方法测定同一鱼油样品的结果高于国家标准规定的气相色谱法测定的结果，并且利用质谱作为检测器，采用目标物的选择离子进行监测，即使在液相没有达到很好分离度的时候也能够准确定性和定量；同时由于不需要酯化，简化了试验操作步骤，节省了实验时间，并可实现对样品的重复分析。

三、在类胡萝卜素的检测中的应用

天然类胡萝卜素广泛存在于动植物及微生物界，目前，已鉴定出500多种。食物中的类胡萝卜素主要存在于蔬菜、水果、藻类、食用菌、水产、动物肝脏、乳类及卵黄中。类胡萝卜素是多烯化合物，它们由8个异戊二烯残基首尾相接组成的共轭双键系统为基本结构，分子两端连接不同的终端基团。类胡萝卜素可分为4个亚族胡萝卜素：胡萝卜素，如α-胡萝卜素、β-胡萝卜素、γ-胡萝卜素、番茄红素；胡萝卜醇，如叶黄素、玉质、虾青素；胡萝卜醇的酯类，如B-阿朴-胡萝卜酸酯；胡萝卜酸，如藏红素、胭脂树。所有的类胡萝卜素都可由番茄红素通过氧化、氢化、脱氢、环化以及碳架重排、降解衍生而来。天然类胡萝卜素可以游离状态存在于植物组织中（以结晶或无定形固体），也可以溶液的状态存在于脂类中，还可以酯或与糖、蛋白质结合的形式存在。类胡萝卜素存在形式的多样性及复杂性给其分析与分离带来很大困难。分析类胡萝卜素常用的方法有柱层析、纸层析、薄层层析、气相色谱及HPLC方法，前4种方法均存在操作过程复杂、灵敏度与准确性差等缺点，而HPLC则以其快速、简便、灵敏、准确等特点，逐步广泛地应用于类胡萝卜素的研究分析之中。

适用于类胡萝卜素的HPLC分析方法的吸附剂—溶剂系统分3类：①正相吸附剂—溶剂系统，采用以硅胶为固定相的正相色谱法有利于其顺反非对映体的分离，但却不利于

α-及β-位置异构体的分离，而且作为分离柱填料的硅胶还能促进类胡萝卜素的降解；②反相吸附剂—溶剂系统，使用结合有十八碳硅烷的氧化硅作为填充剂，一般能较好地分离维生素A原类胡萝卜素，但分离叶黄素的效果较差，目前我国报道的有关类胡萝卜素的分析方法多属此类；③反相梯度溶剂系统，在反相柱上运用梯度洗脱能够成功地分离多种类胡萝卜素，这种系统能够分离烃基胡萝卜素、叶黄素及叶绿素等，还能从类胡萝卜素母体化合物中分离出顺式异构体及氧化产物、尽管梯度洗脱较为麻烦，但由于该系统能够精确地分离各种类胡萝卜素及其异构体，因此，反相梯度溶剂系统应该是未来分析类胡萝卜素的最有希望的应用系统。

HPLC系统定量方法有外标法和内标法。外标法定量麻烦，而且会因为标准液贮备不当，造成样品测定重复性、一致性较差。相反，内标法的使用则越来越显示出其优越性。如Khachik等利用b-apo-8-carotenal作内标物，以Microsorb 250mm×4.6mm为色谱柱，以AcCN+MeOH+CH_2Cl_2+hexane（75+15+5+5）为流动相成功地进行了番茄及各种蔬菜的多种类胡萝卜素的分离与定量。近年来应用较多且效果较好的内标物还有海胆酮、斑蝥黄素及苏丹I号等。

徐响等采用反相高效液相色谱法分离和测定样品中类胡萝卜素组成及含量，样品经皂化、萃取、浓缩后，用Zorbax SB C18柱分离，以丙酮—水为流动相梯度洗脱，波长450nm处检测。色谱条件：色谱柱为Zorbax SB C18柱（4.6mm×250mm，5μm）；流动相为丙酮—水梯度洗脱，采用梯度洗脱程序，柱温25℃，流速1.5mL/min，检测波长450nm，进样量10μL。实验采用外标法对沙棘全果油中主要的4种类胡萝卜素——叶黄素、玉米黄质、β-隐黄质和β-胡萝卜素进行了定量分析，方法简便、准确、灵敏度高，稳定性和重现性好。

第五节　专题—GC、GC-MS联用

气相色谱法（GC）具有分离效率高、样品用量少、分析速度快、选择性好、检测灵敏度高等特点，可用于分离分析某些同位素、恒沸混合物、沸点相近的物质、顺式与反式异构体和邻位、间位、对位异构体等。GC与质谱这两种方法的联用能取长补短，既发挥了气相色谱的高分离能力，又发挥了质谱的高鉴别能力。此技术可用于多种组分混合物中的未知组分鉴定、化合物分子结构的判定、未知组分相对分子量的测定、色谱分析中错误判断的修正以及部分分离及未分离的色谱峰的鉴定。下面就以亚麻油中脂肪酸组成的成分分析为例，介绍GC与GC-MS在脂肪酸组成分析中的应用。

一、GC测定亚麻油脂肪酸组成

张方英等采用GC方法对新疆亚麻油中主要5种脂肪酸的含量进行了定量分析。在进行GC分析前，先对亚麻油脂肪酸进行乙酯化，其方法为：称取一定量的亚麻油于四口烧瓶中，氮气保护，加热到80℃，加入NaOH-乙醇溶液，启动搅拌装置，反应3h后，结束反应。

旋蒸回收乙醇，倒入分液漏斗，加入石油醚（60～90℃），再用5%NaCl洗3次，放出下面水层物质，上层有机相用无水硫酸钠干燥后，旋蒸回收石油醚，得到亚麻油脂肪酸乙酯。取一定量亚麻油脂肪酸乙酯加入正己烷，混合均匀，通过气相色谱仪进行分析测定。气相色谱条件为：毛细管柱DB-wax（30m×0.25mm×0.25μm），FID检测器，检测器温度240℃，进样口温度250℃，柱温160℃，采取程序升温：10℃/min上升至210℃，再以2℃/min上升至220℃。分流比80：1，进样量1μL。尾吹氮气流量30mL/min，氢气流量40mL/min，空气流量400mL/min。氮气、氢气纯度均为99.999%。分析结果显示，新疆维吾尔自治区伊犁亚麻油中主要含有5种脂肪酸：棕榈酸（5.79%）、硬脂酸（3.57%）、油酸（21.52%）、亚油酸（16.46%）、α-亚麻酸（52.66%），其中不饱和脂肪酸高达90.64%，其可作为食用油和工业应用的优质原料。

司秉坤建立了测定亚麻籽油中α-亚麻酸和亚油酸的GC含量测定方法，从而对不同产地亚麻籽的α-亚麻酸和亚油酸的含量进行了比较。亚麻籽以石榴米超声提取后得到亚麻籽油脂，然后采用丁二酸二乙二醇聚（DEGS）为固定液，涂布浓度10%，酸洗硅烷化洛姆沙伯（Chromosorbw）为载体；柱长2m×3mm，柱温190℃；气化室、检测室温度均为250℃；氮气为载气，流速20mL/min；氢焰离子化检测器，氢气流速30mL/min，空气流速100mL/min。结果显示，6个产地的样品中，α-亚麻酸和亚油酸的平均含量分别为45.17%和21.19%，其中以内蒙古自治区产亚麻籽中含量最高。

二、GC-MS测定亚麻油中脂肪酸组成

GC-MS联用作为一种新的技术，具有准确、方便快捷等特点，在油脂及挥发性成分测定中得到广泛应用，现已成为一种国际通用的油脂脂肪酸测定方法。与油脂测定的气相法相比，可避免标样对检测结果的限制，利于新化合物的发现。如李高阳等人运用GC-MS联用技术和相关分析软件，对亚麻籽中脂肪酸化学组成进行分析和鉴定，为亚麻油的开发提供了理论依据。

亚麻籽油的提取：粉碎的亚麻籽过目筛，无水乙醚回流提取6h，冷却过滤，回收溶剂至干，得亚麻籽油。油的收率为42.92%。

样品的甲酯化：称取亚麻籽油，加入KOH甲醇溶液水浴中加热至油珠完全溶解。冷却后加入BF_3甲醇溶液水浴酯化，冷却后加入正己烷振摇，加入饱和NaCl溶液摇匀，静置，取上层（正己烷层）溶液进行色谱分析。

GC条件：PEG-20M弹性石英毛细管柱，30m×0.25m×0.25μm；载气为高纯氦气，恒定流量为0.8mL/min；升温程序为从180℃开始（保持2min），以3℃/min升温到230℃，保持10min；进样口温度250℃，出样口温度200℃；检测电压350V。

MS条件：EI离子源、发射电流200μA、电子能量70eV、扫描范围20～550amu。

采用不做校正的峰面积归一化法得出各组分的相对含量，各色谱峰相应的质谱图检索采用NIST标准谱库进行检索，并逐个解析各峰相应的质谱图，定性定量结果如下所示：亚麻籽油中含有4种饱和脂肪酸，占脂肪酸总量的12.71%，其中以十六烷酸

（7.31%）、十八烷酸（5.04%）、二十二烷酸（0.23%）、二十烷酸（0.13%）为主；含有9种不饱和脂肪酸，占脂肪酸总量的87.1%，其中以α-亚麻酸（49.05%）、油酸（22.34%）、亚油酸（13.73%）、9-十八烷烯酸（0.95%）、9,12,15-二十烷三烯酸（0.17%）、13-廿二烷烯酸（0.15%）、9,15-十八烷二烯酸（0.13%）、9,12,15-十八烷三烯酸（0.12%）、11-二十烷烯酸（0.1%）、9-十八烷烯酸（0.95%）为主。

从分析结果看出，亚麻籽油中亚麻酸的含量高达49.05%，亚油酸含量13.73%，油酸含量为22.34%，不饱和脂肪酸含量达到86.04%。作为一种富含ω-3和ω-6不饱和脂肪酸的功能性油脂，亚麻籽油具有营养保健和药疗功效。同时作为典型绿色食品资源的亚麻籽又没有深海鱼油加工中面临的有害物质富集、鱼腥味重和胆固醇高问题。因此，可以说油用亚麻籽是开发补充ω-3脂肪酸产品最好和最经济的资源，具有很好的开发应用前景。

参考文献

[1] 蔡玉娥，蔡亚岐，牟世芬，等. 高效液相色谱紫外光度法检测尿液和牛奶中多种头孢类抗生素[J]. 分析化学, 2006, 34(6): 745-748.

[2] 蔡心尧，刘峰，陆久瑞，等. 气相色谱法测定啤酒中的联二酮[J]. 食品与发酵工业, 1991, 21(4): 46-51.

[3] 蔡心尧，尹建军，胡国栋. 采用FFAP键合柱直接进样测定白酒香味组分的研究[J]. 酿酒科技, 1994, 14(1): 18-22.

[4] 蔡心尧，尹建军，胡国栋. 毛细管柱直接进样法测定白酒香味组分的研究[J]. 色谱, 1997. 15(5): 367-371.

[5] 蔡心尧，尹建军.固相提取小柱在啤酒香味组分分析中的应用[J].啤酒科技, 2003,19(3): 1-3.

[6] 陈晓青，蒋新宇，刘佳佳. 中草药成分分离技术与方法[M]. 北京: 化学工业出版社, 2006.

[7] 陈书勤，黄健泉，黄康宁，等. 响应曲面法在优化果糖和葡萄糖色谱分离中的应用[J]. 广西轻工业, 2011, 27(10) : 20-21,36.

[8] 陈少芸，严成钊，柴平海，等. 食品中氯霉素残留检测方法应用的探索——高效液相色谱法[J]. 食品工业，2004, 25(2): 35-37.

[9] 程铁辕，刘彬，李哲斌，等. 色谱、光谱及质谱技术在白酒安全卫生检测方面的应用[J]. 食品工业, 2012, 33(11): 147-150.

[10] 丁彦蕊，蔡宇杰，孙培东，等. 糖醇工业中的色谱分离技术[J]. 中国食品添加剂, 2002, 12(2): 50-55.

[11] 郭静婕，陈智理，李健，等. 色谱技术的发展及应用[J]. 农产品加工(学刊), 2013, 8(4): 66-68.

[12] 胡国栋. 气相色谱法在白酒分析中的应用现状与回顾[J]. 食品与发酵工业, 2003, 29(10): 65-69.

[13] 黄志兵，李来生. 色谱技术进展与应用[J]. 江西化工, 2002, 17(3): 14-17.

[14] 李高阳，丁霄霖. 亚麻籽油中脂肪酸成分的GC-MS分析[J]. 食品与机械, 2005, 21(5): 30-32.

[15] 李记明，贺普超，刘玲. 优良品种葡萄酒的香气成分研究[N]. 西北农业大学学报, 1998(6):169-172.

[16] 李福枝，刘飞，曾晓希，等. 天然类胡萝卜素的研究进展[J]. 食品工业科技, 2007,28(9): 227-232.

[17] 梁志远，杨小生，朱海燕，等. 滇产干花豆中的两个新黄酮[J]. 药学学报, 2006,

41(6): 533-536.
[18] 陆久瑞，胡国栋. 气相色谱法测定啤酒中酒精的含量[J]. 食品与发酵工业, 1990, 20(3): 55-57.
[19] 彭奇均，徐玲，蔡宇杰，等. 木糖醇母液色谱分离性能优化[J]. 高校化学工程学报, 2002,16(3): 272-274.
[20] 潘浪胜，吕秀阳，吴平东. 吴茱萸中二种黄酮类化合物的分离和鉴定[J]. 中草药, 2004, 35(3): 259-260.
[21] 彭涛，李淑娟，储晓刚，等. 高效液相色谱/串联质谱法同时测定虾中氯霉素、甲砜霉素和氟甲砜霉素残留量[J]. 分析化学, 2005, 33(4): 463-466.
[22] 全文琴，陈小娥，陈洁，等. 高效液相色谱/质谱联用直接测定鱼油中EPA/DHA含量[J]. 食品与机械, 2008, 24(2): 114-117.
[23] 司秉坤，赵余庆. 不同产地亚麻子中α-亚麻酸和亚油酸含量测定[J]. 中药研究与信息, 2005(3): 22-24.
[24] 王萍，董勤忠. 对色谱法中高效液相色谱和气相色谱的比较分析[J]. 黑龙江粮油科技, 2001,11(1): 38-45.
[25] 王嗣，唐文照，丁杏苞. 板栗花中两个新黄酮苷类化合物[J]. 药学学报, 2004, 39(6): 442-444.
[26] 王艳红，周伟. 色谱技术的发展及其在酒类检测中的应用[J]. 酿酒科技, 2005, 25(3): 80-82.
[27] 王萍，张银波，江木兰. 多不饱和脂肪酸的研究进展[J]. 中国油脂, 2008, 33(12): 42-46.
[28] 武婷，王超，李楠. 高效液相色谱法测定化妆品中九种禁用四环素类抗生素的方法研究[J], 2007, 26(8): 52-55.
[29] 吴晖，朱珍，风华亮，等. 蔬菜中11种有机磷农药残留的气相色谱检测及其对蔬菜基质的影响[J]. 食品科学, 2011, 32(6): 198-203.
[30] 谢瑶，石萌萌，庞欣. 高效液相色谱及液相色谱—质谱联用技术在保健食品检测中的应用[J]. 化学通报, 2010, 76(8): 684-688.
[31] 徐响，刘光敏，王琦，等. 反相HPLC法测定沙棘全果油中类胡萝卜素[J]. 食品工业科技, 2007, 28(12): 206-207, 215.
[32] 杨爱梅，刘霞，鲁润华，等. 藏药川西小黄菊中黄酮类成分的分离与结构鉴定[J]. 中草药, 2006, 37(1): 25-27.
[33] 杨爱梅，鲁润华，师彦平. 藏药圆穗兔耳草中的黄酮类化合物[J]. 中国药学杂志, 2007, 42(19): 1 459-1 461.
[34] 严拯宇. 中药薄层色谱分析技术与应用[M]. 北京: 中国医药科技出版社, 2009.
[35] 张卫东，陈万生，王永红，等. 灯盏花黄酮类化学成分的研究[J]. 中国中药杂志, 2000, 25(9): 536-538.
[36] 张卫锋，洪振涛，李嘉静，等. 气相色谱法测定咸鱼中的敌百虫和敌敌畏[J]. 中国兽

药杂志, 2007, 41(6): 14-16.
[37] 张援虎，刘颖，胡峻，等. 薄荷中黄酮类成分的研究[J]. 中草药, 2006, 37(4): 512-514.
[38] 张予林，马静远，王华. 变波长高效液相色谱法同时检测葡萄酒中4种合成色素的研究[J]. 西北农林科技大学学报：自然科学版, 2011, 39(1): 186-192.
[39] 张锁秦，马秀俐，罗旭阳，等. 木糖与阿拉伯糖以及相应糖醇的色谱分离和色谱行为[J]. 吉林大学自然科学学报, 2001, 46(4): 100-102.
[40] 张杰，许家胜，刘连利，等. 高效液相色谱法测定牛奶中的氯霉素残留[J]. 化学研究与应用, 2013, 25(4): 593-595.
[41] 邹汉法，张玉奎，卢佩章. 高效液相色谱法[M]. 北京: 科学出版社, 1998.
[42] 周围，周小平，赵国宏，等. 名优白酒质量指纹专家鉴别系统[J]. 分析化学, 2004, 32(6): 735-740.
[43] 卓黎阳. 超高效液相色谱—串联四极杆质谱测定酒中15种邻苯二甲酸酯[J]. 分析实验室, 2013, 32(9): 68-73.

第五章　微胶囊技术

第一节　微胶囊技术原理

药物胶囊化已有150多年历史，而微胶囊化则出现于20世纪30年代。1936年美国大西洋海岸渔业公司提出了用液体石蜡制备鱼肝油明胶微胶囊专利。1949年Wurster发明了微胶囊化的空气悬浮法技术，实现了固体微粒的微胶囊化。1953年Green发明了凝聚法微胶囊化技术，实现了液体物料的微胶囊化，并研制出无碳复写纸（NCR纸），这是微胶囊化技术的第一次商业应用，随后该技术得到了快速发展。

迄今为止，微胶囊化技术在化工、食品、医药、生化、印刷等领域获得了广泛应用，其理论和实践也日趋成熟。

一、基本概念与原理

微胶囊造粒技术（或称微胶囊）是将固体、液体或气体物质包埋、封存在一种微型胶内成为一种固体微粒产品的技术，这样能够保护被包裹的物料，使之与外界不宜环境相隔绝，达到最大限度地保持原有的色香味、性能和生物活性，防止营养物质的破坏与损失。微胶囊的聚合物壁壳为壁材，也称为外壳或保护膜。被包埋的物料组分为芯材，也称囊核或填充物。

微胶囊技术实质上是一种包装技术，其效果的好坏与“包装材料”壁材的选择紧密相关，而壁材的组成又决定了微胶囊产品的一些性能，如溶解性、缓释性、流动性等，同时它还对微胶囊化工艺方法有一定影响，因此，壁材的选择是进行微胶囊化首先要解决的问题。微胶囊造粒技术针对不同的芯材和用途，选用一种或几种复合的壁材进行包覆。一般来说，油溶性芯材应采用水溶性壁材，而水溶性芯材通常采用油溶性壁材。

二、微胶囊的功能与功效

1. 改变物料存在状态

这是在食品工业中应用最早，最广泛的微胶囊功能。将液体或半固体物料转化为固体粉末状态，除了便于加工、贮藏与运输外，还能简化食品生产工艺，开发出新产品，如粉末香料，粉末油脂等。液态芯材经微胶囊化后，可通过制成含有空气或空心的胶囊而使体积增大。也可转变为自由流动的粉末，这种粉末产品可以很容易与原料混合均匀，便于加工处理和贮藏。

2. 改变重量或体积

物质经微胶囊后其重量增加，也可由于含有空气或空心胶囊而使胶囊的体积增加。这样可使高密度固体物质经微胶囊化转变成能漂浮在水面上的产品。

3. 降低挥发性

易挥发物质经微胶囊化后，能够抑制挥发，因而能减少食品中的香气成分的损失，并延长贮存的时间。

4. 控制释放

通过构建不同的微胶囊壁材组合，可实现微胶囊中心材在不同食品体系及人体消化吸收过程中的“爆释”“缓释”“控释”等特性。控制芯材释放的速度，是微胶囊技术应用最广泛的功能之一，即使芯材稳定地到达某一特定的条件或位点发挥作用，从而避免了在加工、贮藏、冲调与使用过程的损失，例如，可使一些营养素在胃或肠中释放，有效利用营养成分；微胶囊乙醇保鲜剂，在封闭包装中缓缓释放乙醇以防止霉菌。缓释是芯材通过囊壁扩散以及壁材的溶蚀或降解而释放。壁材对芯材的释放速度的影响因素主要有壁膜厚度、囊壁存在的孔洞、壁材变形、结晶度、交联度等；芯材的溶解度、扩散系数等也直接影响释放速率。芯材从微胶囊中释放的规律一般遵循零级或一级释放速率方程式。

5. 保护敏感成分

微胶囊化可使芯材免受外界不良因素（如光、氧气、温度、湿度、酸碱度等）的影响以保护食品成分原有的特性，提高其在加工时的稳定性并延长产品的货架期。许多食品添加剂制成为微胶囊产品后，由于有壁材保护，能够防止其氧化，避免或降低紫外线、温度和湿度等方面的影响，确保营养成分不损失。

6. 隔离物料的组分

运用微胶囊技术，将可能互相反应的组分分别制成微胶囊产品，使它们稳定在一个体系中，各种有效成分有序释放，分别在相应的时刻发生作用，以提高和增进食品的风味和营养。如将酸味剂微胶囊化可延缓对敏感成分的接触和延长食品保存期限。

7. 掩蔽不良风味和色泽

有些食品添加剂，因带异味和色泽而影响被添加食品的品质，如果将其微胶囊化，可掩盖其不良风味、色泽，改变其在食品加工中的食用性。有些营养物质具有令人不愉快的气味或滋味，这些味道可以用微胶囊技术加以掩壁，如微胶囊的产品在口腔里不溶化，在消化道才溶解，释放出内容物，发挥营养作用。

8. 降低毒副作用和添加量

由于微胶囊化能提高敏感性食品物料如添加剂的稳定性，并且可控制释放，因此可以降低其添加剂的添加量和毒副作用。例如，未微胶囊化和微胶囊化的乙酰水杨酸对小鼠的LD_{50}值分别为1 750mg/kg、2 823mg/kg，后者比前者提高了60%。

三、微胶囊的结构与特性

微胶囊大小通常在5～1 000μm。当胶囊粒度小于5μm时，由于布朗运动难于收集，当粒度超过200μm时，由于表面的静电摩擦系数减小而稳定性下降。微胶囊的囊壁可以是单层结构，也可以是双层或多层结构。囊心可以是单一组分（如单核），也可以是多种组分（多核、多核—无定形等）。在特定条件下（如加压、揉破、摩擦、加热、酶解、溶剂溶解、水溶解、电磁作用等），囊壁所包埋的组分可在控制速率下释放。微胶囊形状和结构受被包埋物料结构、性质及胶囊化方法影响，一般为球体、粒状、肾形、谷粒形、絮状和块状（图5-1）。

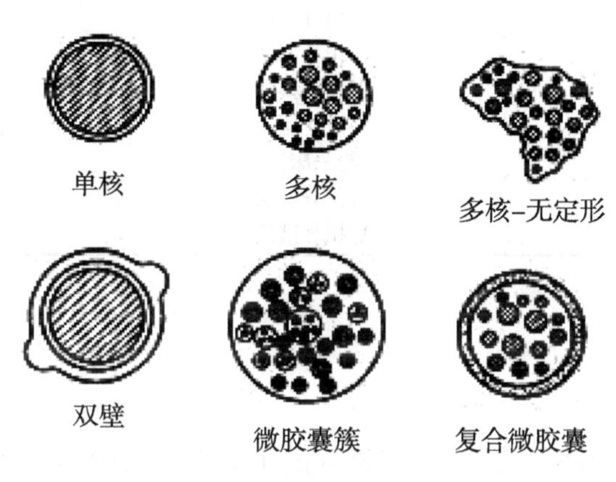

图5-1 典型微胶囊的结构示意图

1. 粒度分布

微胶囊的粒度不均匀，变化范围也较宽，而工艺参数条件的变化对于最终产品的粒度有直接影响，如乳化条件、反应原料的化学性质、聚合反应的温度、黏度、表面活性剂的浓度和类型、容器及搅拌器的构造、有机相和水相的量等。测定粒度分布的方法有多种，一般用显微镜和计数器等方法。

2. 囊膜厚度

胶囊中芯材的含量为70%～90%，壳厚度为0.1～200μm，壳厚与制法有关。采用相分离法制得的微胶囊壳厚为微米级，采用界面聚合法制得的微胶囊技术壳厚则是纳米级。胶囊壳厚除了与微胶囊制法有关外，还与胶囊粒度、胶囊材料含量和密度、反应物的化学结构有关。

3. 微胶囊壳的渗透性能

微胶囊壳的渗透性是胶囊最重要的性能之一。为防止芯材料流失或防止外界材料的侵袭，应使囊壳有较低的渗透性；而要使芯材能缓慢或可控制释放，则应使囊壳有一定的渗透性。微胶囊的渗透性与囊壳厚度、囊壳材料种类、芯材分子量大小等因素有关。

4. 芯材的释放性能

控释技术首先被应用于制药工业。现已广泛应用于食品、农药、肥料及兽药工业。

控释是指一种或多种活性物质成分以一定的速率在指定的时间和位置的释放，该技术的出现使得一些对温度、pH值等环境敏感的添加剂能更方便地应用于各种工业领域中。

第二节　微胶囊制备方法

依据囊壁形成的机制和成囊条件，微胶囊化方法大致可分为3类，即化学法、物理法和物理化学法，如表5-1所示。

表5-1　微胶囊主要制备方法

物理方法	物理化学方法	化学方法
喷雾干燥法 空气悬浮法 分子包埋法 挤压法 超临界流体法	水相分离法 油相分离法 囊心交换法 锐孔法 粉末床法 熔化分散法 复相乳液法	界面聚合法 原位聚合法 辐射包囊法

一、物理法

（一）喷雾干燥法

喷雾干燥法制备微胶囊，首先将芯材分散于囊壁材料的稀溶液中，形成悬浮液或乳浊液，再经过高速剪切乳化、高压均质乳化及相应的杀菌工艺后，用泵将此分散液送到含有喷雾干燥的雾化器中，分散液则被雾化成小液滴，液滴中所含溶剂迅速蒸发而使壁材析出成囊，如图5-2所示。

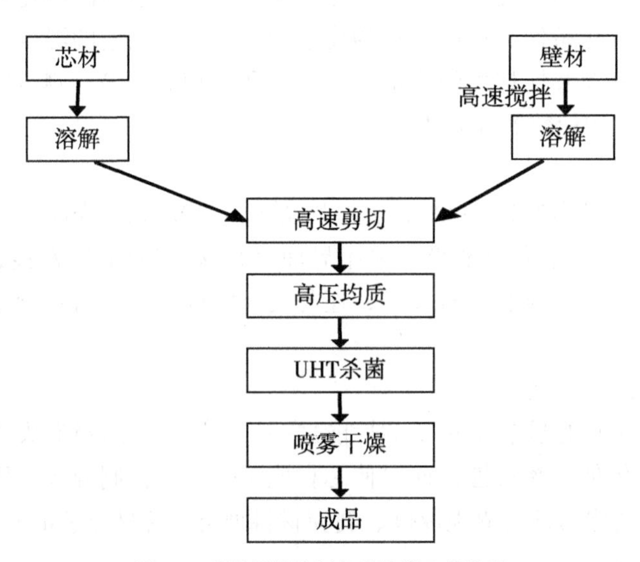

图5-2　喷雾干燥法制备微胶囊工艺流程

喷雾干燥法是将芯材分散在壁材的乳液中，再通过喷雾装置将乳液以细微液滴的形式喷入高温干燥介质中，依靠细小雾滴与干燥介质之间的热量交换，将溶剂快速蒸发使囊膜快速固化制取微胶囊的方法，示意图如图5-3所示。喷雾干燥法最适于亲油性液体物料的微胶囊化，且芯材的疏水性越强，微胶囊化效果越好。该方法包埋的芯材通常是香精油及油树脂等风味物质和几乎所有的油脂；壁材一般为明胶、阿拉伯胶、麦芽糊精、碳水化合物、蛋白质及纤维酯等。

该方法具有成本低廉，生产工艺简单，适于大规模、连续化生产，物料温度较低的特点，非常适用于热敏性物质的微胶囊化生产，且设备易得，操作灵活，无环境污染。经过半个多世纪的发展，该技术已经很成熟，目前已经广泛用于生产粉末香料和粉末油脂。喷雾干燥法的缺点是包埋率低、能耗大，芯材有可能粘在微胶囊表面上，影响产品质量。不适宜用于制备有缓释要求的微胶囊产品等。另外，喷雾干燥法还可以与其他微胶囊化方法相结合。目前已有结合流化床的喷雾干燥技术、结合玻璃化的喷雾干燥技术及结合水相分离法的喷雾干燥技术等的报道，其发展前景十分乐观，在今后的很长时间内仍会在微胶囊化领域占主导地位。

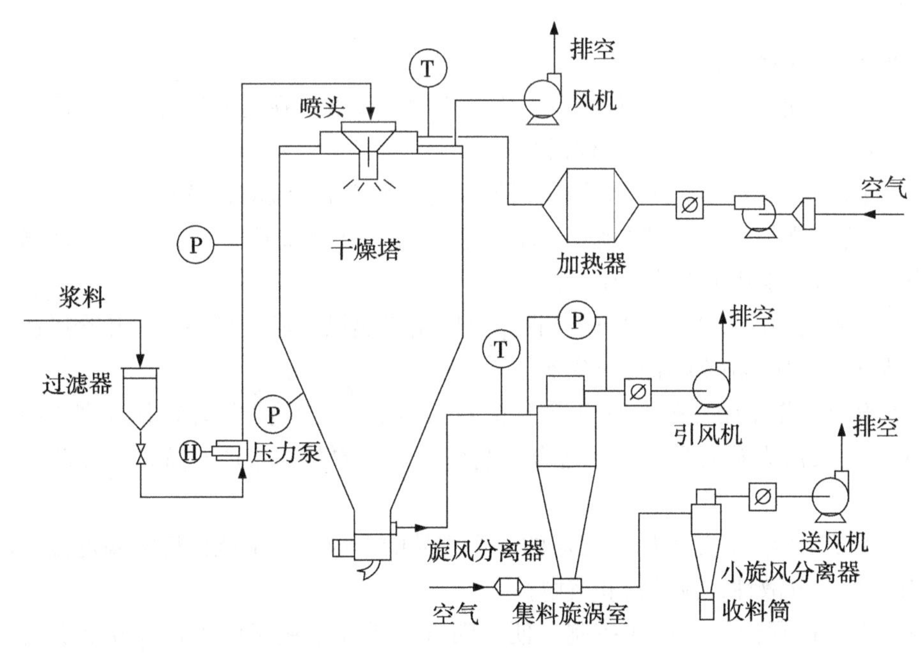

图5-3　喷雾干燥装置示意图

1. 喷雾干燥常见的雾化形式

目前，喷雾干燥过程中常见的雾化器有气流喷嘴式雾化、压力式喷嘴雾化、离心式雾化，其主要结构如图5-4所示。气流喷嘴式雾化是利用压缩空气（或水蒸气）以高速从喷嘴喷出，借助于空气（或蒸汽）、料液两相间相对速度的不同产生的摩擦力，把料液分散成雾滴。压力式喷嘴雾化是利用压力泵将料液从喷嘴孔内高压喷出，将压力能转化为动能，与干燥介质接触分散成雾滴。离心式雾化是指料液经高速旋转的盘或轮，在离心力作用下，从盘或轮边缘甩出，与周围介质接触形成料雾滴。

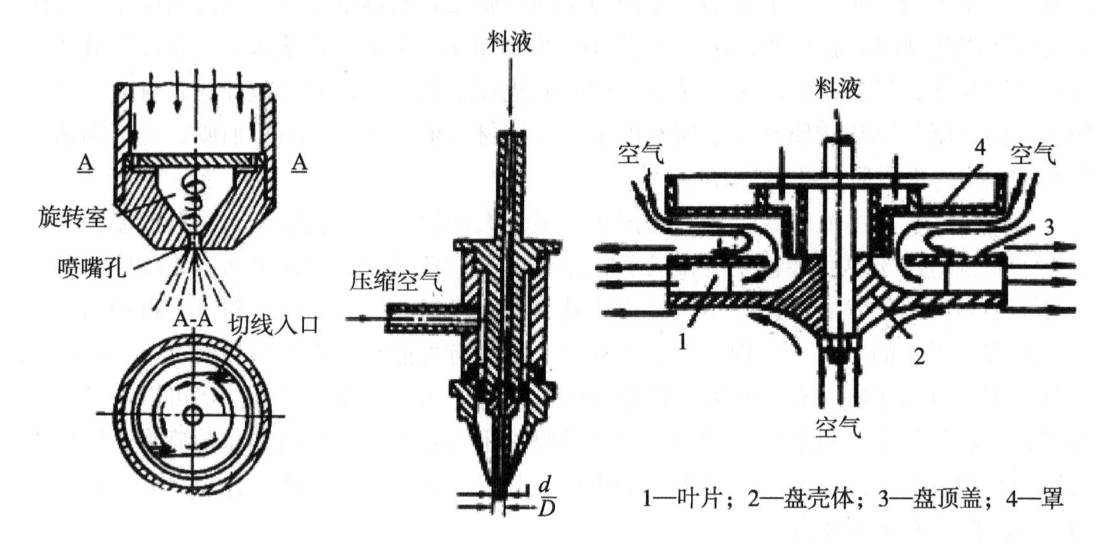

图5-4　不同雾化器工作原理示意图

2. 喷雾干燥的特点

（1）干燥速度快，料液经喷雾后，表面积大大增加，在高温气流中，瞬间就可蒸发95%～98%的水分，完成干燥时间仅需数秒钟。

（2）采用并流型喷雾干燥形式能使液滴与热风同方向流动，虽然热风的温度较高，但由于热风进入干燥室内立即与喷雾液滴接触，室内温度急降，而物料的湿球温度基本不变，因此也适宜于热敏性物料干燥。

（3）使用范围广，根据物料的特性，可以用于热风干燥、离心造粒和冷风造粒，大多特性差异很大的产品都能用此机生产。

（4）整个操作密闭性强，适用于洁净生产区域。由于喷雾干燥操作在密闭的塔内进行，避免了交叉污染和粉尘飞扬，适合于制药工业中原料药生产，特别是无菌原料药的生产。

（5）由于干燥过程是在瞬间完成的，产成品的颗粒基本上能保持液滴近似的球状，产品具有良好的分散性，流动性和溶解性。

（6）生产过程简化，操作控制方便。喷雾干燥通常用于固含量60%以下的溶液，干燥后，不需要再进行粉碎和筛选，减少了生产工序，简化了生产工艺。对于产品的粒径、松密度、水份，在一定范围内，可改变操作条件进行调整，控制、管理都很方便。

3. 喷雾干燥过程中影响微胶囊产品质量的主要因素

壁材的选择

用于喷雾干燥制取微胶囊的壁材应具有高度的水溶性，良好的乳化性、成膜性和干燥特性，并且不易吸潮，还要求高浓度的壁材溶液应具有较低的黏度。目前，每一种壁材都只能符合某些方面的要求，还没有发现一种物质能符合壁材所应具备的所有性能。食品工业中所使用的壁材主要有碳水化合物和蛋白质两大类。碳水化合物又包括植物胶、纤维素、淀粉及其衍生物、糊精和糖类。

在食品喷雾干燥制备微胶囊中，应用最多的壁材是麦芽糊精，决定其物理性质的是DE值。DE值大，麦芽糊精所含小分子糖较多，溶液亲水性较强，以它为壁材制备的微胶囊产品容易吸潮结块；DE值小的有一定的疏水性，一般选择DE值的范围为15～20。环糊精由中间呈空穴的圆柱状环形分子形成特殊的空间结构，空穴内侧呈疏水性，外侧成亲水性，因此可将一定大小的油性物质与环糊精形成稳定的分子包络物，如β-环糊精其空穴直径有0.7～0.8nm，可包埋香料、胡萝卜素等很多小分子物质。在喷雾干燥中，应用较为广泛的胶体是阿拉伯胶和黄原胶。阿拉伯胶易溶于水，在各种天然植物胶中，天然阿拉伯胶黏度最低，具有良好的附着力和成膜性。在水溶液中，阿拉伯胶分子带负电荷，是一种呈弱酸性的天然阴离子电解质，而且其乳化性能好，常用作为乳化剂的稳定剂。黄原胶是一种亲水胶体，在连续水相中能保持网状结构，常用来增稠和稳定乳化体系。乳化体系中加人少量黄原胶，体系的黏度将大大增加，从而可以阻滞乳化液乳滴碰撞聚合，同时增强了乳滴界面膜的强度，使分散的乳滴不易合并。蛋白质作为壁材，在于其分子带有许多双亲基团，在形成微胶囊时，亲水基深人水相，疏水基吸附于油溶性物质表面。蛋白质的乳化能力和易成膜性对油溶性芯材物质的保留率有显著的效果，但它存在着低温时溶解性差、与羧基发生反应、价格高等缺点。碳水化合物的表面活性以及溶液的低黏度对乳化液的稳定不利，但它们对壁材中多功能基质的形成起着重要作用。将蛋白质和碳水化合物按一定的比例混合则可以满足对壁材物质多功能性的要求。因此，越来越多的蛋白质和碳水化合物的复合壁材用于油溶性物质的微胶囊制备。随着微胶囊制备技术的发展，开发新的壁材物质是微胶囊技术研究的一个重要课题。

均质乳化工艺

芯材被乳化后形成的分散相粒径与微胶囊化率相关，芯材粒径越小，微胶囊化率越高。

喷雾干燥过程工艺参数

喷雾干燥过程影响产品质量的因素很多，如芯材与壁材的比例、进料的固形物含量、干燥室的进出风温度、进料速度与温度及空气与料液的接触速度等。其中，进出风温度和固形物含量的影响尤为显著。产品结构的致密程度、芯材是否被破坏和产品的水分含量等都与进出风温度有关。进风温度低，产品水分含量大，流动性不好，蒸发能力不够，不能形成良好致密性和一定强度的壁膜，喷雾干燥时容易粘壁；进风温度过高，水分蒸发速度过快，壁膜易产生裂纹，或表面不光滑圆整，囊壁表面容易形成一些小坑，导致壁材成膜性降低。出风温度对微胶囊的囊壁结构和水分含量有较大影响。出风温度升高，有利于缩短产品颗粒的降速干燥过程，迅速形成完整致密的壁膜结构，从而有利于改善喷雾干燥的效果，提高产品包埋率，同时也可降低产品的水分含量，有利于改善喷雾干燥效果。但出风温度过高，会导致产品因过度受热而开裂，包埋率下降；出风温度过低，微胶囊产品的水分含量增加，干燥不够充分。根据制备不同的微胶囊，进风温度一般选在120～180℃，出风温度选在70～110℃范围。

在适当的范围内，增加固形物浓度可以提高微胶囊化的效率和包埋率。微胶囊乳化液中固形物含量直接关系到芯材的持留能力；固形物含量越高，在干燥时越易形成壁膜，越有利于芯材物质的持留。但随固形物浓度提高的同时，乳化液的黏度也会升高，黏度过高会给雾化带来困难。所以，在选择壁材时应同时考虑到高固形物浓度所具有的低黏滞性。一般喷雾干燥微胶囊固形物浓度宜选在20%~40%。

进料温度对微胶囊干燥速度及微胶囊产品性能有一定的影响，喷雾干燥进料温度太低，则乳化液黏度较大，用旋转式雾化器进行雾化时，容易发生粘壁现象；如果进料温度过高，微胶囊产品的壁材容易在高温受热下糊化，影响产品外观效果。因此，必须采用合适的进料温度，既要保证乳化液黏度适宜，又能保证微胶囊产品在喷雾干燥器内处于湿球温度下干燥。空气和料液的接触速度，即雾化器转速直接影响喷雾雾滴的大小及均匀程度；雾滴不均匀，就会出现大颗粒还没有达到干燥要求，而小颗粒已经干燥过度而变质，这在干燥热敏性物料时尤为明显。

喷雾方式

压力喷雾法喷嘴处压差较大，摩擦强烈，不利于形成完整的胶囊颗粒，而且压力喷嘴相对容易堵塞。离心喷雾法形成的小雾滴能借助自身表面张力形成最小表面以包裹住芯材微粒，因而在喷雾干燥制备微胶囊的过程中多采用离心喷雾法。

（二）空气悬浮法

空气悬浮法，是指应用流化床的强气流将芯材微粒（滴）悬浮于空气中，通过喷嘴将调成适当黏度的壁材溶液喷涂于微粒（滴）表面。提高气流温度使壁材溶液中的溶剂挥发，则壁材析出而成囊。

该法由美国教授D. E. Wurster发明，又称为Wurster法、流化床法或喷雾包衣法。此法利用流化床将心材颗粒悬浮于上升气流中，然后喷上溶解或熔融的壁材溶液。

其成膜方式有以下3种。

（1）Wusrter法：在柱式设备中，由成膜段和沉积段组成，沉积段截面积比成膜段大，气流速度变小，利于微胶囊颗粒下降沉积。

（2）化学成膜法：采用高离子射流或高温气体，在芯材被悬浮于流化床时，使壁材分解或与芯材反应而完成包埋。

（3）液态心材成膜法：是Wurster法的改良，可使液态芯材微胶囊化。

空气悬浮法包埋效率高，微胶囊颗粒均匀。其缺点是：只能用固体颗粒作芯材。较细的颗粒易被排出空气带走而损失。颗粒在柱中上下左右地运动，发黏胶囊颗粒会彼此碰撞易凝聚，干燥后的胶囊会磨损，胶囊颗粒外观粗糙。

影响Wurster法微胶囊化产品质量的因素有以下几个方面。

（1）心材相对密度、表面积、熔点、溶解度、脆碎度、挥发性，结晶性及流动性。

（2）壁材的浓度（如果不是溶液则是指熔点）。

（3）壁材的包囊速度。

（4）承载芯材和使之流态化所需要的空气量。

（5）壁材用量。

（6）进口与出口的操作温度。

（三）分子包埋法

利用β-环糊精（β-CD）中空且内部疏水外部亲水的结构特点（图5-5），将疏水性芯材通过形成包结络合物而形成分子水平上的微胶囊。由于β-环糊精有一个相对疏水的中心和一个相对亲水的表面，可使客分子物质镶嵌在中间，在使用过程中既能均匀分散，又对客分子物质起到一定的保护作用。

采用该法生产的微胶囊产品，其有效含量一般为6%～15%（*W*/*W*），在干燥状态下非常稳定。达200℃时胶囊分解；在湿润时，芯材易释放，这有利于贮藏和使用，无需特殊的设备，成本低，可用于包埋油脂、香料、色素、维生素等。但该法要求芯材分子颗粒大小一定，以适应疏水性中心的空间位置，而且必须是非极性分子，这就大大限制了该法的应用。

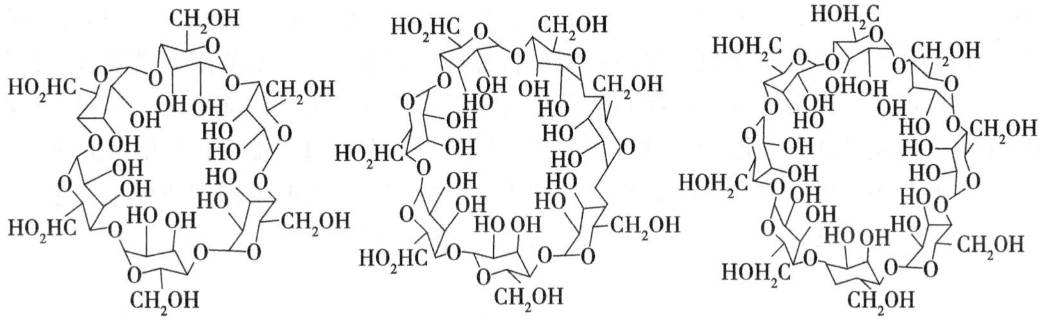

α-环糊精　　β-环糊精　　γ-环糊精

图5-5　三种常见环糊精结构

分子包埋法制备微胶囊工艺较为简单，通常步骤为：取环糊精加入2～5倍量水研匀，加入芯材（水难溶者，先将芯材溶于少量适当溶剂中）置研磨机中充分混合研磨成糊状，低温干燥后用适当溶剂洗净，再干燥，即得包埋物。如八角油β-环糊精包合物的制备中，将β-环糊精2～5倍量的蒸馏水研匀后，加入八角油与乙醇体积分数为1∶1的溶液混匀，在相同温度下研磨1.5～4.0h，过滤将所得滤饼用纯的石油醚洗3次，干燥即得。

研磨法制备β-CD包埋物，制备量较小。目前有采用胶体磨法代替研磨法制备糊精包埋物，收率及挥发油的利用率均较高，快速简便，适合于工业化大生产，且某些挥发油的包埋还优于饱合水溶液法。金锋以大豆分离蛋白、阿拉伯胶、明胶、异维生素C钠为壁材，蔗糖酯和卵磷脂为混合乳化剂，研究了维生素E微胶囊化的配方和工艺。另外，类似的还有组织捣碎法，如苍术挥发油β-环糊精包埋物的制备。

将β-环糊精制成饱和水溶液，加入被包埋物（在水中不溶，可用适当溶剂溶解后加入，或中药的挥发油，可将挥发油蒸馏液直接加入），搅拌混合物，冷藏、沉淀、过滤、洗涤、干燥即得。用饱和水溶液法制备包合物，应注意控制被包埋物和β-CD的浓度，否则易造成被包埋物和β-CD单独析出。在溶液中加入少量的第三种组分，对包埋过程有重要的影响，如聚乙烯吡咯烷酮（PVP）、聚乙二醇（PEG）常能增加被包埋物与

β-CD的包埋作用，使形成的包埋物更加稳定。

（四）挤压法

挤压技术的工作原理是将混悬在一种液化的碳水化合物介质中的混合物经过一系列模孔，用压力将其挤进一种凝固液的液浴中，当混合物接触到凝固液时，包裹材料从溶液中析出，对囊心包覆并发生硬化，结果形成挤压成型的细丝状微胶囊。从凝固液中把这种细丝分离出来，并加入抗结块剂，同时加以干燥，即可得到初级产品微胶囊。

挤压法是一种比较新的微胶囊技术，因为其处理过程采用低温方式，所以特别适用于包埋各种风味物质、香料、维生素C和色素等热敏感性物质。

1. 挤压设备

目前用于微胶囊的挤压机可分为单螺杆和双螺杆两种规格。单螺杆挤压机主要由一个从细渐粗、螺距从宽渐窄的螺杆推动物料，在输送过程中，螺杆外径变大，机体内部容积变小，磨擦生热，从而使原料温度升高，物料的流动性增加然后从模具挤出，达到挤压的目的。而双螺杆挤压机则是由两根平行螺杆轴组成，由于螺旋间紧密啮合，在旋转输送物料时，粘附在螺旋上的物料也会被另一根螺旋刮下来，向前推进，物料在控温条件下强力输送被压缩、混合、混炼、剪断、熔融、成型等过程能在极短的时间里全部完成。这两种不同的挤压机各有特点，在用于生产微胶囊香精时要根据所要包裹芯材、壁材的不同选择合适的设备，才能达到良好的微胶囊化效果。

2. 挤压微胶囊常用壁材

影响挤压微胶囊产品的一个主要因素就是所选用的壁材，可以说壁材的好坏在很大程度上决定了产品对外界环境的耐受性。目前能够用在挤压微胶囊中使用的壁材一般以糖类为主，包括麦芽糊精（DE值范围为5～20，最佳的DE范围为10～20）、淀粉及其衍生物（如辛烯酸唬拍酸改性淀粉）、葡萄糖、果糖、乳糖、核糖、木糖、蔗糖、麦芽糖，另外有时也将玉米糖浆作为壁材。除了上述的壁材以外，有时还会加入其他一些物质，如乳化剂、多元醇（甘油或丙二醇）、脂肪、食用酸和二氧化硅树脂来改变壁材的性质，以便更好的保护芯材，避免受外界光、热和氧的作用而失去原有的风味。

3. 水分含量对挤压微胶囊的影响

玻璃态是一种最为稳定的物理状态，当处于玻璃态时分子热运动能量很低，只有较小的运动单元，大部分的运动单元都处于冻结的状态。挤压法是将香精在惰性气体的保护下分散于熔化的糖类物质中，然后将其通过压力挤入冷却介质中迅速脱水、降温从而得到的一种含有香精的玻璃态产品。由于在这一过程中形成了玻璃态的产品，因此所制成的香精的微胶化产品具有非常好的稳定性。评价玻璃态Tg（玻璃化转变温度）是一个重要的指标，水在挤压过程中是一个很好的增塑剂，但是水分的含量对于玻璃化转变温度有很大的影响，一般来说，水分含量增加1%，玻璃化转变温度下降5%～10%。因此研究挤压法生产微胶囊时，水分含量对微胶囊稳定性的影响是决不能忽视的。

二、化学法

（一）界面聚合法

界面聚合法的原理是将两种活性单体分别溶解在互不相溶的溶剂中，当一种溶液被分散在另一种溶液中时，两种溶液中的单体在相界面发生聚合反应而形成囊。

界面聚合法既适用于制备水溶性芯材的微胶囊，也适用于制备油溶性芯材的微胶囊。在乳化分散过程中，芯材溶解在分散相中，水溶性芯材分散时形成油包水型乳液，而水不溶性芯材分散时形成水包油型乳状液。一般在反应前，将芯材分散在一个溶有反应物A的溶液中，然后将该溶液分散到连续相中，同时加入适当的乳化剂，得到水包油或油包水型乳状液，再在连续相中溶解第二个反应单体B。两种单体分别从两相内部向乳状液液滴的界面移动，迅速在相界面发生聚合反应，形成聚合物，将芯材包裹形成微胶囊，并从液相中分离出来。

（二）原位聚合法

与界面聚合法不同的是，原位聚合法单体成分及催化剂全部位于芯材液滴的内部或者外部，发生聚合反应而微胶囊化。实现原位聚合的必要条件是：单体是可溶的，而聚合物是不可溶的，所以聚合反应在分散相芯材上发生。反应开始，单体首先发生预聚，然后预聚体聚合，当预聚体聚合尺寸逐步增大后，沉积在芯材物质的表面。由于交联及聚合的不断进行，最终形成芯材物质的微胶囊外壳。

（三）锐孔法

界面聚合和原位聚合法均是以单体为原料，并经聚合反应形成囊壁。而锐孔法则是因聚合物的固化导致微胶囊囊壁的形成，即先将线性聚合物溶解形成溶液，当其固化时，聚合物迅速沉淀析出形成囊壁。因为大多数固化反应即聚合物的沉淀作用，是在瞬间进行并完成的，故有必要使含有芯材的聚合物溶液在加到固化剂中之前，预先成型，锐孔法可满足这种要求，这也是该法的由来。

（四）物理化学法

1. 复合凝聚法

凝聚法的原理是，首先将芯材稳定地乳化分散在壁材溶液中，然后通过加入另一物质，调节pH值和温度，或者是采用其他特殊的方法，降低壁材的溶解度，使壁材自溶液中凝聚包覆在芯材周围，实现微胶囊化的过程。明胶和阿拉伯胶系统是研究最为深入的适合于凝聚的胶质系统，近年来也研发有许多新的具有优良特性的凝聚系统，比如壳聚糖和海藻酸钠凝聚系统等。

复凝聚法的显著优点是工艺简单，制备过程温和，微囊化的生物活性物质的活性在制备过程中损失很少或不损失，设备简单投资少，易过渡到工业化生产。现在的凝聚法主要用来包埋香精油，是一种非常有前景的特殊的微胶囊化技术，因为该法制得的微胶囊包埋率可达到99%，这是其他制备技术望尘莫及的。

郭虹等以辣椒油树脂为芯材，明胶和阿拉伯胶为壁材，采用复凝聚法制得辣椒油树脂微胶囊。万义玲等人以壳聚糖和海藻酸钠为壁材，以自制鱼油为芯材，采用复凝聚法制备了鱼油微胶囊产品，得出了制备鱼油微胶囊的最佳工艺条件为：芯材与壁材的比为1∶2，壁材原料为壳聚糖与海藻酸钠（质量比为2.5∶1），乳化剂用量为0.1%，戊二醛用量为3.5mL，pH值为9，反应温度为60℃，乳化搅拌速度为800 r/min。

2. 干燥浴法（复相乳化法）

该法的基本原理是将芯材分散到壁材的溶剂中，形成的混合物以微滴状态分散到介质中，随后，除去连续的介质而实现胶囊化。

首先将成膜聚合物材料溶解在一个蒸汽压比水高、沸点比水低、与水不混溶的有机溶剂中，接着将芯材的水溶液分散在该有机溶液中形成W/O型乳状液。然后，边搅拌边将乳状液分散到含有保护胶体稳定剂的水溶液中，形成W/O/W型双重乳状液。该体系非常稳定，由水溶液微滴和包覆这些水溶液微滴的有机聚合物组成的液滴悬浮于水中，通过加热、减压或溶剂萃取将聚合物干燥，硬化了的聚合物薄膜就包围住分散的水相从而形成了微胶囊。大多数情况下，壁材溶于挥发性溶剂中。

第三节　微胶囊常用壁材及其特点

微胶囊制备的过程中，壁材的组成与选择对微胶囊的性质至关重要，而这也是获得高微胶囊化效率、性能优越的微胶囊产品的重要条件之一。对于壁材的选配，一般从以下几方面来考虑，首先，要能与芯材相配伍但不发生化学反应；其次，还要考虑高分子包埋材料自身的物理、化学性质，如溶解性、吸湿性、稳定性、机械强度、成膜性和乳化性等；最后，壁材还应价格合理，且容易获得。常用的壁材按其化学性质可分为碳水化合物类、亲水性胶体类以及蛋白质类。以下将对这3类壁材性质及其应用现状进行概述。

一、碳水化合物类

碳水化合物，包括淀粉、淀粉糖浆干粉、麦芽糊精、壳聚糖、小分子糖类等常被用作微胶囊壁材，这是因为它们在高固体含量时仍表现较低黏度，且具有很好的溶解性。然而，除淀粉外，大都缺乏达到高微胶囊化效率所需的界面特性，单独使用不能有效地包埋住油脂，因此它们通常与蛋白、胶体等复配使用，以提高微胶囊膜的致密性。

1. 变性淀粉

变性淀粉，即在淀粉所具有的固有特性的基础上，为改善淀粉的性能和扩大应用范围，利用物理、化学或酶法处理，改变淀粉的天然性质，增加其某些功能性或引进新的特性，使其更适合于一定应用要求的淀粉。微胶囊化过程中使用最广泛的变性淀粉是辛烯基琥珀酸淀粉酯（n-Octenylsuccinate Derivatised Starch），简称n-OSA淀粉。它是在淀粉链的基础上，引入了疏水侧链（辛烯基），从而具有了两亲性质。n-OSA淀粉乳化性和成膜性能高，具有溶液黏度低、易干燥、不易吸潮等优良性能。其主要靠淀粉大分子产生的空间位阻作用来稳定乳化体系，与其他生物高聚物类似，较之小分子乳化剂其吸附到油水界面的速度较慢，适宜应用于制备过程中物料停留时间较长的设备，如多级高压均质机、胶体磨等，以便与料液有更多的接触机会，这一特性也可有效防止放置阶段油滴的重聚。

喷雾干燥法是食品工业中最常用的微胶囊化技术之一。通过喷雾干燥技术制备微胶囊产品时，为使料液获得较高的固形物含量并防止过多的空气混入微胶囊产品，低黏度的n-OSA淀粉是较理想的选择。

2. 壳聚糖

壳聚糖是由甲壳素经浓碱处理脱乙酰基后的产物，其分子的刚性结构更使其适合应用在微胶囊领域。研究者针对壳聚糖在药物的缓释方面已开展了大量的研究工作，但在食品或食品配料的包埋方面相关的报道还不是很多。

在微胶囊的制备过程中，壳聚糖与二醛或三羧酸的交联物常被作为壁材使用，其脱乙酰程度、分子量大小、黏度等都会影响产品的性能。

3. 其　他

一些乳化性较差甚至没有乳化性的碳水化合物，如麦芽糊精、玉米糖浆等淀粉水解产物，或是蔗糖、葡萄糖、乳糖等小分子碳水化合物可以作为填充剂与大分子壁材复配，起到补充包埋的作用，又因为它们来源广泛，价格低廉，有助于降低微胶囊产品的成本。麦芽糊精的葡萄糖当量（Dextrose Equivalent, 简称DE）值较低，即体系中存在较少的还原糖，所以在与蛋白质共存的高温条件下发生褐变反应的程度较小，可作为惰性壁材用于敏感性化学物质，如香精香料、药物等的微胶囊化。麦芽糊精还具有抑制结晶性糖，如蔗糖等晶体析出的作用，以保证产品的玻璃态。

以小分子糖作为复配壁材制备的微胶囊产品在贮藏过程中会遇到结块、结构塌陷及重结晶的问题。Le Meste等人将结块解释为当表面黏度达到一个临界值时，邻近粒子间内部键相互作用所致。Drusch利用n-OSA淀粉分别与葡萄糖或海藻糖为复合壁材包埋鱼油，结果表明，海藻糖较葡萄糖显示出更好的包埋特性，在相对湿度较低时，海藻糖作壁材的样品氧化速率明显降低；而在相对湿度较高条件下，海藻糖的结晶化作用使样品快速氧化，限制了其应用。

二、亲水胶体

亲水胶体通常是指能溶解于水，并在一定条件下充分水化形成黏稠、滑腻或胶冻溶液的大分子物质，在食品、医药、化工及其他许多领域中广泛应用。亲水胶体按来源可分为：植物分泌物，如果胶、瓜尔豆胶、阿拉伯胶等；微生物发酵、代谢产物，如黄原胶、结冷胶等；海藻胶提取物，如卡拉胶、琼脂、海藻酸盐等。近些年，针对各种单体胶在微胶囊领域的应用已展开了广泛的研究，许多学者也致力于胶体之间或胶体与其他种类壁材的复配，以达到胶体单独使用时不具备的性能。

1. 阿拉伯胶

阿拉伯胶具有突出的乳化性能，是微胶囊及乳状液领域使用最广泛的商业胶。阿拉伯胶约由98%的多糖和2%的蛋白质组成，蛋白质片段的存在对其乳化性有着不可或缺的作用，但因蛋白成分对高温较为敏感，长时间高温加热会导致其乳化性能下降。阿拉伯胶易溶于水形成低黏度溶液，配置成50%浓度的水溶液时仍具有流动性，这是其他亲水胶体所不具备的特性之一。

Buffo等人指出，对于阿拉伯胶的前处理会影响所制备乳状液的稳定性，加热杀菌、利用阳离子树脂去除矿物质都会促进乳状液的稳定，且二者具有交互作用；此外，乳状液在pH值为2.5时不如在更高pH值环境下（pH值为4.5和5.5）稳定，因为较高的离子强度会使水相中液滴表面的电荷产生屏蔽效应，引起乳状液失稳。在实际微胶囊化过程中，Krishnan等人分别以琥珀酰蜡状玉米淀粉、麦芽糊精和阿拉伯胶作为壁材包埋小豆蔻科油脂，结果表明，在贮藏过程中阿拉伯胶显示出对芯材更好的保护作用，且产品具有较好的流动性。

阿拉伯胶虽然是使用最广泛的微胶囊壁材，但其性能很难达到标准化，不同的植物品种、地理及气候差异、采收后处理等都会造成其理化指标的改变。性能的不稳定及昂贵的价格都在一定程度上限制了阿拉伯胶的应用。因此，寻找与阿拉伯胶具有相同包埋效率的廉价壁材已成为许多研究者关注的问题。

2. 果　胶

果胶是从植物细胞壁中提取的天然多糖类高分子化合物，柑橘果皮、苹果糊、甜菜浆等是提取果胶最常见的原料。各种果胶的主要差异在于它们的酯化度不同，根据果胶分子中酯化的半乳糖醛酸基的比例可将其分为高甲氧基果胶和低甲氧基果胶（酯化50%为区分分界点）。果胶分子的乳化性能与许多因素相关，如分子量大小、蛋白质含量、乙酰基含量等。

Akhtar等人采用酯化程度为70%、分子质量不等（48～146kg/mol）的解聚柑橘果胶制备乳状液，结果表明，pH值为4.7时，分子质量70kg/mol的果胶可在较少使用量下（4%）制备稳定性较好的乳状液；但当pH值为7，或使用分子质量过高或过低的果胶，及在体系中加入Ca^{2+}的情况下，乳状液的稳定性都会有所下降。

不同来源的果胶在性能上也会存在差异。Leroux等人的研究表明，果胶（2%）可在使用量远小于阿拉伯胶（15%）的情况下制备出性质相似的乳状液；甜菜果胶较之柑橘果胶所制备的乳状液粒度分布更窄且更稳定，这可能与其含有更多的蛋白和乙酰基团有关，也可能是因为构象上的差异造成的。此外，Sharma等人将番茄中提取的高甲氧基水溶性番茄果胶与高甲氧基商业柑橘果胶进行比较，表明在凝胶和乳化性能方面，柑橘果胶略优于番茄果胶；随体系中蔗糖、果胶含量增加及pH值降低，二者凝胶强度均有所增强。直接利用果胶作为壁材的报道还不是很多，Drusch研究了以糖用甜菜果胶（2.2%）复配葡萄糖浆为壁材包埋鱼油，并表明甜菜果胶可被视为一种新型壁材用于亲脂性食品成分的包埋，以替代牛奶蛋白、阿拉伯胶等传统壁材。

3. 黄原胶

黄原胶是由细菌产生的阴离子细胞外多糖，在低浓度时便可形成高黏度溶液。黄原胶与瓜尔豆胶共存时产生增效作用，体系黏度增大，与角豆胶共同使用则形成热可逆凝胶。文献报道，在油/水乳状液中加入低浓度的黄原胶会增加油水体系分层的机会，这可能与原位絮凝有关；而高浓度的黄原胶可起到减缓乳状液分层的作用，因为连续相表观黏度的增加可阻碍分散油滴的运动。黄原胶多被用于与阿拉伯胶或蛋白等成分复配共同制备乳状液，Sun等人考察了将黄原胶加入到以2%乳清蛋白稳定的20%鲱鱼油乳状液中，结果表明，在黄原胶为0.2%时产生大量絮凝并导致乳状液胶凝；随黄原胶浓度继续增加直至达到0.5%时，乳状液又只有很少或没有絮凝发生，但高浓度的黄原胶会加速乳状液中的油脂氧化，因为其会与未吸附的乳清蛋白反应抑制其抗氧化效果。

4. 其他胶体

除传统胶体外，一些新型壁材也受到了特别的关注。Ercelebi等人考察了3种亲水胶体（果胶、瓜尔豆胶、卡拉胶）的加入对于由乳清蛋白制备的乳状液性能的影响，结果表明果胶或瓜尔豆胶与乳清蛋白的复配因热力学不相容导致乳状液发生了相分离，而具有高凝胶化能力的卡拉胶则未引起明显的相分离；在不发生相分离的浓度下，随果胶和瓜尔豆胶浓度的增加，乳状液稳定性提高，可能是由于多糖能够在蛋白质吸附层的外部再形成一层致密的保护层，进而提高空间位阻效应，并且高浓度的胶体也能提高体系黏度，阻止油滴的运动。此外，乳状液的油相上浮现象也随果胶和瓜尔豆胶浓度的增加而受到抑制。Beristain等人报道，豆科灌木胶价格低廉，该研究小组分别采用豆科灌木胶，或其以一定比例与阿拉伯胶、麦芽糊精复配作为壁材包埋橘皮油及小豆科香精油，均得到了微胶囊效率较高的产品。随后Huang等人研究了葫芦巴胶、阿拉伯胶、刺槐豆胶、黄原胶等14种胶体的乳化性能，通过对乳状液离心和贮藏稳定性的测定表明，葫芦巴胶所制备的乳状液最稳定，且葫芦巴胶在降低气/水、油/水界面张力方面能力也最强。

三、蛋白质类

蛋白质因其具有良好的功能特性而被作为壁材广泛应用于微胶囊领域，它会起到促进乳状液形成，并通过减少界面张力及在油滴周围形成一层保护膜而达到稳定乳状液的效果。最常使用的蛋白质包括动物来源的乳清蛋白、酪蛋白、明胶等，以及植物来源的大豆蛋白等。蛋白质含量、质构、蛋白和非蛋白成分的组成等内在的差异，以及外界温度、离子强度、pH值等外界因素都会对其功能性质造成影响。Tesch等人指出，由于蛋白质对乳状液的稳定作用主要依靠静电斥力，pH值对于其乳化效果会有很大影响，而由淀粉制备的乳状液不受静电斥力主导，因此在接近等电点的低pH值范围内，可用n-OSA淀粉替代蛋白质。

1. 酪蛋白酸钠

牛乳中所含的酪蛋白多以胶束的形式存在，以碱性物质处理酪蛋白可将其转变成溶解性良好的蛋白类亲水胶体，酪蛋白酸钠是其中最重要的一种。环境条件的改变会对酪蛋白酸钠的乳化性造成较大影响，其在等电点时乳化性最差，在碱性环境下乳化性随pH值上升而提高；又因为其耐热性较好，在加热到130℃以上才会被破坏。Faldt等人指出，酪蛋白酸钠是较乳清蛋白更优越的微胶囊壁材，而在喷雾干燥过程中，酪蛋白酸钠与乳糖的组配会显著提高油脂微胶囊的性能。

2. 乳清蛋白

乳清蛋白是干酪生产过程中的副产品经浓缩精制而得的一类蛋白质，主要分为乳清浓缩蛋白（WPC）和乳清分离蛋白（WPI）两大类，WPI的蛋白质含量不低于90%。乳清蛋白的来源会显著影响脂肪球的大小及随后发生的聚合现象，相比较于WPC，WPI更适合作为微胶囊化过程中的乳化剂。Hogan等人也指出尽管WPC具有稳定乳状液的表面活性，但其稳定油滴的能力较差，且不适合单独作为包埋大豆油的壁材。因此，在实际应用过程中，乳清蛋白常与碳水化合物复配使用。碳水化合物的加入会显著改善以乳蛋白为壁材的油脂微胶囊的包埋效率或氧化稳定性。

3. 明　胶

明胶来源于动物结缔或表皮组织中的胶原蛋白具有良好的乳化性、成膜性、水溶性，且来源广，价格低，符合作为微胶囊壁材对材质的要求。在以明胶为壁材包埋蜂胶的过程中，甘露醇的加入会使微胶囊的外观得到改善，且减少了颗粒的接合与成团现象。Shu等人以明胶和蔗糖复配包埋番茄红素，并考察了芯壁比、明胶与蔗糖比例及制备工艺对于微胶囊化产率、效率和产品性能的影响。

4. 大豆蛋白

大豆蛋白作为一种重要的植物蛋白资源，主要分为大豆浓缩蛋白（SPC）和大豆分离蛋白（SPI）两大类。SPI是经过提取、分离等纯化过程，将碳水化合物等非蛋白成分除去的精制蛋白产品，其蛋白质含量达90%以上，因此成本也较高。在利用WPI或SPI与高浓度葡萄糖浆的热混合物包埋油脂的过程中，WPI参与包埋的油脂具有更高的微胶囊化效率和更优的抗氧化性能，相对较低的溶解性可能是造成SPI乳化性不佳的原因。Hu等人指出，WPI比SPI制备的乳状液具有更小的粒径和更好的氧化性稳定性。但也有研究者表示，在喷雾干燥制备橙油微胶囊的过程中，SPI较WPI是更适的包埋剂。蛋白来源及芯材的差异可能是造成以上结果的原因。

微胶囊技术的引入对于食品中敏感成分的保护，风味、感观方面的修饰都有着重大的意义，而壁材的组配又对微胶囊产品的功能和性质起着决定性的作用。近年来，对于新壁材的探索已不再局限于几种材质的简单混合，Augustin等人就提出利用蛋白质和碳水化合物在高温下的美拉德反应产物包埋易氧化的成分，如鱼油等。研究表明，美拉德反应能够改善蛋白质的溶解性，提高蛋白质的乳化性能，其产物具有良好的抗氧化功能并可以在油相外形成一层稳定的保护囊壳。

第四节　微胶囊技术在食品工业中的应用现状及前景展望

一、微胶囊技术在食品工业中的应用

（一）功能性油脂的微胶囊化

随着油脂与肥胖症、动脉硬化、冠心病等有密切关系的各类报道的增多，消费者对食品中的脂肪越来越敏感。为此，开发具有理想的脂肪酸组成、良好生理功能和营养价值的功能性油脂，成为油脂研发的热点。然而，由于油脂中的功能性成分对环境的敏感性，使功能性油脂的应用受到限制。

功能性油脂是一类具有特殊生理功能的油脂，对人体有一定保健功能、药用功能以及有益健康，是指那些属于人类膳食油脂，为人类营养、健康所需要，并对人体一些相应缺乏症和内源性疾病，特别是现今社会文明病（如高血压、心脏病、癌症、糖尿病等）有积极防治作用的一大类脂溶性物质。主要包括有多不饱和脂肪酸、磷脂类以及现在新兴起的结构油脂。

对于功能性油脂而言，微胶囊造粒技术就是将功能油脂微胶囊化成为固体微粒产品的技术。微胶囊化能保护被包裹的物料，使之与外界环境相隔绝，最大限度地保持功能性油脂原有的功能活性，防止营养物质的破坏与损失，从而防止或延缓产品劣变的发生。同时，它使油脂由液态转化为较稳定的固态形式，便于工业化的加工、贮藏和运输。另外，微胶囊技术还可以掩盖某些油脂（如鱼油）所带有的不良气味，改善产品品质，有利于扩展产品的使用范围。

功能性油脂微胶囊化主要方法及特点见表5-2。

表5-2 功能性油脂微胶囊化主要方法及特点

方 法	原 理	特 点	主要壁材
喷雾干燥法	乳化分散液经雾化形成非常细微的雾滴并与干燥介质均匀混合，进行热交换和质交换	干燥速率高，时间段适用于热敏性物质，产品颗粒均匀且溶解性好，生产操作简单，适用于连续化生产；产品颗粒过小流动性差，且包埋量大时芯材物质会吸附于微胶囊表面，微胶囊表面会有微孔或缝隙导致囊壁致密性差	阿拉伯胶、麦芽糊精、玉米糖浆、变性淀粉、单甘脂、蔗糖酯等
复合凝聚法	相反电荷的聚合物间发生静电作用，使得溶解度降低产生相分离	工艺简单易控、效率高、产量高，产品具有控释特点；但工艺需消耗大量凝聚剂，使其成本高，易含大量化学成分	明胶、酪蛋白、阿拉伯胶、海藻酸钠、羧甲基纤维素等
包接络合物法	利用β-环糊精作为载体，在分子水平上进行包含	无需特殊设备，成本低；产品吸湿性低，不易吸潮结块，可以长期保存；产品载量低，对芯材分子大小要求严格	β-环糊精

1. 喷雾干燥法

喷雾干燥法制备微胶囊时，芯材物质与壁材混合物在热气流中被雾化成无数微小液滴，使溶解壁材的溶剂受热迅速蒸除，促进壁膜形成并固化，由于壁膜的筛分作用，小分子的溶剂能顺利地不断移出，而分子体积较大的芯材物质则滞留在壁膜内，被包覆成为粉末状固体微胶囊。由于干燥过程极短，物料中水分吸收热能而快速蒸发，使芯材物质始终处于冷却状态而免遭破坏。对于功能性油脂而言，高温会影响甚至破坏其功能成分，需采用能保护芯材物质的生产工艺。喷雾干燥法工艺设备简单，操作控制方便，成本低，因而成为油脂的微胶囊造粒最常见和最经济的方法。对于喷雾干燥微胶囊化，其进料浓度、乳化过程、进料及进出风温度、干燥速率等工艺参数对产品质量和包埋率均有较大影响，因此确定这些工艺参数成为功能性油脂微胶囊研发的一个要点，目前相关研究成果见表5-3。

表5-3 喷雾干燥法制备功能性油脂微胶囊化研究

芯 材	壁 材	喷雾干燥塔类型	工艺条件	研究者
鱼油	明胶、蔗糖及黄原胶	压力式	进风温度115℃，出风温度75℃，喷雾压力100kPa	黄卉
	麦芽糊精、变性淀粉、乳清蛋白	压力式	进风温度180℃，出风温度65℃，喷雾压力310kPa	Jafari
	变性淀粉	气流式	进风温度180℃，出风温度80℃	解秀娟
	淀粉衍生物、葡萄糖浆、天然果胶	气流式	进风温度170℃，出风温度70℃	Drusch
亚麻籽油	明胶、乳清浓缩蛋白、大豆分离蛋白、变性淀粉	气流式	进风温度175℃，出风温度75℃	陈晶
	阿拉伯胶、麦芽糊精	气流式	进风温度170℃，出风温度70~80℃	Tonon
	玉米醇溶蛋白	气流式	进风温度135℃，出风温度55~60℃	Sócrates
沙棘籽油	柠檬酸单甘酯、蔗糖酯170、蔗糖酯1570	气流式	喷雾干燥进风温度低于210℃，出风温度100℃左右	聂斌英
	亚麻籽胶	离心式	进风温度为180℃，出风温度为80℃，雾化器转速24 000r/min，进料速度为40.21mL/min	徐海萍

2. 复凝聚法

复合凝聚法是指由两种或多种带有相反电荷的高分子材料作壁材，将芯材分散在壁材的溶液中，在适当条件下（如改变pH值），使得相反电荷的聚合物间发生静电作用。相反电荷的高分子材料互相吸引后，溶解度降低并产生了新的复合凝聚相，复合凝聚相形成时，它和上清液中的稀释液达到平衡，在这个两相体系中，稀释液是连续相，复合凝聚相是分散相。当一个水不溶的芯材分散到这个体系中，复合凝聚相湿润芯材，分散的芯材液滴或微粒自然而然地被凝聚相包覆，这种液体膜固化后就形成微胶囊。复合凝聚技术能够允许微胶囊大小和载量的较大变化，具有高的包埋产率，能够生产出小粒径的微胶囊。通过这种方法生产的微胶囊具有疏水性的芯材和水溶性的胶囊壁材。

起初，复合凝聚微胶囊主要应用于无碳复写纸、纺织品当中。但由于其优异的控制释放特性，在食品、医药等领域也引起了越来越多的关注。国外有报导采用复合凝聚法生产耐高温葱油、PUFA、风味油和药物等的微胶囊化，产品具有良好的耐高温高湿和控制释放特性。复合凝聚微胶囊的囊壁具有刚性的交联网状结构，在高温、高湿的环境中，微胶囊的结构保持完整，能够较好地保护内部芯材，尤其适合于包埋一些热敏性、易氧化、易挥发的物质。因此，复合凝聚成型可作为维生素、多酚、不饱和脂肪酸、多肽微胶囊化成型的新技术。复合凝聚成型技术在功能食品微胶囊化包埋中应用受到限制的主要原因是制备过程中普遍使用甲醛、戊二醛等化学桥联剂作为固化剂，甲醛、戊二醛是具有强烈制癌性的物质。因此，寻找可食用的固化剂就成为该技术研究的重点。

由于两相的分离是可逆的，凝聚相的构成和数量不仅受pH值、温度和体系浓度的影响，而且也受体系中离子浓度的影响。因此，在实际微胶囊化过程中，根据变化的参数，可分为调节pH值法、调节温度法和稀释法3种。在功能性油脂研发中，明胶与阿拉伯胶的组合研究最多，如王海鸥心等按鱼油：阿拉伯胶：明胶=1：1.2：0.8比例投料，采用复凝聚法制备鱼油微胶囊，提高了精制鱼油对光、热、湿的稳定性。路宏波等以鱼油为芯材，明胶和阿拉伯胶为壁材，以谷氨酰胺转氨酶为固化剂，采用复合凝聚法制备鱼油微胶囊，研究了鱼油微胶囊的制备工艺、抗氧化性质及微胶囊化对鱼油风味的影响。结果表明：在40℃，pH值为4.0，明胶：阿拉伯胶为1：1，壁材总浓度为1%，芯壁比为1：2，搅拌速度为400r/min的条件下能够制备出囊壁光滑、大小均一的球形多核微胶囊。固化时谷氨酰胺转氨酶用量为25U/g明胶，固化时间为4h，微胶囊化产率和效率分别达到94.79%和93.11%。Ocak等以明胶为壁材，戊二醛为交联剂，以山茶油为芯材，研究了明胶浓度、戊二醛添加量及山茶油载量对微胶囊包封率及释放特性的影响。

功能性油脂微胶囊不仅起了保护其中功能成分、防止氧化的作用，而且作为粉末状油脂，还具有稳定性高、流动性好，产品颗粒大小均匀并能按照实际需要调整生物消化率、吸收率、生物效价高等特点。

因此，这种微胶囊可作为一种营养强化成分添加于食品当中，如用于乳品（婴幼儿、中老年、孕妇、产妇等配方奶粉，含乳饮料）、婴儿食品（婴幼儿米粉、米糊）、糕点、冷食、饮品、面食、糖果、肉制品等的加工，生产出高质量、上档次的功能性产品，同时也为开发新产品提供了性能优良的原料。另外，可以把微胶囊化油脂制成具有良好的营养价值和生理功能的功能性保健食品，供消费者直接食用。

（二）类胡萝卜素的微胶囊化

类胡萝卜素（Carotenoids）是主要的食品天然色素之一，广泛存在于自然界各种植物中。它是由8个异戊二烯基本单位组合成的多烯链，通过共轭双键构成的一类化合物或其氧化衍生物，类胡萝卜素分子中最重要的部分是决定生物功能和颜色的共轭双键系统。通常所说的类胡萝卜素是40碳的碳氢化合物（胡萝卜素）和它们的氧化衍生物（叶黄素）两大类色素的总称。自然界中存在着600多种类胡萝卜素，大部分能被人体利用，其中的50多种具有维生素A原的活性。其中以β-胡萝卜素最为典型，作为维生素A原的活性也最强，被认为是人体获得必需的维生素A的重要来源。

类胡萝卜素卓越的生理功能奠定了其在食品等工业中的重要地位，然而由于β-胡萝卜素、番茄红素等主要类胡萝卜素均为脂溶性物质，在水中溶解性较差，而且它们对氧、热和光都不稳定，这使得它们在生产加工及应用中存在很大的局限性。为了解决这一难题，专家学者尝试了多种方法，其中最有效和应用最多的方法之一就是利用微胶囊技术将类胡萝卜素包埋，以提高其水溶性和物理化学稳定性，进而提高其生物利用率。

鉴于类胡萝卜素的不稳定性及其水溶性差的特点，国内外许多专家学者对β-胡萝卜素、番茄红素、辣椒红素、虾青素等类胡萝卜素的微胶囊化进行了广泛而深入的研究。美国专利US3998753介绍了一种含水且可分散的类胡萝卜素粉末的制备方法，其中类胡萝卜素的颗粒粒径达到0.1μm。该方法包括：①将胡萝卜素和抗氧化剂在一种挥发性溶剂溶解（卤代脂肪烃，如氯仿、四氯化碳和二氛甲烷）；②制备由十二烷基硫酸钠、水溶性载体组分如阿拉伯胶、防腐剂和稳定剂的水溶液，并调节该溶液的pH值为10～11；③通过在高速和高剪切条件下混合使步骤①和步骤②的溶液形成乳状液；④除去有机溶剂，将得到的乳状液进行喷雾干燥，即可使类胡萝卜素微胶囊化。卤代脂肪烃与水不混溶，在常温常压下即可溶解相当量的类胡萝卜素，因而工艺条件非常简单，而且类胡萝卜素粉末制备效果也较好，粉末粒径都很小。但其毒性太大，而且在蒸发去除溶剂时，在常规的工艺条件下很难达到食品安全要求。所以该方法有着很大缺陷，近年来研究者们改进了这种方法，选用乙酸乙酯、乙酸丙酯、乙酸异丙酯或乙酸丁酯等脂类作为溶剂，或选用植物油（如大豆油、葵花籽油等）作为溶剂。如代志凯等以辛烯基琥珀酸淀粉酯和β-环糊精为主要壁材，葵花籽油为溶解载体，硬脂酰乳酸钠（SSL）为乳化剂，并添加适量α-生育酚作为抗氧化剂，通过高温油熔和喷雾干燥方式研制高含量的β-胡萝卜素微胶囊产品。以微胶囊的包埋率为目标，利用单因素和混料实验设计优化β-胡萝卜素微胶囊的最佳工艺配方。结果表明：在微胶囊壁材含量占62%（β-环糊精和辛烯基琥珀酸淀粉酯分别占42%和20%）、葵花籽油21%、SSL 2%时可制得高含量的β-胡萝卜素微胶囊产品，产品包埋率、流动性及溶解性均能满足应用性要求。

李世伟等以明胶和阿拉伯胶为壁材，β-胡萝卜素为芯材，采用复合凝聚法制备球状多核β-胡萝卜素微胶囊。研究芯壁比、明胶/阿拉伯胶比率、pH值、搅拌速度及不同芯材等因素对复合凝聚微胶囊形态和粒径的影响。结果表明，制备复合凝聚球状多核β-胡萝卜素微胶囊的优化工艺为芯壁比1：2，明胶/阿拉伯胶比例1：1，pH值3.8，搅拌速度400r/min。该条件下，β-胡萝卜素微胶囊的产率为94.38%，效率为92.65%。通过β-胡萝卜素微胶囊同橘油、甜橙油微胶囊进行对比，β-胡萝卜素微胶囊平均粒径小于橘油、甜橙油微胶囊。李军等先将β-胡萝卜素溶解于植物油中，然后以明胶与蔗糖作为复合壁材，对β-胡萝卜素喷雾干燥微胶囊化过程中主要工艺参数进行了探讨，通过单因素分析、方差分析得出了最佳工艺条件：明胶以G200为宜，壁材中明胶与蔗糖的比例为3：17，喷雾干燥进风温度185℃，喷雾压力185kPa。此条件适于工业化生产，且β-胡萝卜素微胶囊稳定性得到了提高。朱选等以30% β-胡萝卜素—花生油悬浮液为芯材，比较了不同壁材对其微胶囊的影响。结果发现，蔗糖与明胶或水解大豆蛋白复合可有效实现β-胡萝卜素的微胶囊化作用，麦芽糊精不适合与蛋白质复配作为微胶囊壁材。蔗糖与明胶复配时，随蔗糖用量、明胶凝胶强度增加，贮存稳定性增强。在壁材中，明胶与蔗糖的比例为3：17，与水解大豆蛋白复配时，随蔗糖用量增加，微胶囊化效率与贮存稳定性也增加，水解大豆蛋白与蔗糖按6：14作为壁材。舒铂等以明胶和蔗糖作为复合壁材，采用喷雾干燥法对含51.5%的番茄红素提纯物的微胶囊化工艺进行了研究。结果表明，复合壁材中明胶与蔗糖比例为3：7，芯材与壁材比为1：4为宜。微胶囊化工艺参数为乳化均质压力为40MPa，时间为30min。喷雾干燥进料温度50℃，进风温度180～200℃，出风温度80～90℃。所得微胶囊产率为44.33%，效率为83.89%。王闯等以反式叶黄素晶体为芯材，辛烯基琥珀酸酯化淀粉和蔗糖为壁材，通过乳化、均质、喷雾干燥等工艺，制备叶黄素微胶囊。通过单因素试验和正交试验确定叶黄素微胶囊化最优的工艺条件为蔗糖占总壁材质量为10%、壁材质量浓度0.15g/mL、芯壁材质量比1：15、乳化剂添加量为总壁材质量的0.6%、胶体磨均质2次、进料速度400mL/h、进风温度160℃、出风温度80℃，所得产品微胶囊效率和产率分别为92.35%和90.27%，且品质良好。黄文哲等以新烯基琥珀酸淀粉酯和麦芽糊精为壁材，虾青素大豆油悬浊液为芯材，对喷雾干燥法制备虾青素微胶囊的配方和工艺进行了研究，并对微胶囊化虾青素与未微胶囊化虾青素进行稳定性实验。实验得到最佳工艺条件为：新烯基琥珀酸淀粉酯：麦芽糊精=1：1，均质压力为50MPa，进口温度为190℃，出口温度90℃。稳定性实验表明，虾青素的微胶囊化能够明显减少虾青素的氧化，虾青素稳定性提高近8倍。齐金峰以麦芽糊精、酪蛋白为壁材，分别用喷雾干燥、冷冻干燥制备叶黄素微囊。用8% HPMC的乙醇水溶液作为包衣剂，对喷雾干燥制备的叶黄素微胶囊进行二次包埋。以微胶囊化效率、表面形态等理化性质及贮存稳定性为主要指标，考察3种微胶囊化方法制备的叶黄素微囊的性能，并与美国进口的5%冷水溶叶黄素微囊产品进行比较。结果表明，二次包埋法制备的叶黄素微囊的性能最优，喷雾干燥法制备的叶黄素微囊的性能次之。传统的高温喷雾干燥法生产微胶囊化类胡萝卜素干粉，虽然干燥速度快，时间短，产品具有良好的分散性和溶解性，生产过程简单和操作控制方便，适用于连续化工业生产，但也存在一定的局限性，产品颗粒细、堆积密度小、复水易抱团、温度高活性成分易发生异构及产品稳定性欠佳等问题突出。而冷凝喷雾干燥技术能成功解决类胡萝卜素产品的这些缺陷，周迪等为此研究了冷凝喷雾干燥工艺条件对番茄红素微胶囊化产品的影响，通过单因素分析和正交实验确定了类胡萝卜素冷凝喷雾干燥的最佳工艺条件：乳液黏度500～1 000CP，乳液/淀粉流量比1/5，离心头转速900r/min，淀粉送风温度12.5℃，喷雾环孔径0.33mm，乳液温度45～55℃。冷凝喷雾干燥制备的产品颗粒圆整性好、流动性好，解决了高温喷雾干燥产品颗粒细、堆积密度小、复水易抱团、温度高活性成分易发生异构及产品稳定性欠佳等问题，是一条更适合微胶囊化番茄红素喷雾干燥工艺路线。

此外，复合凝聚法也是类胡萝卜素微胶囊化的常用手段。何玲等以海藻酸钠为壁材，对挤压凝聚复合法制取天然胡萝卜素微胶囊的主要参数进行了研究。结果表明，壁材浓度、壁材和心材质量比、液滴下落速度对微胶囊化的产率和效率影响较大，其最佳工艺参数为：壁材浓度20g/L，壁材与芯材质量比为3：1，液滴下落速度为60滴/min，pH值为5.0。选用人工挤压乳化法制备天然胡萝卜素微胶囊，与天然胡萝卜素溶液相比，其受外界环境的影响明显减弱，β-胡萝卜素分解速度减慢。

类胡萝卜素由于具有重要的营养价值和卓越的生理功能已成为多种功能食品的新原料，而微胶囊技术作为一种有效的商品化技术，与更多类胡萝卜素的开发相结合，有效提高产品的生物学效价，将会具有更广阔的应用前景。

（三）益生菌微胶囊化

益生菌是指具有生物活性，摄入量适当时可以对宿主产生有益作用的微生物，益生菌在改善人类和动物的胃肠道功能、抑制病原菌生长和促进动物机体生长等方面具有很好的效果，虽然益生菌在人的保健品和动物饲料添加剂中的应用越来越广泛，其良好的保健功能也被越来越多的消费者所接受。但在目前国内已有的益生菌制品仍普遍存在稳定性差的问题，益生菌在从生产加工、销售运输乃至经过胃部胃酸的杀菌作用到达肠道的过程中，需经受一系列不良的影响，这就导致到达肠道的活菌数大量减少，从而限制了益生菌生理作用的发挥，微胶囊技术就是解决该问题的有效方法。

1. 乳酸菌的微胶囊化

乳酸菌的微胶囊化制备一般采用安全且健康无害的原料，如海藻酸钠、壳聚糖、阿拉伯胶、果胶、卡拉胶等作为包材，采用不同方法进行微胶囊包被，但所有的微胶囊技术都离不开两个相同的步骤，即膜的形成和膜的固化。日本和韩国是较早将微胶囊技术应用于益生菌的国家，并且已申请多项专利，我国在这方面的研究相对起步较晚，但进展很快。乳酸菌的微胶囊化制备方法一般有锐孔—凝固浴法、挤压法及乳化法。

孙鹏等以海藻酸钠、β-环糊精为壁材，采用锐孔—凝固浴法制备了植物乳杆菌微胶囊，活菌数达到2.27×10^{11} cfu/g，且具有较好的耐酸性和肠溶性。挤压法是最普遍的利用亲水胶体制备微胶囊的方法，包括制备亲水胶体溶液，加入微生物细胞，挤压细胞悬液，使其通过注射式针头，以液滴的形式落入固定液中等过程。最终产品的形状和大小取决于针头的直径和液滴下落的距离。挤压法的优点是操作简单，成本低，能获得较高的细胞存活率。宁豫昌等采用挤压法与冷冻干燥相结合的技术，在海藻酸钠浓度为3%，氯化钙浓度为2%，脱脂奶粉浓度为4%，乳糖浓度为6%条件下制备鸡源乳酸杆菌微胶囊，包埋产率达到92.4%，制备的微胶囊耐酸性与肠溶性良好，试验证实利用微胶囊技术增强乳酸杆菌对不良环境的抗性、提高乳酸杆菌在加工和利用过程中的存活率是可行的。陈金子等研究了降胆固醇乳酸菌WB的微胶囊化工艺，并对微胶囊化后的产品进行了评价，结果显示：采用乳化法制备的胆固醇乳酸菌WB的微胶囊具有较好的耐酸性和肠溶性，且相对于冷冻干燥、喷雾干燥等方法来说，乳化法制备条件较温和，不会严重影响乳酸菌的活性。李旭华等以海藻酸钠、壳聚糖和明胶为主要壁材制备的鼠李糖乳杆菌LT22双层微胶囊颗粒具有较好的耐酸性和耐肠溶性，并具有较强的耐受短时高温性能，大大提高了鼠李糖乳杆菌LT22的抵抗力。

因为乳酸菌对加工、贮存条件要求较高，所以在微胶囊化的过程中也要注意工艺条件的控制，以提高其存活率，降低损失。刘阳等在研究中发现，保证混合液的合适温度对微胶囊的形成非常重要，如果温度高于乳酸菌的适宜生长温度（37℃）过多时会导致乳酸菌的活性受到影响。

2. 双歧杆菌微胶囊化

影响双歧杆菌制品品质最为关键的问题是产品销售和消费过程中活菌含量下降，这是由于双歧杆菌对氧极为敏感，对低pH值的抵抗力差，活性保持困难；双歧杆菌制剂（液体）在几天内活菌数就会下降一个数量级；对于干粉来说，在一般贮存温度（室温）下也会很快失活，活菌数会大量下降。另外，双歧杆菌活菌胃酸和胆盐耐受力也较差，因此，微胶囊技术应用于双歧杆菌的包被有着广阔的发展空间。

杨汝德等采用流化床微型包囊技术研制活性双歧联菌微囊微生态制剂在人工胃液中处理2 h后，存活率仍高60%，肠溶性效果良好。经37℃、空气相对湿度为70%的常规加速试验和常温留样观察，结果表明，含活性菌微囊的常温保存期在1年以上。戚薇等采用双层包囊法，即先以明胶、果胶、黄原胶等无毒害的天然材料包裹菌体，形成耐酸的保护层；再用海藻酸钠和壳聚糖交联形成耐酸性能更好的双层微胶囊，制得的微胶囊能抵抗胃酸等酸性条件，并能有效地提高菌体的保存期。

3. 酪酸菌的微胶囊化

酪酸菌又名丁酸梭菌，是一种专胜厌氧的革兰氏阳性芽胞杆菌，它可以在肠道内产生B族维生素、维生素K等物质，对机体具有保健作用，同时还可以增加人和动物体内血清中免疫球蛋白A和免疫球蛋白M的含量，提高机体免疫力。目前，酪酸菌的微胶囊化研究报道还很少，孙梅等对酪酸菌包埋剂的选择及包埋条件进行了试验研究，结果显示，海藻酸钠4%+明胶2.0%做包材效果最好，包埋后的活菌数达到2.4×10^{8} cfu/mL，形成的微胶囊颗粒粒度均匀，分散性好，且热稳定性显著提高，耐胃酸及胆盐效果显著增强。

由于益生菌，特别是乳酸菌、双歧杆菌等对营养条件要求较高，或对氧极为敏感，对低pH值的抵抗力差，因此其活胜保持较困难。另外，益生菌要对人体产生有益作用，必须在通过胃环境后仍有大量的存活菌到达肠道并定殖于肠黏膜上，但由于胃酸的杀菌作用，益生菌的活菌数在该过程中会大幅度下降。为了提高益生菌的保存期和耐受性，国外最早是采用菌株驯化的方法来获取耐氧及耐酸性菌株，但驯化后的菌株性能不稳定，因而人们转而研究采用微胶囊包被技术对益生菌进行保护。微胶囊化技术是21世纪重点研究开发的高新技术之一，在欧美一些国家和地区已成为一种应用普遍的食品加工方法。但目前对于微胶囊技术在益生菌上的应用来说，在理论和应用方而都还有一些问题需要深入探讨和研究。由于制备成本偏高、包材的安全性以及工业化生产设备尚不成熟等原因，目前的微胶囊技术应用于益生菌的保护研究大部分仍然停留在试验阶段，较少大规模生产。随着人们对益生菌保健功能的重视，以及对微胶囊认识的加深和研究的深入，微胶囊技术在益生菌保护方而必将会得到广泛的应用。

二、微胶囊技术发展前景展望

食品成分种类多，性质复杂，功能各异，它们和人们的日常生活及健康息息相关，这些物质在生产、贮运及使用过程中，往往存在如稳定性差，对光、热敏感，易氧化不易贮存，处于液态不利于贮藏、运输，以及具有不易被人们接受的不良风味与色泽，挥发性强、溶解性或分散性欠佳等缺点，因此极大地限制了其生产及使用。一直以来人们迫切希望寻找到一种能很好地保护这些物质，提高其稳定性和加工性的方法，使用微胶囊包埋技术可以较好地解决上述问题。

微胶囊技术是当今发展迅速且应用广泛的高新技术之一，在食品、日用化工、医药、生物技术等许多领域中得到了广泛应用。微胶囊技术可以使许多传统技术不可能解决的问题得以解决，尤其是在食品工业中，过去由于技术水平不高而不能开发的一些食品成分，现今通过微胶囊技术得以开发生产，因此国际上将微胶囊技术列入21世纪重点发展和推广应用的高新技术之一。

微胶囊技术作为一种食品加工新方法，在欧美已十分普遍。同国外先进技术相比，我国的微胶囊技术还处于起步阶段，微胶囊主要以进口为主，因此还需要进一步拓展微胶囊技术的应用领域及进行基础理论的研究。通过分析近年来的文献报道，微胶囊制备技术的研究将呈现如下趋势。

1. 新囊壁材料的不断开发与研究

微胶囊技术中壁材的种类与组成直接影响产品的性能及微胶囊化工艺，壁材的选择是进行微胶囊化首先要解决的问题。因此对新壁材的开发研究一直是微胶囊技术一个重要的研究方向。近年来研发的新型壁材有：①各类性能优良的变性微孔淀粉；②诱变或驯化特异微生物种合成的优质材料；③让蛋白原料和碳水化合物反应得到的美拉德产物等。

2. 微胶囊工业化生产技术及设备的研发

微胶囊化方法很多，且每年有大量的专利申请获得批准并进行转让，但其中绝大部分制备技术尚停留在发明专利上，没有形成工业化规模生产或应用范围过于狭窄，因此研发清洁环保、生产成本低廉、可连续批量生产的微胶囊工业化生产技术及设备是微胶囊技术发展的又一个重要课题，必须使许多实验室的研究成果尽早地投入实际生产。

3. 利用微生物为原料制备微胶囊

利用微生物为原料制备食品微胶囊也应该日益引起人们的重视，但是这方面的工作却开展不多。在人们日益重视和追求营养与健康的21世纪，天然绿色产品更符合消费者的需求。目前利用微生物进行微胶囊粉末油脂生产的研究已日益增多，配合微生物合成的天然壁材原料制得纯生物微胶囊制剂，必将在不久的将来拥有最广阔的市场。

4. 纳米微胶囊制备技术的研究

随着微胶囊技术向纵深发展，出现了很多新的微胶囊制备形态，比如纳米微胶囊。由于纳米微胶囊具有其独特性质，即近乎完美的分散性和融合性，使它的应用领域更为广泛。因此，设计新的技术来生产制造纳米微胶囊，引起了国内外学者的广泛关注。

5. 微胶囊技术基本理论的研究

微胶囊因其良好而特殊的功能特性，现已广泛应用于各行各业，其应用前景十分广阔。然而对于微胶囊技术本身，在理论上还有一些问题需要深入研究，如微胶囊的表征、芯材的扩散及控释机理等，目前这些问题尚无一个统一的理论指导。

第五节　微胶囊技术在食品工业中的应用实例

一、藻油DHA的微胶囊化

1. 实验材料

海藻油DHA，变性淀粉；酪蛋白，乳清粉，环糊精；麦芽糊精，明胶，吐温-80。

2. 试验设备

电子分析天平，高压均质机，高速剪切机，电子蠕动泵，压力式二流体喷雾干燥机，恒温磁力搅拌器。

3. 工艺流程

水相+油相→混合→高速剪切→均质→喷雾干燥→DHA微胶囊粉

4. 工艺流程要点

（1）水相：麦芽糊精、酪蛋白等在60～70℃下搅拌溶解。

（2）油相：适量玉米油、乳化剂预先加热到70℃，乳化剂溶解后在充氮条件下加入藻油DHA，同时不断搅拌。尽量缩短藻油混匀时间，避免DHA氧化。

（3）均质：将水相与油相在搅拌下混合，35～50MPa二次均质得到稳定的乳状液。

（4）喷雾干燥：取部分乳化液在进风温度180℃、出风温度80～90℃条件下喷雾干燥得到喷雾干燥DHA微胶囊。

5. 实　例

（1）将称取50g麦芽糊精、50g变性淀粉及50g酪蛋白酸钠加入至60℃热水中，高速搅拌使之完全溶解，形成水相。

（2）称取50 g藻油DHA，与玉米油等混合形成油相。

（3）用剪切机对步骤（1）所得水相在10 000r/min下进行高速剪切，并缓慢加入步骤（2）所得油相，在油相完全加入后，保持剪切10min，得到乳状液。

（4）应用高压均质机对上述步骤（3）所得乳状液于50MPa进行均质2次。

（5）将所得乳状液进行喷雾干燥，进风温度为180℃，出风温度为80℃，得到藻油DHA微胶囊颗粒。

二、叶黄素的微胶囊化

1. 实验材料

明胶；阿拉伯胶；叶黄素；氢氧化钠；醋酸。

2. 试验设备

电子分析天平；高速搅拌机；真空干燥机；恒温磁力搅拌器。

3. 工艺流程及要点

采用复合凝聚法制备叶黄素微胶囊的工艺流程见图5-6。

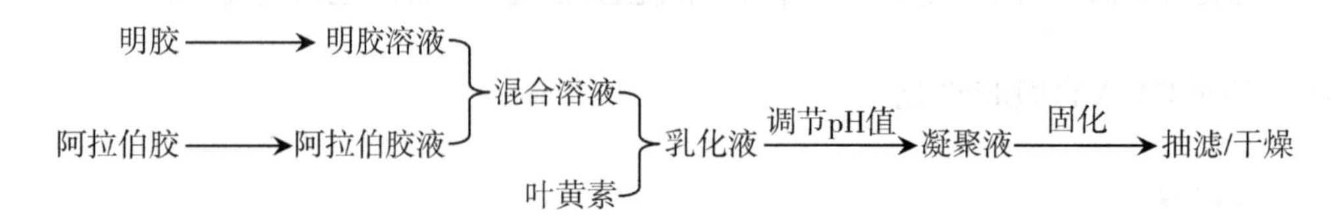

图5-6　复合凝聚法制备叶黄素微胶囊工艺流程

以明胶与阿拉伯胶作为壁材来进行芯材的包覆。首先是把心材分散在明胶水溶液中，在40～60℃条件下溶解。然后将聚阴离子即阿拉伯胶加入体系，调节聚合物的pH值以形成液态复合凝聚相。当将明胶溶液的pH值从其等电点之上调到等电点以下让它带正电，而此时阿拉伯胶仍带负电，由于电荷互相吸引交联形络合物，溶解度降低而凝聚形成微囊。

4. 实　例

（1）乳化：制备一定明胶、阿拉伯胶的溶液，阿拉伯胶：明胶=1：1，加入一定量心材进行乳化（芯壁比=1.25：1），搅拌速度550r/min，水浴温度45℃，30min；

（2）调pH值：调节pH值至4.4左右，乳化液进行凝聚，搅拌速度550r/min，水浴温度45℃，15min；

（3）固化：调节pH值至7.0左右，加入一定量丙三醇进行固化，搅拌速度350r/min，水浴温度0～10℃，30min；

（4）固化后的分散液静置一段时间，抽滤，干燥。

期间制备分散液玻片，置于偏光显微镜下进行形态观察拍照。

三、植物乳杆菌的微胶囊化

1. 实验材料

植物乳杆菌，海藻酸钠，无水氯化钙，磷酸氢二钾，盐酸，MRS固体培养基，MRS液体培养基，脱脂乳。

2. 试验设备

电子分析天平，恒温培养箱，显微镜，pH计，注射器，磁力搅拌器。

3. 工艺流程及要点

将培养所得的处于稳定期前期的植物乳杆菌经离心分离后，弃上清液，将收集到的菌体制成菌悬液，加入脱脂乳作为壁材成分之一，静置一段时间，加入到冷却好的灭菌海藻酸钠溶液中混合，搅拌均匀后，用玻璃注射器将混合液逐滴滴入冷却好的、灭菌的、一定浓度的氯化钙溶液中，固化一定时间，形成微胶囊，过滤取得样品，用清水漂去氯化钙残液，再用0.85%的生理盐水洗涤微胶囊表面菌体，即得植物乳杆菌微胶囊。

4. 实 例

（1）制备海藻酸钠溶液，浓度为2.8%，灭菌。

（2）将收集到的菌体制成菌悬液，加入脱脂乳（4%）并静置10min。

（3）将步骤（2）所得菌悬浮液加入至灭菌的海藻酸钠溶液中混合，搅拌均匀。

（4）用玻璃注射器将混合液逐滴滴入冷却好的、灭菌的、一定浓度的氯化钙溶液，最终氯化钙浓度为0.2mol/L。

（5）固化1h后，过滤得到乳杆菌微胶囊。

参考文献

[1] 陈晶. 水酶法提取亚麻籽油及其微胶囊化[D].无锡: 江南大学, 2007.

[2] 陈志辉. 胡萝卜素提取纯化及其微胶囊制备工艺研究[D]. 乌鲁木齐: 新疆农业大学, 2005.

[3] 陈文伟, 刘晶晶. 新型功能性油脂——共轭亚油酸[J]. 中国食品添加剂, 2007, 13(2): 140-144.

[4] 代志凯, 周迪, 刘爱琴, 等. 辛烯基琥珀酸淀粉酯制备高含量β-胡萝卜素微胶囊[J]. 中国食品添加剂, 2013, 23(3): 180-185.

[5] 高彦祥. 类胡萝卜素微胶囊化的研究进展[J]. 饮料工业, 2008, 11(2): 7-10, 18.

[6] 高向阳, 陈昊, 富校轶, 等. 低热量功能性油脂——结构脂质的研究与开发前景[J]. 大豆科技, 2012,19 (3): 39-43.

[7] 韩宁. β-胡萝卜素微胶囊的制备和稳定性研究[D].浙江: 浙江大学, 2006.

[8] 韩亚超, 张新红, 何永高, 等. 一株猪源乳酸杆菌的分离鉴定及其微胶囊化研究[J]. 西昌学院学报: 自然科学版, 2011, 25(2): 9-12.

[9] 何玲, 刘树文, 张新平. 天然胡萝卜素微胶囊工艺参数的探讨[J]. 西北农林科技大学学报：自然科学版, 2007, 35(2): 167-172.

[10] 黄秋婷, 黄惠华. 微胶囊技术在功能性油脂生产中的应用[J]. 中国油脂, 2005, 30(3): 27-29.

[11] 黄卉, 李来好, 杨贤庆, 等. 喷雾干燥微胶囊化罗非鱼油的研究[J]. 南方水产, 2009, 5(5): 19-23.

[12] 黄文哲, 杨哪, 谢正军, 等. 喷雾干燥制备虾青素微胶囊的工艺研究[J]. 食品工业科技, 2010, 31(7): 239-242.

[13] 齐金峰, 熊华, 陈振林, 等. 不同微胶囊化方法对叶黄素微胶囊性能的影响[J]. 食品工业科技, 2009, 30(1): 65-67, 71.

[14] 李加兴, 李忠海, 刘飞, 等. 超微细处理技术在功能性油脂加工中的应用[J]. 中国油脂, 2010, 35(4): 14-17.

[15] 李世伟, 石睿杨, 马春颖, 等. 复合凝聚β-胡萝卜素微胶囊制备工艺研究[J]. 食品与机械, 2012, 28(6): 209-213.

[16] 刘平, 段玉峰, 肖红, 等. 功能性油脂共轭亚油酸及其在食品工业中的应用[J]. 食品研究与开发, 2004, 25(6): 3-5.

[17] 路宏波. 富多不饱和脂肪酸鱼油的微胶囊化研究[D]. 无锡: 江南大学, 2008.

[18] 聂斌英. 沙棘油微胶囊化工艺研究[J]. 中国油脂, 2008, 33(11): 9-12.

[19] 宁豫昌, 杨向科. 鸡源乳杆菌微胶囊的制备及特性研究[J]. 中国畜牧兽医, 2011, 38(2):

220-224.
[20] 仇丹. 类胡萝卜素微胶囊化过程中的稳定性研究[D].浙江: 浙江大学, 2008.
[21] 舒铂, 赵亚平, 于文利. 以明胶和蔗糖为复合壁材的番茄红素微胶囊化研究[J]. 食品工业科技, 2004, 9: 52-54, 58.
[22] 孙志芳, 高荫榆, 郑渊月. 功能性油脂的研究进展[J]. 中国食品添加剂, 2005, 15(3): 4-7.
[23] 孙鹏, 赵国芬, 李靖波, 等. 植物乳杆菌P8微胶囊化的初步研究[J]. 饲料工业, 2012, 33(7): 42-44.
[24] 王瑛瑶. 新型功能性油脂——结构脂质的研究现状[J]. 食品研究与开发, 2008, 29(4): 162-165.
[25] 王海鸥.精制鱼油微囊稳定性考察[J]. 实用医技杂志, 2002, 9(3): 172-173.
[26] 王闯, 宋江峰, 李大婧, 等. 叶黄素微胶囊化研究[J]. 食品科学, 2011, 32(2): 43-47.
[27] 项惠丹. 抗氧化微胶囊壁材的制备及其在微胶囊化鱼油中的应用[D]. 无锡: 江南大学, 2008.
[28] 解秀娟. 藻油DHA微胶囊的乳化喷雾干燥法制备及在乳品中的应用[D]. 武汉: 华中农业大学, 2009.
[29] 熊科, 夏延斌, 张彬, 等. 天然β-胡萝卜素微胶囊化及稳定性研究[J]. 食品科技, 2009, 34(10): 220-225.
[30] 徐海萍. 亚麻籽胶为壁材制备沙棘油微胶囊研究[J]. 青海师范大学学报：自然科学版, 2012, 33(2): 48-51.
[31] 许时婴, 张小鸣, 等. 微胶囊技术——原理与应用[M].北京: 化学工业出版社, 2006.
[32] 杨佳, 侯占群, 贺文浩, 等. 微胶囊壁材的分类及其性质比较[J]. 食品与发酵工业, 2009, 35(5): 122-127.
[33] 许新德, 姚善泾, 韩宁, 等. 高含量β-胡萝卜素微胶囊干粉流动性的考察及其影响因素(英文)[J]. *Chinese Journal of Chemical Engineering*, 2007, 15(4): 579-585.
[34] 叶凯贞, 周家华, 黎碧娜, 等. 功能性油脂共轭亚油酸的研究进展[J]. 粮油加工与食品机械, 2003, 33(11): 37-39.
[35] 赵红霞, 李应彪. 微胶囊包埋技术在益生菌制品中的应用[J]. 中国乳业, 2007, 27(10): 32-34.
[36] 周迪, 邵斌, 许新德, 等. 冷凝喷雾干燥在微胶囊化类胡萝卜素的应用研究[J]. 中国食品添加剂, 2011, 21(6): 167-172.
[37] 朱选, 黄慧敏, 阳会军, 等. 壁材组成对β-胡萝卜素微胶囊化的影响[J]. 食品与机械, 2000, 15(6): 12-14.
[38] Buğra Ocak, Gürbüz Gülümser, Esra Baloğlu. Microencapsulation ofMelaleuca alternifolia(Tea Tree) Oil by Using Simple Coacervation Method[J]. *Journal of Essential Oil Research*, 2011, 23(4): 58-65.
[39] Renata V. Tonon, Carlos R.F. Grosso, Míriam D. Hubinger. Influence of emulsion composition and inlet air temperature on the microencapsulation of flaxseed oil by

spray drying[J]. *Food Research International*, 2011, 44(1): 282–289.

[40] Seid Mahdi Jafari a, Elham Assadpoor, Bhesh Bhandari, et al. Nano-particle encapsulation of fish oil by spray drying[J]. *Food Research International*, 2008, 41(2): 172–183.

[41] Sócrates Quispe-Condori, Marleny D.A. Saldaña, Feral Temelli. Microencapsulation of flax oil with zein using spray and freeze drying[J]. *LWT-Food Science and Technology*, 2011, 44(9):1 880-1 887.

[42] S. Liu. N. H. Low. Michael T. Nickerson Entrapment of Flaxseed Oil within Gelatin-Gum Arabic Capsules[J]. *Journal of American Oil Chemistry Society*, 2010, 87(7): 809–815.

第六章　冷杀菌技术

第一节　超高压冷杀菌

一、超高压冷杀菌的基本概念

（一）灭菌的基本概念

灭菌是食品加工中一个十分重要的环节，食品灭菌的目的是杀灭食品中因污染而存在的致病菌、腐败菌及其他病原微生物，同时要求杀菌过程中尽可能地保留食品中的营养成分和风味，加工后的食品在密封的包装容器内具有一定的保存期。

商业灭菌是从商品角度对食品所提出的杀菌要求。商业灭菌是指食品经过灭菌处理后，按照所规定的微生物检验方法，允许在所检食品中能检出极少的非病原微生物，这些极少的非病原微生物在食品的保质期内，是不可能进行大量生长繁殖的，但是如果超过保质期或保管不善，食品也可能腐败，这种杀菌要求称商业杀菌或商业灭菌。食品杀菌属于商业灭菌，是一种不完全灭菌，经灭菌后的食品属于商业无菌。

生物学灭菌是杀灭物品中一切致病性微生物和非致病性微生物（包括病毒、细菌及芽孢等）。在生物学灭菌中不考虑保留杀菌对象的营养及其他因素。

（二）超高压的基本概念

在我国压力容器领域里，习惯上把大于100MPa的称为超高压，具有超高压的环境称为超高压环境。超高压环境一般只能在一定的范围、一定的容器内实现，也有在空间爆炸瞬间产生超高压的。能承受超高压的容器称为超高压容器，常把产生与维持超高压的一系列技术称为超高压技术。

超高压技术（Ultra High Pressure Processing，简称UHPP），又称高压技术（High Pressure Processing，简称HPP）或高静水压技术（High Hydrostatic Pressure，简称HHP）。

食品超高压技术是利用帕斯卡定律，即利用加在液体中的压力（100～1 000MPa），通过介质，以压力作为能量因子，将放在专门密封超高压容器内的食品在常温或较低温度（低于100℃）下，以液压作为压力传递介质对食品加压，压力达数百兆帕，从而达到杀菌、物料改性、产生新的组织结构、改变食品的品质和改变食品的某些物理化学反应速度的效果的一项新技术。

（三）超高压杀菌

食品超高压杀菌，就是将食品物料以某种方式包装完好后，放入液体介质（通常是食用油、甘油、油与水的乳液）中，在100～1 000MPa压力下作用一段时间后，使之达到灭菌要求。

（四）超高压食品

食品的超高压处理，是指利用压媒（通常是液体介质，如水）使食品在极高的压力（如100～1 000 MPa）下产生酶失活、蛋白质变性、淀粉糊化和微生物灭活等物理化学及生物效应，从而达到灭菌和改性的物理过程。通常，将用超高压处理的食品称为超高压食品。

二、超高压冷杀菌的加工原理

（一）杀菌原理

1. 改变细胞形态

极高的流体静压会影响细胞的形态。如胞内的气体空泡在0.6MPa下会破裂等。上述现象在一定压力下是可逆的，但当压力超过某一点时，便不可逆地使细胞的形态发生变化。

2. 影响细胞生物化学反应

按照化学反应的基本原理，加压有利于促进反应朝向减小体积的方向进行，推迟了增大体积的化学反应，由于许多生物化学反应都会产生体积上的改变，所以加压将对生物化学过程产生影响。

3. 影响细胞内酶活性

高压还会引起主要酶系的失活，一般来讲压力超过300MPa对蛋白质的变性将是不可逆的，酶的高压失活的根本机制是：①改变分子内部结构。②活性部位上构象发生变化。

通过影响微生物体内的酶进而会对微生物基因机制产生影响，主要表现在有酶参与的DNA复制和转录步骤会因压力过高而中断。

4. 高压对细胞膜的影响

在高压下，细胞膜磷脂分子的板切面减小，细胞膜双层结构的体积随之降低。细胞膜的通透性将被改变。

超高压杀菌是通过高压破坏其细胞膜，抑制酶的活性和DNA等遗传物质的复制来实现的。

5. 高压对细胞壁的影响

细胞壁赋予微生物细胞以刚性和形状。20～40MPa的压力能使较大的细胞的细胞壁因受应力机械断裂而松解。这也许对真菌类微生物来说是主要的因素。而真核微生物一般比原核微生物对压力较为敏感。

（二）超高压杀菌的影响因素

在超高压杀菌过程中，由于食品成分和组织状态十分复杂，因此要根据不同的食品对象采取不同的处理条件。一般情况下，影响超高压杀菌的主要因素有：压力大小、加压时间、加压温度、pH值、水分活度、食品成分、微生物生长阶段和微生物种类等。

1. 压力大小和加压时间

一般说来，在一定范围内，加压时间越长，压力越高，灭菌效果就越好。L A Lucore等研究了环境条件对抑制大肠杆菌O157:H7的作用，用300MPa、500MPa、700MPa压力处理，加压时间较长时，大肠杆菌O157:H7会被抑制5个数量级。但是，由于每一种微生物都有自身耐受压力的上限值，在该压力下，增加加压的时间对微生物的失活率没有多大影响。而只要达到或超过该压力，增加保压时间，微生物数量减少效果明显，灭菌效果也有一定程度的提高。H Calik等研究了超高压对牡蛎中副溶血性弧菌（*Vibrio Parahaemolyticus*）的作用，用平皿计数法测定了牡蛎加压前后的副溶血性弧菌数，最佳条件是500MPa，施压30s，此处理条件能将含菌量从1×10^{9} cfu/mL降至10cfu/mL。如果压力降低，要取得同样的效果，则加压时间加长，如将上述压力降至350MPa，则需要14.5min，才能将含菌量降到10cfu/mL。细菌、霉菌、酵母菌在300MPa以上就可被杀灭，病毒在较低的压力下也可失去活力。对于芽孢菌，有的在1 000MPa的压力下还可生存。而用低压处理芽孢菌，反而会促进芽孢发芽。

2. 加压温度

由于微生物对温度具有极强的敏感性，在食品处理过程中，受压时的温度对于杀菌效果的影响非常明显。近年来，通过对超高压技术研究的不断深入，已经通过实验证实了，在低温或高温下对食品进行高压处理都具有较常温下处理更好的杀菌效果。在一定的温度下，微生物中的蛋白质、酶等成分均会受到影响，发生一定程度的变性。Hitoshi Kinugasa等研究了高压灭活茶提取物中的微生物时发现，耐热芽孢杆菌芽胞在常温下进行加压处理时，不会被灭活，但在较高的温度下，300～700MPa压力下会被灭活，彻底灭菌条件为700MPa/70℃。大多数微生物在低温下耐压程度降低，主要是因为压力使得低温下细胞因冰晶析出而破裂程度加剧。在低温范围内高压处理对保持食品的品质较为有利，特别是在减少热敏性成分破坏的方面。因此，在低温范围内用高压处理食品引起了人们特别的关注。高桥观二郎等对包括芽孢菌等常见致病菌在内的16种微生物的低温高压杀菌研究显示，除了芽孢菌和金黄色葡萄球菌外，大多数微生物在-20℃条件下的高压杀菌效果较20℃条件下的好。

3. pH值

不同微生物对pH值的要求不一样，不同的微生物也各自有最适宜的pH值。每种微生物在其最适生长的pH值范围内时酶活性最高，如果其他条件适合，微生物的生长速率也最高。因此，pH值是影响微生物在受压条件下生存的因素之一。一般的微生物都适合在弱酸性至中性条件下生长。随着环境pH值的不断变化，微生物生长受阻。当超过最适pH值的最高或最低值时，微生物的耐压性降低，将引起微生物的死亡，有利于超高压对微生物的灭活。正是由于酸性环境不利于多数微生物的生长，高浓度的氢离子会引起菌体表面蛋白质和核酸水解，并破坏酶类活性，所以第一代的高压食品大都以酸度较大的果酱、果汁为主。报道显示，压力会改变介质的pH值，且逐渐减小微生物生长的pH值范围，如在68MPa下，中性磷酸盐缓冲液的pH值将降低0.4个单位。在利用超高压技术加工食品时，应考虑压力与pH值对微生物的影响关系。

4. 水分活度

不同类群微生物生长繁殖的最低水分活度范围不同，大多数细菌为0.99～0.94，大多数霉菌为0.94～0.80，大多数耐盐细菌为0.85，耐干燥霉菌和耐高渗透压酵母为0.65～0.60。在水分活度低于0.60时，绝大多数微生物就无法生长。水分活度（A_w）对高压杀菌效果影响也很大。J J Rodriguez通过研究证明了水分活度对杀菌效果有显著的影响作用，其影响作用因压力大小而异，当压力为414MPa时，水分活度从0.99降至0.91，杀菌作用减弱。低水分活度产生细胞收缩和对生长的抑制作用，从而使更多的细胞在压力中存活下来。微生物的耐压程度与含有的A_w大小有密切的关系，当用超高压杀菌技术处理固体与半固体食品时，考虑A_w的大小十分关键。

5. 食品组分

各种食品的物理、化学性质不同，使用的压力要求也不一样。在高压下，食品的化学成分对杀菌效果有显著的影响。蛋白质、碳水化合物以及脂类对微生物具有保护作用。Kanjiro Takahashi研究了低温下共存物对超高压杀菌效果的影响，选用的物质有氯化钠、蛋清等，在不同的压力和温度下处理，均证明这些物质的存在可以提高微生物的存活率。一般而言，食品中盐和蛋白质的浓度越高，营养成分越丰富，食品中的微生物在高压下的耐压性就越强。食品基质中含有的添加剂组分对超高压杀菌结果影响也很大。这些添加剂并不保护微生物的存在，如Nisin（乳酸链球菌肽）具有破坏革兰氏阳性菌的专一性，是天然的抗菌防腐剂，对人体无害。在利用超高压对食品进行杀菌处理时，适当的考虑使用天然抑菌剂，可以降低处理压力，提高效率。另外，添加脂肪酸酯、蔗糖酯或者乙醇等添加剂，也将提高加压杀菌的效果。

6. 施压方式

超高压杀菌方式有连续式、半连续式、间歇式。Hayakawa等研究了嗜热脂肪芽孢杆菌（*Bacillus Stearothermophilus*）的失活情况，通过研究得出重复的压力处理比较有效，600MPa的压力、70℃条件下处理5min，如此重复6次，可使含嗜热脂肪芽孢杆菌量为10^6cfu/mL的样品全部灭菌。另外，低压处理对芽孢有活化作用，促使芽孢发芽，从而使其丧失耐压性，重复压力处理具有明显杀灭孢子的作用。采用振动式间歇重复超高压处理芽孢菌可以取得比连续超高压杀菌处理更好的杀菌作用。因而对于易受芽孢菌污染的食品利用超高压多次重复短时处理，杀灭芽孢效果好。

7. 微生物的种类和特性

不同生长期的微生物对高压的反应不同。一般地说，处于指数生长期的微生物比处于静止生长期的微生物对压力反应更敏感。革兰氏阳性菌比革兰氏阴性菌对压力更具抗性，革兰氏阴性菌的细胞膜结构更复杂而更易受压力等环境条件的影响而发生结构的变化。孢子对压力的抵抗力则更强，芽孢类细菌同非芽孢类的细菌相比，其耐压性很强，当静压超过100Pa时，许多非芽孢类的细菌都失去活性，但芽孢类细菌则可在高达1 200MPa的压力下存活。革兰氏阳性菌中的芽孢杆菌属（*Bacillus*）和梭状芽孢杆菌属（*Clostridum*）的芽孢最为耐压。对于梭状芽孢杆菌的研究较少，缺少足够的数据来确切评价低酸性食品的超高压杀菌的安全性。芽孢壳的结构极其致密，使得芽孢类细菌具备了抵抗高压的能力。杀灭芽孢需更高的压力并结合其他处理方式。

三、超高压冷杀菌的发展概况

热和压力是自然界中所存在的能独立地改变物质状态的两个基本因素。通过加热来烹煮食物，早在原始人类时期便已开始，至今已经延续了数万年。但是用超高压来烹煮食物却是前所未闻的。

超高压食品加工技术始于19世纪末。并且超高压技术在食品领域的应用首先是开始于食品杀菌。早在1895年，H Royer就进行了利用超高压处理杀死细菌的研究。19世纪末20世纪初，人们就认识到一般深海鱼类和生物可耐50MPa的压力。当压力达到200MPa以上时，会使蛋白质、酶的可逆性变性、失活以及出现亚基（Subunit）解离的现象，压力升到303MPa以上后，微生物、酵母、霉菌及病毒就被灭活或杀死。500MPa压力下蛋白质则发生不可逆变性和蛋白凝胶等现象，而细菌的芽孢则要在600MPa以上才会死亡。

超高压加工技术的关键之一是新型食品加工机械，即食品加压设备。由于用于加压食品的压力极高（正常情况下为150～600MPa），因此对设备要求很严。食品加压装置的研究开发是高压食品研究的重要一环。目前国外常见的食品加压装置由高压容器和加压减压系统两大部分组成，压力介质是饮用水。为保证安全，生产其容积不宜过大，一般为1～50L。虽然压力很高，但由于水的压缩率低，即使压力容器破损，能量释放也不会造成严重的破坏程度。

高压处理食品装备类似于传统的热处理，主要有两种类型的工业装置。一种是处理包装食品的批处理系统，一般由10～50L的压力容器和一个压力源组成。包装好的食品被装入高压容器中，压媒通常是水，从底端被泵入容器中。压力通过压媒使食品迅速均匀地传递。由于各个方向的压力是相等的，产品外形不会被破坏，处理时间通常相对较短，不超过15min。一旦达到预定的压力，泵停止工作，关闭阀门，不需继续提供能量就可以保持压力。另一种是在半连续系统中。液体食品可以直接置入压力容器中。据报道，最近在美国乔治亚大学安装了这种中试系统，能处理液体或泥状水果产品，使用的压力高达350MPa，流量为15L/min。

自1895年H. Royer等首次报道了超高压可以杀死微生物以来，有关应用超高压技术的研究在国内外陆续报道。可见超高压技术作为一种有效的灭菌杀毒的物理手段已成功地应用于生物工程的多个领域，如转化大分子结构、修饰酶活性、改变微生物代谢及基因表达，尤其是近年来随着欧洲、日本等将超高压技术应用于食品加工业产品的商业化以来，它的应用领域进一步扩展，在高压灭菌、灭酶、新食品开发和高压速冻等方面取得了较大的进展。在1899年，Berthite首次发现450MPa的高压能延长牛乳的保藏期：1914年美国物理学家Bridgeman提出高静水压下卵白变硬和蛋白质变性、凝固的报告，被认为是超高压食品处理技术的起源。该报告指出，白蛋白在500MPa作用下凝固，在700MPa下变成硬的凝胶状态。由于当时条件的限制，此后70多年来这一直未引起食品界的足够重视。直到1987年在东京大学林力丸的倡导下，日本开始研究应用超高压杀灭食品中微生物的方法：1991年4月世界上第一个高压食品——果酱问世，引起日本国内的轰动，被人们誉为21世纪食品。目前日本在超高压食品加工方面仍居国际领先水平。德、美、英、法等国家也紧跟其后，对高压食品的加工原理、方法及应用前景开展了广泛的研究，取得了不少成果。

以京都大学林力丸为代表的一批食品研究者正不断从事理论研究与产品开发，并编写和出版了关于食品的超高压加工的著作与论文。另外，以日本三菱重工业株式会社生产的三菱食品加压装置为代表的超高压加工实验机和生产设备正不断推向市场。

日本利用超高压技术进行商业化草莓汁、桃汁、番茄汁、胡萝卜汁等的生产。实验表明，哈密瓜、香梨、番茄、胡萝卜、柑橘等原料鲜榨汁经500MPa、20min处理在0～5℃条件下贮藏60天未发生变质。

许多学者对高压处理后牛奶中的各种蛋白质变化及其流变学性质进行了研究。S Desobrybanon等学者用高压处理牛奶，然后使凝乳酶在酸性条件下发生作用，制成的奶酪硬度增加，透光性提高。超高压还被用于选择性地去除乳清中的过敏原（Allergen）。母乳中酪蛋白与清蛋白比例为50：50，而牛乳中两者比例为80：20，所以须向婴儿用牛乳中添加浓缩乳清，使牛乳成分接近于母乳。但牛乳清中含有一些婴儿过敏的β-乳球蛋白，其含量为乳球蛋白的50%。Hayasi等发现，在一定高压下，乳清中的球蛋白可被嗜热菌蛋白酶优先分解，从而有选择地除去β-乳球蛋白，制备脱敏原乳清。十二烷基磺酸钠聚丙烯酰胺凝胶电泳（SDS-PAGE）的结果表明，在200MPa，30℃下保持3h，β-乳球蛋白降解良好，与抗β-乳球蛋白单克隆抗体没有明显的表面特异性结合能力。这表明，适宜的高压可用来控制酶的分解作用，有选择地去除食品中的一些不良物质。其优于热处理的是营养素没有损失，不产生美拉德反应和风味的改变。

角田伸二（1995）指出，日本已就与超高压杀菌相关的技术对乳制品、鸡蛋、水产品、高黏性食品（如蜂蜜）等进行广泛的应用研究，并取得良好的成果与应用前景。例如，可以通过超高压杀菌技术杀灭对鸡蛋和畜肉品质有重要影响的冰核细菌（Ice-nucleating Bacteria），以及用阻隔性包装材料的食品经超高压处理后，能保持其原有风味特征；以-20℃、400MPa的低温超高压处理贝类水产品，可获得满意结果，并成为专用体系加以开发，还可利用超高压加工可可豆，利用超高压进行可可脂的调和及可可豆的发酵；利用超高压还可以对高黏度食品和食品素材进行杀菌，且保持其品质不受破坏；利用超高压在100℃以下热合并杀菌绿茶饮料具有清香透明和功能性较高的产品；还有利用超高压技术使冻制品迅速解冻与冻结，或在0℃以下加压，可使食品不发生冻结现象，既保持食品原有风味和组织状态，还能抑制微生物生长而长期保藏，这就使水果、蔬菜在低温加压不冻的状态下较长期冷藏成为可能。

在传统的果酱加工中，把粉碎的果实、砂糖和其他辅料加热浓缩，若砂糖浓度低，则封装后，仍须热灭菌，其结果是水果原色褪去、特有水果味改变、维生素等营养素损失。高压加工果酱是把粉碎的果实、砂糖、果胶等原料装入塑料瓶，密封，高压处理，混合物凝胶化，同时灭菌。超高压加工法基本保留了原料的诱人色泽和风味，营养素损失很小，感官评价弹性更好，透明性优于普通果酱。果汁、水果甜点心、水果调味汁、果酒等用超高压处理也是颇有吸引力的。

与加热处理相比，加压处理能保持食品中的风味物质、维生素、色素等不发生变化，使食品味道新鲜，营养成分损失少，因此，这项新技术的开发，受到很多国家的关注和重视。

在欧洲市场上已经出现高压处理的食品，法国是欧盟中第一个开发这种商业产品的国家。1991年，法国技术研究部也开始二项发展课题，一是由10个研究所组成进行超高压并结合温度对微生物、酶、蛋白质、感官特性影响的研究；二是联合三家大食品企业（Bon Grain、BSN、Pernod-Richard）对超高压杀菌处理食品选择最佳工艺条件（温度、压力、时间）的研究。法国1993年6月表示可以试产加压小面饼，并于1993年年底推出高压杀菌鹅肝小面饼，这是世界首次用高压加工生产出商业化的低酸性食品。

从1994年，法国Ulti公司就开始利用超高压（400MPa）加工技术，在冷冻温度下将新鲜柑橘汁的货架期延长至6 ~ 16h，这减少了许多后勤方面的问题，降低了运输成本而且还不破坏果汁的风味及所含维生素。现在，这家公司正在开发许多产品，包括水果和熟食产品等。

在欧洲其他国家，如西班牙的Espuna，利用一种工业化的“冷杀菌”单元来处理装在柔性袋子中的片状火腿和熟肉制品。在400 ~ 500MPa的压力下处理几分钟可达到600kg/h的生产量。而德国一家技术研究所也已开发研制出了超高压脉冲加工设备。

在美国，第一家生产超高压处理食品的公司是位于俄勒冈的High Pres-Sure Research公司，其产品范围包括牡蛎、鱿鱼、酸奶、食品涂料和水果汁，在冷冻货架上它们的货架期可以延长至60天。美国已将超高压技术应用到鲜榨苹果汁、柑橘汁的生产中。

1992年，美国FMC公司、英国凯氏食品饮料公司（Campden Food & Drink）开始建立商业化食品的超高压杀菌的工艺设备。

1996—2000年，美国发生因鲜榨苹果汁和鲜榨柑橘汁分别被污染而导致消费者食物中毒的事件。这些中毒事件都与鲜榨果汁未经巴氏杀菌处理有关。因此，2000年，美国FDA宣布所有的果汁生产商必须采用危害分析及关键点控制（HACCP）原则加工果汁，以保证消费者的健康安全。在此原则下，加工鲜榨果蔬汁的企业必须采用一种或数种非热力灭菌技术作为关键点来控制，其中较成熟的超高压非热力灭菌技术已得到广泛的应用。

1998年，墨西哥Avomex公司将超高压技术应用于鲜榨油梨汁的生产上，并将超高压杀菌环节确定为产品关键控制点之一。生产实践表明，采用600MPa超高压，2min可将油梨汁中的致病菌减少到5个对数周期以下，且在无须添加防腐剂和酸化的条件即可使产品的货架期延长40天。墨西哥Avomex公司生产的超高压加工鳄梨在美国市场上销售良好。如Avomex公司总裁Parnell所言：“没有超高压技术，可能就没有墨西哥蓬勃发展的鲜榨果汁零售业”。

国内超高压处理技术的研究至20世纪90年代才真正起步，目前已有多所高校开展食品超高压技术研究。吉林工业大学、中国兵器工业集团第五十二研究所、中国农业大学等分别进行过玉米淀粉的高压糊化、黄酒催陈、果汁加工等研究。合肥工业大学潘见教授20世纪90年代初期在日本东京大学合作开展食品超高压浸渍、解冻技术研究，取得可喜进展；回国后，他在原中华人民共和国国家发展计划委员会资助下开展食品超高压保鲜处理研究，建成了国内最大容量（30L）、额定工作压力为600MPa、食品超高压处理中试装置和容量为1L、额定工作压力为600MPa、可控温食品超高压处理实验装置，并提出超高压动态杀菌技术的新概念，促进了我国食品超高压处理产业化技术的研究和实际应用。当前，超高压食品处理技术国内外研究热点主要集中于高压对食品微生物杀菌效果，高压对食品酶活性的抑制效果，植物组织高压冻结和解冻过程，蛋白质、淀粉和多糖等生物大分子的高压变性规律等。

四、超高压冷杀菌的应用实例

（一）在果蔬汁上的应用

1. 果汁饮料超高压杀菌的特征

超高压杀菌技术最适合于果汁饮料、浓缩果汁和果酱等液体的杀菌。超高压处理后的果汁的颜色、风味和营养成分与处理前相比基本上无差别。经过超高压处理的果汁达到商业无菌状态，处理后果汁的风味、组成成分都没有发生改变，在室温下可以保持数月。所以，对果汁进行超高压处理是原果汁长期保存的有效方法之一。但是在果汁的生产工序中，使用的是加热法，目的是对果汁进行杀菌，使酶失去活性或浓缩（真空蒸发法），在这个过程中，很容易产生加热异味或使一些具有特征风味的物质挥发。因此，日本在果汁行业里，对如何控制由于加热而导致的品质下降进行研究，并非常重视生产高品质果汁的技术。比如生产原料用浓缩果汁时，一方面，采用膜分离技术或冷冻浓缩等非加热浓缩法生产出高品质的果汁。另一方面，在生产瓶装产品时，应用的都是尽量控制加热程度的瞬时加热杀菌加工技术，这样控制了因加热而导致的品质下降。另外，现在正在研究提高这些高品质果汁保藏性的非加热杀菌技术。

2. 高压果汁、果酱生产工艺流程

产地原料→预冷→原料前处理→清洗→破碎、打浆、榨汁→均质→低温浓缩→罐装、密封→高压杀菌→成品

3. 超高压冷杀菌在果汁上的实例

日本的Meidi-Ya公司于1990年4月生产出第一个高压食品——果酱，之后又有果味酸奶和果冻等面市。Pokka公司和Wakayama公司用半连续高压杀菌方法处理橙汁。明治屋食品公司将草莓酱、猕猴桃酱、苹果酱软包装后，在室温下以400～600MPa的压力处理10～30min，不仅达到了杀菌的目的，而且促进了果实、砂糖、果胶的胶凝过程和糖液向果肉的渗透，保持了果实原有的色泽、风味，具有新鲜水果的口感，维生素C的保

留量也大大提高。日本小川浩史等将柑橘类果汁（pH值2.5～3.7）经600MPa低温加热（47～57℃、5～10min）加压灭菌，结果表明，细菌、酵母菌和霉菌可以被完全杀死，超高压杀菌后的果汁其风味、化学组成成分均没有发现变化。据相关研究表明，将高压技术和其他技术相结合，能更有效地杀灭果汁中的微生物，并破坏酶，从而延长货架寿命。Corwin等人把2mol/L的CO_2充入橙汁，用500MPa的压力处理，果胶甲酯酶的活性比单独用500MPa压力的能更进一步钝化，在500～800MPa下，CO_2同样能显著地降低多酚氧化酶的活性。Park等人进一步利用高压CO_2和高压技术相结合的方法处理胡萝卜汁，结果表明，4.9MPa CO_2和300MPa高静水压结合处理可使需氧菌完全失活，多酚氧化酶、脂肪氧化酶、果胶甲酯酶残留活性大幅度降低。

4. 草莓汁的杀菌方法

草莓汁的准备

市售新鲜草莓→清洗→去萼叶柄→破碎→胶体磨→过滤→脱气→草莓汁（备用）

试验设备

采用超高压处理装置（1L/30L），最高工作压力600MPa。为了保证所有试验样品中微生物种类、数量一致，试验用草莓汁均一次性制备。操作中不向果汁中接种微生物。

超高压处理方法

将草莓汁密封于双层聚乙烯塑料袋中，置于超高压容器，于室温（29℃）下进行超高压处理，压力范围为常压到500MPa，保压时间为0～15min。

微生物检验

根据国家食品微生物检验标准（GB 4789）检验致病菌、霉菌、酵母菌、大肠杆菌苗群、菌落总数。超高压处理前后的草莓汁样品中均未检出致病菌。

5. 草莓汁的杀菌结果

压力大小对草莓汁微生物存活量的影响

（1）压力对草莓汁中菌落总数的影响。超高压处理草莓汁中菌落总数与加压压力之间的关系如图6-1所示。尽管制备草莓汁过程中对环境、材料和器具进行了严格的消毒，但是汁中初始含菌量仍达900cfu/mL。压力对菌落总数的影响基本遵循一级反应动力学，施加压力大小与细菌的存活量呈线性反比关系。可见压力是决定细菌存活与否的决定因素。在保压压力较高（≥400MPa）的情况下，压力致死曲线有偏离直线的趋势。

草莓汁样品中菌类多而杂，实验结果表明，当施加压力达到500MPa，保压时间5 min、10 min、15min时，菌落总数分别为80cfu/mL、50cfu/mL、30cfu/mL，已达到国家食品卫生标准（≤100cfu/mL）要求。

（2）压力对草莓汁中霉菌和酵母菌的影响。超高压处理草莓汁中霉菌、酵母菌存活量与保压压力之间的关系如图6-2所示。通常含菌量对灭菌效果有很大的影响，菌量少、灭菌效果好。故取汁前对制汁环境、草莓和接触果汁的器具进行了充分清洗，使草莓汁中大肠杆菌群、霉菌和酵母菌为100cfu/mL。

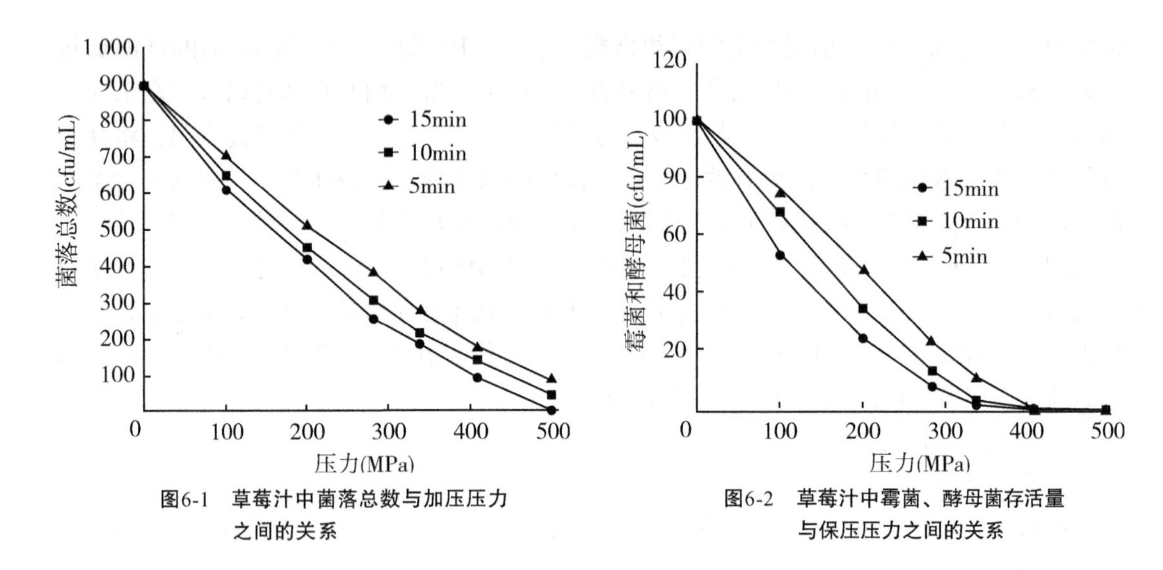

图6-1 草莓汁中菌落总数与加压压力之间的关系

图6-2 草莓汁中霉菌、酵母菌存活量与保压压力之间的关系

霉菌及酵母菌对压力也很敏感。压力为350MPa、保压时间为5min处理后，样品中霉菌和酵母菌总含量为10cfu/mL。压力为350MPa、延长保压时间到10min后，样品中检测不到霉菌和酵母菌。加大保压压力为420MPa、保压时间为5min，同样检测不到霉菌及酵母菌。在恒定的保压时间下，霉菌和酵母菌的超高压致死规律呈一级反应动力学特征。其致死曲线在线性坐标中呈直线，压力越高，死亡越快，霉菌和酵母菌存活量与压力呈反比关系，保压时间变化只影响超高压致死曲线的斜率，而不影响其变化趋势。

超高压处理草莓汁中大肠菌群存活量与保压压力之间的关系如图6-3所示。大肠菌群对压力最为敏感，压力为200MPa、保压时间为10min已彻底杀灭。大肠菌群属革兰氏阴性菌，细胞壁结构较革兰氏阳性菌复杂，对超高压更为敏感，更易受损。保压压力加大和保压时间增长，杀菌效果更好。在恒定的保压时间下，大肠菌群的超高压致死规律同样遵循一级反应动力学。

加压时间对微生物存活量的影响

（1）保压时间对草莓汁中菌落总数的影响。超高压处理草莓汁中，菌落总数存活量与保压时间长短之间的关系如图6-4所示。在350MPa、420 MPa、500MPa三个压力水平下，细菌存活量与保压时间的关系曲线变化趋势相近。压力越大，细菌存活量越小。三条曲线均表明，保压时间在5min之内，随着保压时间延长，细菌存活量下降速率增大；之后曲线出现平台，随着保压时间延长，细菌存活量下降速率明显减弱。这是因为每种菌都有自身的耐压阈值，压力敏感菌压力阈值较低（如小于300MPa），耐压菌的阈值高（如少数革兰阳性菌芽孢可耐受1 000MPa以上的压力）。大量的压力敏感性细菌超高压处理后很快死亡，剩余耐压菌在加压压力未达到其阈值时，保压时间延长只有少数细菌死亡。

（2）保压时间对草莓汁中霉菌和酵母菌的影响。超高压处理草莓汁中霉菌和酵母菌存活量与保压时间长短之间的关系如图6-5所示。霉菌和酵母菌属真菌，其耐压能力在革兰阴性菌和革兰阳性菌之间。压力越大，杀灭速率也大。350MPa保压时，10min可完全杀灭；420MPa时，5min可完全杀灭；保压压力500MPa时仅3min可完全杀灭。

（3）保压时间对草莓汁中大肠菌群的影响。超高压处理草莓汁中大肠菌群存活量与保压时间长短之间的关系如图6-6所示。大肠菌群的杀灭规律与霉菌和酵母菌相似，350MPa保压时，需要3min可完全杀灭。

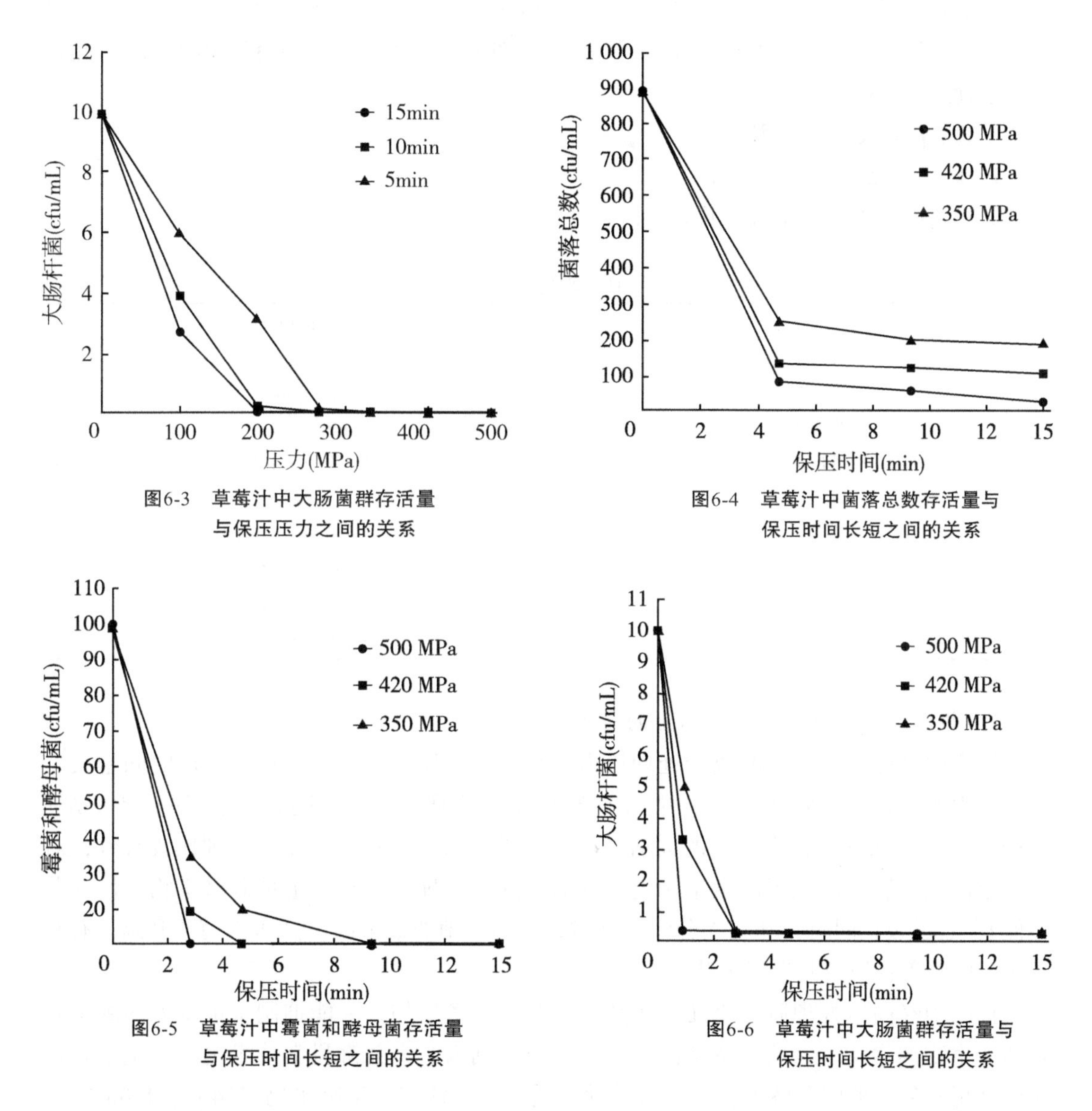

图6-3　草莓汁中大肠菌群存活量与保压压力之间的关系

图6-4　草莓汁中菌落总数存活量与保压时间长短之间的关系

图6-5　草莓汁中霉菌和酵母菌存活量与保压时间长短之间的关系

图6-6　草莓汁中大肠菌群存活量与保压时间长短之间的关系

草莓汁的杀菌结果

（1）随着超高压处理压力的增大，微生物的存活量急剧下降，表明利用超高压进行灭菌处理非常有效。但在500MPa以下，不能杀灭草海汁中的全部细菌。

（2）压力对菌落总数的影响实验表明，样品中既有压力敏感菌存在，也有耐压菌的存在。对细菌耐压性能的确定，需要进一步开展试验研究鉴别。

（3）霉菌、酵母菌耐压能力较大肠菌群强，但比细菌中耐压菌耐压能力低，较容易杀灭。大肠菌群对压力较为敏感，容易实现压力灭菌。

（4）细菌的超高压杀灭效果主要取决于施加压力大小，保压时间超过一定范围后，继续延长效果不大。

（5）在室温为29℃下，草莓汁中大肠菌群，在压力为350MPa，保压3min即可全部杀灭。霉菌和酵母菌，在压力为350MPa，保压10min可全部杀灭。虽然草莓汁中细菌种类繁多，包含耐压菌，但压力为500MPa，保压15min处理后，菌落总数可降至30cfu/mL，能达到国家食品卫生标准要求。

（二）在奶类上的应用

1. 乳中微生物的来源

原料奶中微生物污染来源见表6-1。

表6-1 原料奶中微生物污染来源

污染源	微生物数量（cfu/mL）
乳房中	1 ~ 100
乳　头	1 ~ 1 000
牛舍空气	100 ~ 1 500
乳房炎	0 ~（2.5×10^4）
乳头表面	1 ~ (1×10^5)
手工挤奶	1 000 ~ (1×10^5)
机械挤奶	1 000 ~ (1×10^6)
机械管线	1 000 ~ (1×10^6)
总　计	1 000 ~ (5×10^6)

2. 超高压冷杀菌在果汁奶类上的应用实例

鲜奶中细菌菌落尺寸取决于处理压力的高低以及保压时间的长短，保压时间越长，处理压力越高，细菌菌落直径越小。I Hayakawa等人研究了嗜热脂肪芽孢杆菌（*Bacillus Stearothermophilus*）在高压下的失活情况，结果表明，间歇式的压力处理比较有效，对需氧嗜温微生物和需氧嗜冷微生物进行间歇式加压处理能更有效地抑制微生物，使细菌降低4个数量级；同时，基质水分活度高时，高压杀菌的效果好。高压杀菌不升温，有利于牛奶中营养物质及其良好风味。

食品中经高压处理后可杀死大多数细菌和其他微生物，并能抑制未被杀死的细菌和其他微生物的生长、繁殖，发达国家把这项技术列为十大关键科学技术之一。生牛奶是完全理想食品，但因含菌太多，未灭菌前不适合人们饮用。生鲜牛奶在14℃、430MPa下加压15min，杀死了牛奶中细菌总数的99.5%，残留活菌数小于2×10^6 cfu/L，低于我国消毒牛奶卫生标准一个数量级；牛奶中大肠杆菌在20℃、100MPa压力下持续5min死亡率达70%以上。

3. 超高压冷杀菌对乳中微生物的影响

多数微生物经100MPa以上加压处理即会死亡，而微生物因种类和试验条件不同有所差异，一般而言，细菌、霉菌、酵母的营养体在300 ~ 400MPa压力下可被杀死；病毒在稍低的压力下即可失活，寄生虫的杀灭和其他生物体相近，只要低压处理即可杀死。而芽孢杆菌属和梭状芽孢杆菌属的芽孢对压力比其营养体具有较强的抵抗力，需要更高的压力才会被杀灭。超高压杀菌对乳中常见微生物的影响如表6-2所示。有关超高压处理对牛乳中微生物的影响和牛乳保鲜方面有大量的研究，这些研究包括不同压力范围（0～1 000 MPa），不同处理时间配以不同温度处理（-20℃～10℃）对牛乳或模拟牛乳体系中天然存在的微生物或接种的纯微生物菌株的影响进行了广泛而深入的研究，这种研究虽然因实验条件和检验手段的不同，报道的结果有很大的出入。但多数研究证实了100～600MPa的高压作用5～10min可以使一般的细菌和酵母菌减少直至杀灭，但孢子对压力有一定的耐受性，当压力达到600MPa，结合一定的温度处理（≤50℃）作用15～20min则可以实现完全灭菌。相对于纯培养基来讲，牛乳对微生物有一定的保护作用。

表6-2　高压处理对乳中主要微生物的影响

名　称	加压条件			
	压力（MPa）	时间（min）	温度（℃）	结　果
大肠杆菌	200	20	-20	杀　菌
大肠杆菌	400	10	25	杀　菌
大肠杆菌	300	30	40	杀　菌
金黄色葡萄球菌	600	10	25	杀　菌
金黄色葡萄球菌	290	10	25	大部分杀死
巨大芽孢杆菌（芽孢）	300	20	60	杀　菌
多黏芽孢杆菌（芽孢）	300	20	60	杀　菌
枯草芽孢杆菌（芽孢）	450	20	60	杀　菌
蜡状芽孢杆菌（芽孢）	600	40	60	杀　菌
产朊假丝酵母	400	10	25	杀　菌
鼠伤寒沙门氏菌	300	10	25	杀　菌
粪链球菌	600	10	25	杀　菌
伤寒沙门氏菌	600	840	—	杀　菌
乳链球菌	340～408	60	20～25	杀　菌
炭疽杆菌（营养体）	97	10	25	死　灭
嗜热脂肪芽孢杆菌（芽孢）	200	1 440	40	大部分杀死

4．超高压对液体乳的影响

1965年，Timson和Short研究了在20～100℃范围内，压力由常压升至1 000MPa时乳中微生物的变化情况。并从乳的微生物菌落中分离、鉴定出许多耐压性微生物，尤其是芽孢菌属。同时发现在低pH值和高pH值环境下，都有助于杀灭微生物；在-25℃处理时，也能提高微生物的致死率。

1991年，Hoover等发现，23℃时经340MPa超高压处理生乳60min，乳中单细胞增生李斯特菌的致死量达1×10^{6}cfu/mL。还发现超高压处理时，单细胞增生李斯特菌在乳中比在磷酸盐缓冲液中易受到保护，可能由于超高压会改变磷酸盐缓冲液体系的pH值。在缓冲液和食物系统中，因超高压引起微生物致死率不同的原因，还有待进一步探索。

研究者还注意到超高压对乳的物化特性的影响。压力达230MPa乳的浊度和光亮度未改变，胶束略有溶解，但对乳的光学和感官特性影响不大；压力在230～430MPa，酪蛋白胶束构象改变，发生重排、压缩，致使乳的浊度和光亮度逐渐降低，并趋于稳定。乳样散光力可用光度值（L）来测定，实验发现，超高压作用于混合均匀的全乳，其光度值几乎无明显改变，而作用于脱脂乳时，光度值变化显著。全乳静置会形成奶油层，上层与下层之间的光亮度对比非常明显，其下层的透明度与超高压作用于脱脂乳的透明度是一样的。1992年，Shibauchi等报道，超高压乳经加热至30℃，可恢复其感官特性。Johnston等在1992年报道，压力达600MPa/2h，乳中Ca^{2+}的含量对其稳定性有强烈的影响。令人满意的是，超高压乳中Ca^{2+}的活性并未有大的变化，但乳清中钙和磷的总水平都有相似程度的增加。压力作用下，胶束的小片化可释放出非离子钙和磷。要全面了解胶束中的各种变化，需用模式系统对每个成分进行研究。Payens、Here-mans、Ohmiya除先后研究了超高压对于酪蛋白的影响，还发现对其他酪蛋白的影响，压力达100MPa时发生分解，但压力进一步提高，分子又开始结合，系统的浑浊度增加。

5. 超高压冷杀菌在初乳中的应用

初乳是大自然提供给新生命的初始食物，它富含多种活性成分。由于牛初乳中的多种活性成分对热敏感，现有的热处理技术（如UHT或巴氏杀菌）都会对活性成分造成破坏。开发牛初乳液体产品，保留牛初乳中的活性成分对热处理加工技术提出了挑战。牛初乳包含几种热敏性蛋白，采用传统杀菌工艺很难保留热敏性蛋白的活性，而采用超高压杀菌技术就可以生产包含活性蛋白的牛初乳饮料。牛初乳中的活性成分如免疫球蛋白可以在高压下存活，而其中的酵母或霉菌则在高压下被杀死。该技术能够钝化饮料中的腐败微生物，但对免疫球蛋白的活性影响很小，产品保质期可以达到6个月，经过超高压处理后绝大部分被保留下来，活性接近未处理之前的。采用超高压杀菌技术生产牛初乳饮料的工艺是简单方便的。糖、稳定剂等配料（对热不敏感）经过热处理杀菌后，冷却至不会影响活性蛋白质活性的温度，加入活性蛋白质（如牛初乳）。混合物经调酸，均质后灌装装瓶，然后再经过超高压杀菌处理后就可以进入终端销售了。

（三）在水产品上的应用

1. 水产品超高压杀菌的特征

水产品腐败变质的原因主要是水产品本身带有的或贮运过程中污染的微生物，在适宜条件下生长繁殖，分解鱼体蛋白质、氨基酸、脂肪等成分产生有异臭味和毒性的物质，致使水产品腐败变质，丧失食用价值。这不仅造成巨大的经济损失，而且威胁到人们的生命健康。因此，以杀灭微生物为目标的杀菌技术，一直是水产品加工行业以及整个食品行业共同关注的问题。水产品加工不同于其他食品，不仅要求保持水产品原有的风味和色泽，还要具有良好的口感和质地。传统热杀菌虽可杀死微生物、钝化酶活、改善食品品质和特性，但同时也会不同程度地破坏一些热敏性物料，如食品的营养成分和某些特性（包括口感、色泽和香味等），不能满足水产品加工的要求。与传统热杀菌比较，冷杀菌不仅能杀灭食品中微生物，且能较好保持食品固有营养成分、质构、风味、色泽和新鲜度，符合消费者对食品营养和原味要求，在水产品贮藏与加工中显示出良好的应用前景，已成为国内外该领域的研究热点。

2. 超高压冷杀菌在水产品上的应用

高压处理水产品可最大限度地保持水产品的新鲜风味。例如，在600MPa压力下处理10min，可使水产品（如甲壳类水产品）中的酶完全失活，细菌量大大减小，并完全呈变性状态，色泽为外红内白，仍保持原有的生鲜味。这对喜食生水产制品的消费者来说尤为重要。

目前，国外超高压杀菌在水产品贮藏与加工中已有了很多应用。Zare对新鲜金枪鱼的超高压处理研究发现220MPa、30min的处理可以有效抑制鱼肉蛋白质水解和脂肪氧化，同时减少组胺和挥发性盐基氮的形成，延长了货架期。Ramirez Suarez等研究了超高压对金枪鱼的货架期的影响，结果表明经过310MPa的处理，金枪鱼在4℃和-20℃下分别可保存23天和93天以上。贝类是滤食性动物，很易受到微生物及病毒的污染。在常温下用260MPa压力处理3min，即可显著地减少牡蛎中创伤弧菌的数量。在250MPa、-2℃或1℃的条件下，牡蛎中创伤弧菌的数量能够降低5个数量级，在345MPa压力下作用90s能够使牡蛎中副溶血性弧菌含量也大大减少。Cruz-Romero的研究结果表明：500MPa、30s的UHP处理使牡蛎中副溶血弧菌含量从1×10^9cfu/mL降至10cfu/mL，207～345MPa、2min的处理不仅能够消除S型霍乱菌，还使牡蛎肉保持原有的风味和质构；高压处理过的牡蛎在2℃下可保藏41天，而对照样品在同样条件下只能保存13天。Lopez-Caballero等在200MPa和400MPa高压下对冷冻真空包装的对虾货价期的研究中指出，高压处理的比未处理的对虾货价期分别延长了1周和2周。本课题组研究了超高压对鱼糜制品的杀菌效果，结果发现鱼丸经400MPa压力，保压5min的高压处理后，在0℃真空包装条件下货架期可达50天以上。同时研究了超高压对副溶血弧菌的杀菌效果，结果发现在经100MPa、200MPa高压处理10min后，副溶血性弧菌致死率分别为40%、84.7%；经300MPa及以上的压力处理，副溶血性弧菌全部致死。

3. 鱼肉肠的超高压冷杀菌的工艺流程

冷冻鱼糜→解冻→斩拌（加盐、水、淀粉和调味料等）→灌肠→真空包装后4℃冷藏→超高压杀菌

结论：超高压处理对鱼肉肠杀菌效果较好，处理压力是超高压杀菌工艺中影响最显著的因素，随着处理压力增大，杀菌效果增强。但当处理压力高于400MPa时，继续升高压力其杀菌效果不会显著增加。

4. 超高压用于肉食品风味改良产品开发

美国沃尔持·肯尼克研究超高压对肉组织影响时，用电镜观察发现超高压能使胶原纤维分裂，使肌动蛋白纤维素解体，从而使粗糙老硬的肉嫩化。据称，尚未发现不能嫩化的肉。方法是将原料肉切块真空包装后经100MPa、2min处理，可得鲜美软嫩易消化的肉食品。对猪肉、牛肉施以超高压，当低于200MPa时，肉的外观变化不大；高于200MPa后，色泽白化，组织结构也有变异；高于300MPa时，变得与火腿相似且高弹性，成为口

感独特的肉制品。生猪肉经400MPa或600MPa的作用，保持10min处理后的生猪肉就可以直接食用。其原因是猪肉的蛋白质已经变性，肉色已转白，细菌检查结果，大肠菌为阴性。法国的研究人员用200MPa压力对牛腿肉进行试验，制成牛排，可与柔软的脊肉媲美，杀菌效果也很理想。吉林工业大学采用超高压方法对育成牛肉进行加工处理，并从嫩度、色泽、气味、脂肪、微生物指标等各个角度综合考虑，筛选出一套改良牛肉品质的超高压加工条件。超高压处理牛肉，会带来两个主要结果，一是嫩度指标的改善，另一方面则带来感官指标的变化，所以，在确定超高压处理牛肉的最佳工艺条件时，应采用综合评分法。分析结果表明，在超高压处理牛肉品质改良试验中，压力因素对综合指标的影响明显强于时间的作用。超高压处理牛肉就嫩度和感官指标而言，选取300MPa、2min为最优处理条件，基本符合货架期和营养特性指标及工业化生产的需要。但是如果要考虑嫩度、感官、货架期、营养特性及设备造价等的综合指标选取最佳条件，还需运用试验优化、数理统计的方法进行大量的试验。可以认为，蛋白质空间结构的超高压变化是组织结构变化的主要原因，超高压不仅使肌原纤维内部结构变化，而且还导致肌内周膜和肌外周膜剥离及肌原纤维间隙增大，促进了肌肉嫩化。

5. *超高压火腿的应用实例*

火腿、香肠等传统肉制品的加工大多由原料肉经盐腌制、烟熏、加热而成，因工艺相似，产品缺乏特性和新鲜感。超高压火腿生产工艺如下：

原料肉→整形→盐腌制→真空包装→400MPa处理30min→成品

超高压火腿富有弹性、柔软，表面及切面光滑致密，色调明快，风味独特，是更富诱惑力的新型肉制品。其加工过程也可先加压后再适当加热或烟熏形成不同口味，但加热或烟熏时温度切勿过高，谨防先加压获得的独特食感被破坏，若采用先加热后加压则往往因加热已造成变性，再加压就不起作用了，因此加热加压先后顺序及条件十分重要。

（四）在酒类产品上的应用

1. *新型的超高压生酒*

（1）1993年报道，日本千代园酒造与熊本县工业技术中心共同开发超高压处理的浑浊型生酒，它是把生酒（生啤酒、生果酒等）经约400MPa的超高压处理，把生酒中的所有酵母菌及其他部分菌类杀死，从而得到具有生酒风味（加压不改变原风味），且能长期保存的超高压处理的生酒产品。这是超高压技术在酒类生产中的第一次尝试（超高压杀菌的果酱和果汁已商品化），这种产品目前已开始面市。浊酒是含醪固形物的清酒，固形物中含有微生物。以往上市的浊酒经加热杀菌，可常温流通，但香、味都差，未经加热杀菌的浊酒香味虽好，但因微生物繁殖使酒酸败，不易保存。用超高压杀菌处理技术，既能保持浊生酒的原风味，又有优良的保存流通性，15℃以下可存放半年。超高压处理浊生酒的方法，先将浊生酒中固形物分离，澄清液用过滤机除菌，固形物于超高压设备中用超高压（400MPa）处理4～5min杀灭酵母等微生物后再回到浊生酒中。

2. *超高压技术用于黄酒催陈*

杭州商学院与浙江大学联合进行的“超高压催陈黄酒的研究”项目取得进展。该研究结果表明，黄酒在50～150MPa压力下处理后色泽和风味不变；酸度基本不变；挥发酯含量提高20%左右；呈苦味、涩味的氨基酸比例下降；呈甜味、鲜味的氨基酸比例上升。处理后酒味更加鲜甜、醇和、爽口，醇香更加浓郁，总体催陈效果达1年以上。由此可见，超高压催陈黄酒有较明显效果，以150MPa、30 min处理效果较好，而且催陈同时可以达到杀菌目的，可节约能源，很有应用前景。据悉，国内外尚未有人做过超高压陈化酒类的研究，研究思路具有创新性。

（五）在保藏产品上的应用

1. 在改善冷藏、冷冻食品贮藏特性方面的应用

高压处理的另一个潜在的应用是低温贮藏。在200MPa压力下，水能被冷至-20℃而不冻结。因此，升高压力可允许食品在0℃以下长期贮存，避免了因形成冰核而引起的问题。然而，长期保持高压所需费用是昂贵的。一个更加吸引人的方面是在200MPa下冷至-20℃，然后释放压力导致水冻结。整个系统由于迅速均匀地进行，冷冻将在整个产品内部发生，而且形成的冰晶很小，从而能获得对食品具有最小损伤的高品质冷冻产品。具有最小损伤的快速解冻通过上述过程的逆过程就可以获得，即升高压力到200MPa，温度升至0℃以上，然后释放压力。

2. 超高压在速冻食品加工中的应用研究

蔬菜、水果、豆腐、魔芋、琼脂凝胶等水分含量多的食品在冻结时，会产生很大的冷冻损伤（组织损伤），解冻后汁液流失严重，给产品的风味带来不良影响，从而产生凝胶和组织破坏。采用压力移变冻结法，利用超高压可以得到0℃以下的不结冰的低温水，加压到200MPa，冷却到-18℃，水仍不结冰，把此种状态下不结冰的食品迅速解除压力，就可对食品实现速冻，所形成的冰晶体也很细微，如速冻豆腐的组织良好。

对胡萝卜、白菜、豆腐、琼脂凝胶、魔芋等冷冻耐性差的食品在超高压冷冻时，是否会产生组织损伤，用S-4500型电子显微镜和日本山电制Rheonr RE-33005型蠕变仪测定它们的细微结构变化和蠕变，并与常压下的冷冻产品相比较，搞清了超高压冷冻对蔬菜和凝胶食品的品质影响。

第二节　臭氧杀菌

利用臭氧的技术有杀菌、脱臭、脱色、漂白、有毒物质的分解和促生物生理活性化等，现在利用得较多的是杀菌和脱臭。其利用技术从工业用臭氧发生器开始，到近年来包括臭氧分解剂、臭氧分析仪、臭氧溶解器、臭氧控制系统等技术的发展非常快，特别是最近作为生理活性物质，用于促进鱼贝类的生长、豆芽的生长、微生物的大形化等。此外在食品工业上，作为一般添加剂所达不到的强力杀菌和脱臭的方法，利用臭氧的趋势越来越大。

许多报道认为臭氧对一般细菌、大肠菌群、酵母、病毒等的杀菌是有效的，并且用于食品保存的也不少。臭氧的杀菌作用来源于其强有力的氧化能力。目前，欧美国家广泛应用于自来水的消毒。在日本由于法律上规定用Cl^-消毒，因此臭氧在自来水上的应用只限于脱臭。在日本臭氧多用于生活废水和工业废水的处理、化学合成物的制造、食品及食品原料的处理、食品厂内及食品仓库（包括冷库）内空气的净化等。

关于臭氧的杀菌作用，可追溯到1886年，Demartiens最初将臭氧用于水的消毒。Ohlmulla（1892年）最先发表了臭氧对沙门氏菌（*Salmonella Typhoa*）、肠炎弧菌（*Vibriocomma*）、炭疽菌（*Bacillusanthracis*）的杀菌作用。随后，Ermergen发现用臭氧可杀死水中的大肠菌，但耐热性芽孢对臭氧具有抵抗性。荷兰在1893年采用臭氧消毒净水场。Calmetre和Roux在1899年确认了臭氧对法国里卢市自来水的杀菌效果。20世纪初，法国的Neesh市在饮料水中使用了臭氧杀菌。此后，在欧洲饮料水的杀菌都用臭氧，可见，臭氧杀菌已有很长的历史。在美国，自从Cl^-处理生成三氯甲烷带来卫生问题以来，对余氯残留量限制更加严格（如新泽西州要求$C1^-$用量从100mL/L减少至20～25mL/L），臭氧处理法也逐渐成为各种用水杀菌的主要方法。

利用臭氧进行食品杀菌也有较长的历史。1909年德国的Keron，最早报道了利用臭氧作为冷冻肉的保存剂。一般认为臭氧对水中细菌和病毒有抑制作用，但是，关于空气中臭氧的杀菌作用的报道比较少。相关的报道有：①用0.05μg/L低浓度臭氧对某些病原性细菌进行杀菌的效果；②对医院无菌室消毒杀菌时，对使用福尔马林和臭氧两种杀菌剂进行了比较；③用3.0mg/L浓度臭氧对杆菌芽孢的杀灭效果进行了探讨；④生物无菌室的臭氧杀菌效果探讨；⑤用0.01～0.1mg/L的臭氧对杆菌芽孢、破伤风菌芽孢的杀菌探讨；⑥烧鱼卷（一种即食食品）制造厂用0.05～0.08mg/L的臭氧连续1～1.5年、糕点厂用0.03～0.06mg/L臭氧连续3年在夜间对生产车间进行消毒处理；⑦生（湿）面条厂、水羊羹厂、蛋糕厂、馒头厂等食品厂经臭氧处理后微生物菌群变化研究。

一、臭氧杀菌的概念及原理

（一）臭氧的概念

臭氧是氧气的同素异形体，在常温下，它是一种有特殊臭味的淡蓝色气体。英文臭氧（Ozone）一词源自希腊语Ozon，意为“嗅”。

臭氧主要存在于距地球表面20km的同温层下部的臭氧层中，含量约50mg/kg。它吸收对人体有害的短波紫外线，防止其到达地球，可保护地球表面生物不受紫外线侵害。在大气层中，氧分子因高能量的辐射而分解为氧原子（O），而氧原子与另一氧分子结合，即生成臭氧。臭氧又会与氧原子、氯或其他游离性物质反应而分解消失，由于这种反复不断的生成和消失，臭氧含量可维持在一定的均衡状态。

臭氧杀菌技术是现代食品工业采用的冷杀菌技术之一。臭氧是已知可利用的最强的氧化剂之一，在实际使用中，臭氧呈现出突出杀菌、消毒、降解农药的作用，是一种高效广谱杀菌剂。臭氧可使细菌、真菌等菌体的蛋白质外壳氧化变性，可杀灭细菌繁殖体和芽孢、病毒、真菌等。对常见的大肠杆菌、粪链球菌、金黄色葡萄球菌等，杀灭率在99%以上。臭氧还可以杀灭肝炎病毒、感冒病毒等，臭氧在室内空气中弥漫快而均匀，消毒无死角。臭氧能杀死病毒细菌，而健康的细胞具有强大的平衡系统，因而臭氧对健康细胞无害。

（二）臭氧的产生

臭氧发生的方法按原理可分为光化学法、电化学法、原子辐射法和电晕放电法。光化学法是利用光波中的紫外光使氧气分子O_2分解并聚合成O_3，大气层中的臭氧层即按此原理形成。电化学法是直流电源电解含氧电解质可产生浓度高、成分纯净的臭氧，主要用于医学及食品等行业。电晕放电法是利用交变高压电场使含氧气体产生电晕放电，电晕中的自由高能电子分解O_2分子，经三体碰撞反应又聚合成O_3分子，这种方法能耗较低，臭氧产最较大，常用于医学及食品等行业。

（三）臭氧的理化性质

1. 臭氧的物理性质

臭氧的气体明显地呈蓝色，液态呈暗蓝色，固态呈蓝黑色。它的分子结构呈三角形。在常温、常态、常压下，较低浓度的臭氧是无色气体，当浓度达到15%时，呈现出淡蓝色。臭氧不溶于液态氧、四氯化碳等，可溶于水，且在水中的溶解度较氧大，0℃、1个标准大气压时，1体积水可溶解0.494体积臭氧。在常温常态常压下臭氧在水中的溶解度比氧高约13倍，比空气高25倍。但臭氧水溶液的稳定性受水中所含杂质的影响较大，特别是有金属离子存在时，臭氧可迅速分解为氧，在纯水中分解较慢。臭氧的密度是2.14g/L（0℃，0.1MPa），沸点是-111℃，熔点是-192℃。臭氧分子结构是不稳定的，它在水中比在空气中更容易自行分解。臭氧的主要物理性质列于表6-3。

表6-3 臭氧的物理性质

项 目	条 件	数 值
分子式		O_3
分子量		47.998 28
熔 点		（−192.7 ± 0.2）℃
沸 点		（−111.9 ± 0.3）℃
溶解度	0℃	1.13g/L
	10℃	0.78g/L
	20℃	0.57g/L
	30℃	0.41g/L
	40℃	0.28g/L
	50℃	0.19g/L
	60℃	0.16g/L
密 度	气态（0℃，0.1 MPa）	2.144 g/L
	液态（90 K）	1.571 g/cm^3
	固态（77.4 K）	1.728 g/cm^3
黏 度	液态（77.6K）	4.17MPa·S
	液态（90.2K）	1.56MPa·S

（续表）

项目	条件	数值
临界状态	温度	（-12.1 ± 0.1）℃
	压力	5.46MPa
	体积	$147.1cm^3/mol$
	密度	$0.437g/cm^3$
表面张力	77.2 K	43.8Mn/m
	90.2 K	38.4Mn/m
等张比容	90.2 K	75.7
介电常数	液态（90.2 K）	4.79F/m
偶极距		（1.84×10^{-30}）C·m（0.55D）
热容	液态（90 ~ 150 K）	（1.778+0.0059）（T-90）F/m
摩尔气化热	161.1 K	14 277
摩尔气化热	90 K	15 282
摩尔生成热		-144kJ/mol

臭氧虽然在水中的溶解度比氧大10倍，但是在实际应用上它的溶解度甚小，因为它遵守亨利定律，其溶解度与体系中的分压和总压成比例。臭氧在空气中的含量极低，故分压也极低，那就会迫使水中臭氧从水和空气的界面上逸出，使水中臭氧浓度总是处于不断降低状态。

2. 臭氧的化学性质

臭氧为已知最强的氧化剂之一，仅次于氟，可以氧化大多有机物、无机物。臭氧与其他氧化性物质氧化性强弱对比如下：

氟>氢氧根>臭氧>过氧化氢>高锰酸根>二氧化氯>次氯酸>氯气>氧气

臭氧稳定性极差，在常温下可自行分解为氧气，1%浓度以下臭氧在空气（常温常压）中的半衰期为30min左右，随温度的升高，分解速度加快。当温度达到270℃高温时可立即转为氧气。1%水溶液在常温下的半衰期为20min左右。所以，臭氧不易贮存，需现场制作，立即使用。

（四）臭氧的毒性

在正式批准臭氧使用于食品工业之前，臭氧的毒性是最重要的评判标准。这对监控和臭氧接触的从业人员十分必要。臭氧对人的呼吸道有影响。臭氧中毒的症状是头痛、晕眩、眼部和喉咙有灼烧感，伴随咳嗽。臭氧中毒可能会导致头痛、身体虚弱、记忆力下降、易患支气管炎以及加速肌肉的兴奋性。不过臭氧的毒性主要是其强氧化能力，在浓度高于1.5mg/L以上时，人员须离开现场，原因是臭氧刺激人的呼吸系统，严重会造成伤害，为此，国际与各国臭氧工业协会制定了卫生标准：国际臭氧协会为0.1mg/L，接触10h；美国为0.1mg/L，接触8h；德、法、日等国为0.1mg/L，接触10h；中国为0.15mg/L，接触8h。以上是人在臭氧化气体环境下的安全卫生标准，其浓度与接触时间的乘积可视为基准点。文献报告，臭氧浓度在0.02mg/L时，嗅觉灵敏的人便可觉察，称为感觉临界值；浓度在0.15mg/L时为嗅觉临界值，一般人都能嗅出，也是卫生标准点；当浓度达到

1～10mg/L时，称为刺激范围，10mg/L以上时为中毒限。因此在有人的情况下利用臭氧时，应充分考虑安全性，切实安排臭氧排除设施。主要的处理手段有活性炭吸附分解、触媒接触分解、热分解、光分解和药液处理等。在排除臭氧的管理方面，要确认所使用的臭氧浓度计的可靠性。事实上，安全使用臭氧完全可以保证人的健康不受危害，相反，在呼吸0.1mg/L以下浓度臭氧时，对人体会有保健作用，有人把臭氧比作美酒，是有其道理的。臭氧应用100多年来，至今世界上无一例因臭氧中毒死亡事故发生。

（五）臭氧杀菌的原理

臭氧因氧化作用破坏微生物膜的结构实现杀菌作用。臭氧首先作用于细胞膜，使膜构成成分受损伤而导致新陈代谢障碍，臭氧继续渗透穿透膜而破坏膜内脂蛋白和脂多糖，改变细胞的通透性，导致细胞溶解、死亡。而臭氧灭活病毒则认为是氧化作用直接破坏其核糖核酸RNA或脱氧核糖核酸DNA物质而完成的。

臭氧水杀菌作用有些不同，其氧化反应有两种，微生物菌体既与溶解水中的臭氧直接反应，又与臭氧分解生成的羟基间接反应，由于羟基为极具氧化性的氧化剂，因此臭氧水的杀菌速度极快。

臭氧是一种广谱杀菌剂，可杀灭细菌繁殖体与芽孢、病毒、真菌、原虫包囊等，并可破坏肉毒杆菌毒素。臭氧在水中杀菌速度较氯快600～3 000倍。例如，对大肠杆菌，用0.1mg/L活性氯（余氯量），需作用1.5～3.0h，而用臭氧只需0.045～0.45mg/L（剩余臭氧量）作用2min。表6-4是臭氧对各种微生物的杀菌效果。

表6-4　臭氧的杀菌作用

微生物	臭氧浓度（mg/kg）	pH值	温度（℃）	作用时间（min）	致死率（%）
金黄色葡萄球菌	0.5		25	0.25	100
鼠伤寒杆菌	0.5		25	0.25	100
大肠杆菌	0.5		25	0.25	100
弗氏志贺氏菌	0.5		25	0.2	100
蜡状芽孢杆菌	2.29		28	5	100
巨大芽孢杆菌	2.29		28	5	100
马阔里芽孢杆菌	2	6.5	25	1.7	99.9
嗜热脂肪芽孢杆菌	3.5	6.5	25	9	99.9
产气荚膜梭菌	0.25	6	24	15	100
生孢梭菌PA 3679	5	3.5	25	9	99.9
肉毒梭菌62A	6	6.5	25	2	99.9
肉毒梭菌213B	5	6.5	25	2	99.9

资料来源：陈仪本，工业杀菌剂[M]. 2001

臭氧是氧的同素异形体，常温下是一种不稳定的淡紫色气体，有刺激腥味，微量时具有一种“清新”气味。臭氧具有极强的氧化能力，在水中的氧化还原电位为2.07 V，仅次于氟电位2.87 V，居第二位，它的氧化能力高于氯（1.36 V）、二氧化氯（1.5 V）。正因为臭氧具有强烈的氧化性，所以它对细菌、霉菌、病毒具有强烈的杀灭性，这种作用通常是物理、化学、生物学方面的综合效果。其机理可以是以下几个方面：①臭氧很容易同细菌的细胞壁中的脂蛋白或细胞膜中的磷脂质、蛋白质发生化学反应，从而使细菌的细胞壁和细胞受到破坏（即所谓的溶菌作用），细胞膜的通透性增加，细胞内物质外流，使其失去活性。②臭氧破坏或分解细胞壁，迅速扩散进入细胞里，氧化了细胞内酶或RNA、DNA，从而致死菌原体。在高电压强电场作用下，气体在电介质表面产生脉冲电晕放电，产生高浓度等离子体，电子和离子被强大电场力作用加速与气体分子碰撞，在10s内使氧分子分解成单原子氧，在数十秒内原子氧和分子氧结合成臭氧：

$$O_2+e^-\rightarrow 2O$$
$$2O+2O_2\rightarrow 2O_3$$

臭氧在水中是不稳定的，时刻发生还原反应，产生十分活泼的、具有强烈氧化作用的单原子（O），在产生瞬时，对水中细菌、微生物有机物质进行分解作用。

$$O_3\rightarrow O_2+（O）$$
$$（O）+H_2O\rightarrow 2HO$$

臭氧在水中的“半衰期”为20min（pH值7.6时41min，pH值10.4时为0.5min）。人们把含有臭氧的水叫做臭氧水。臭氧水对各种致病微生物均有极强的灭菌作用，臭氧在水中不稳定，发生强烈氧化还原反应，产生极活泼、具有强烈的氧化作用的单原子氧（O）、羟基（OH）。羟基氧化还原电位为2.8V，相当于氟的氧化能力。

（六）臭氧杀菌的特点

1. 臭氧具有强烈的消毒杀菌作用

臭氧为已知最强的氧化剂之一，臭氧在水中杀菌速度比氯要快的多，杀菌能力是氯的600～3 000倍。它能在短时间内有效地杀灭大肠杆菌、蜡杆菌、痢疾杆菌、伤寒杆菌、流脑双球菌等一般病菌以及流感病毒、肝炎病毒等多种微生物。如在清净水中，臭氧浓度只要达到0.4～0.5 mg/kg时，在0.5～5min就可以杀死细菌。

2. 臭氧具有安全可靠、高效的使用性能

臭氧杀菌不会改变食品原有的品质特性，臭氧的分解产物是氧气，不会产生残留污染。不会对环境产生影响。不仅如此，中国医学科学院研究证明，在水处理过程中。臭氧不仅可以有效地杀灭天然水、矿泉水、纯净水中的细菌，消除有机物，净化饮水，除去水中的异味、臭味，并且对水中的重金属有分解作用。另外。美国华盛顿大学医学研究人员还发现臭氧可以抑制癌细胞的生长。如今有些饮用水厂家还打出富氧水的广告。

3. 臭氧生产的成本低

臭氧生产可以直接用空气为原料。利用臭氧发生器直接产生臭氧，操作简单方便，自动化控制程度高，制造成本低。一台80W的臭氧发生器只要运行1h，就可以满足一个体积为300m^{3}的食品车间的消毒要求，而一台这样的臭氧发生器，售价只在4 000～5 000

元。另外，生产0.5 ~ 1.5mg/kg浓度的臭氧水单价仅在0.8元/t左右。相比其他的杀菌技术，臭氧杀菌成本要相对低廉，是食品加工企业都能承受的杀菌技术，食品企业可以根据自己的生产要求选购不同臭氧发生量的臭氧设备。

（七）臭氧杀菌的影响因素

臭氧杀菌的效果主要受其浓度、微生物种类、作用时间、温度、pH值、水的理化性质、杂质等因素影响。

（1）臭氧对各种微生物杀灭效果不同。实验表明，臭氧对人和动物的致病菌和病毒（如金黄色葡萄球菌、大肠杆菌、乙肝病毒、沙门氏菌等）具有很强的杀灭性，即使对化学消毒剂有着较强耐受力的霉菌也有较强的杀灭性。

（2）温度、湿度也影响其杀菌灭毒效果。通常，温度低、湿度大杀菌效果好。实验证明：当环境相对湿度小于45%，臭氧对空气中的悬浮物几乎没有杀灭性，在同样温度下，相对湿度超过60%时，杀灭效果逐渐增强，在相对湿度为90%时，达到最佳灭菌效果。

（3）臭氧的浓度也影响其灭菌能力，浓度在0.2mg/L以下，几乎没有杀灭作用。

二、臭氧杀菌的应用

臭氧具有特殊性质，使得它成为食品加工中具有吸引力的消毒剂，而且它可能比其他消毒系统更为安全。应用臭氧的场合主要有两大类，一类是在空气中的应用，另一类是在水中的应用，见表6-5。臭氧的稳定性较差，一般多在现场生产，即时使用，其应用范围如表6-5所示。

表6-5 臭氧在食品工业中的应用

应用目的	应用领域	应用方法举例
杀　菌	食品原料、加工车间、水	环境空气杀菌、饮料水、洗净水杀菌
贮藏、保鲜	罐头、果蔬贮藏保鲜	清蒸罐头、盐渍罐头内充填臭氧，苹果、草莓等果蔬包装内充臭氧
脱臭、脱色及除味	肉食车间及食品原料的脱色和漂白	鲜肉及大蒜的脱臭及脱色
氧化及其他作用	有毒气体的分解，新鲜度的保持，食品原料的催熟化	

资料来源：王启军，臭氧技术在食品加工中的应用[M]. 2002

1. 冷库消霉

冷库的生物污染源主要是霉菌，因其在低温条件下可以存活，对消毒剂有较强的耐受力。甘肃商业科研所和兰州大学合作对兰州地区冷库的青霉菌作消毒剂筛选，在甲醛、过氧乙酸、苍耳籽油和臭氧消毒效果对比中优选出臭氧。臭氧浓度122mg/kg，作用3 ~ 4h，包括抵抗力极强的未萌动孢子皆被杀死。厂家实际应用效果也证明了臭氧在冷库消毒中的优良效果。

我国对贮藏果蔬的高温冷库空库消毒比较重视。冷库消毒时，要求臭氧浓度6～10mg/kg，停机后封库24h以上，细菌杀灭率90%左右，霉菌杀灭率80%左右。臭氧杀菌持续时间较长，现场测定停机48h后微生物数量还在不断下降，而臭氧早已分解完。因此，要求臭氧消毒在进货前一周安排。

应用臭氧对冷库除味效果极好，短时即可奏效。广州市一个厂家用臭氧去除鱼类变质臭味，1h即完成。成都一家冷库用臭氧去除鱼库的腥臭味后贮藏冰淇淋，质量很好，而其他化学消毒剂的味道会污染冰淇淋。

冷库消毒应使用产量较大的臭氧设备，否则难以达到要求的浓度，可按1g/10m^3选择。

2. 食品加工车间杀菌净化

速冻食品、冷冻食品、肉蛋奶制品加工车间与包装间，都有比较高的卫生要求，特别是生鲜食品由于最终没有加热消毒工序，生产车间的微生物污染是影响产品质量的极重要因素。目前我国大都采用紫外灯消毒，由于紫外线杀菌具有天然的缺点，食品微生物指标很难控制，在夏季尤其严重。臭氧用于食品加工车间效果很好，浓度也比冷库消毒要求低得多，一般0.5～1.0mg/kg即可达到80%以上的空气杀菌率，并可去除车间异味。蛋品加工厂生产蛋黄酱、冷冻厂生产冰淇淋、雪糕，都有搅拌、膨化工序，产品会与空气强烈接触，使用臭氧后车间微生物降低90%，产品质量达到合格标准，而一旦停止使用臭氧，产品中细菌会逐日快速增加。

车间工具、包装物杀菌要求臭氧浓度高一些，应达到5～6mg/kg。1994年9月，天津一分割包装煮鸭车间（50m^3）用3g/h臭氧发生器消毒2h后，经卫生防疫站检测，结果如下。①空气中细菌总数：消毒前，冷却间105个/m^3，包装间1 325个/m^3；消毒后，冷却间26个/m^3，包装间0个/m^3。②食品操作间内消毒后物品表面细菌情况：工作台、菜刀、菜板无菌落生长，无大肠菌；门把手、地面、手套、真空机、成品箱细菌总数均小于1个/cm^2，无大肠菌。

原天津外贸食品厂1 300m^3速冻食品加工间，装有30W紫外灯48盏，后改装3g/h臭氧发生器两台，每天开机1h，细菌杀灭率达到91.3%，1991年度节支消毒管理费用13 321.44元。

加工肠衣、皮革、海产品等气味污染严重的车间使用臭氧除味也很有效，是很好的劳动保护手段。

食品加工间杀菌净化的一个重要问题，是确定臭氧发生器的开机时间，原则是使上班时加工车间内细菌数处于最低水平。一般是下班后开机，如上班前能开机更好。要留有停机臭氧分解时间，待上班时嗅不到新鲜的臭氧气味即可。要求更高的无菌操作室可以在闭路空气循环中进行杀菌而又使工作人员不接触臭氧，该项应用技术已成熟。

3. 蔬菜水果贮藏防霉保鲜

蔬菜水果贮藏保鲜是一项复杂困难的工作，臭氧可在杀菌防霉与减缓新陈代谢两个方面发挥作用，同包装、冷藏、气调等手段一起配合提高保鲜效果。

臭氧杀菌防霉分3个阶段：空库消毒、入库杀菌和日常防霉，目的是减少霉菌、酵母菌等微生物造成的腐烂。臭氧可以快速分解乙烯实现减缓新陈代谢过程，推迟后熟和老化。

蔬菜水果的包装码放要有利于臭氧接触、扩散，纸箱侧面要开孔，不要码成大垛。气调库与气调大帐要用管道送入臭氧，硅窗袋包装臭氧可以渗入，全塑料袋可在换气前后应用臭氧。

蒜薹是目前贮量最大、差价增值很大的蔬菜，臭氧应用相对成熟一些，一批国营和个体贮存户取得了防止霉变腐烂的经验。空库消毒，特别是旧库、地下库消毒要高度重视，臭氧消毒效果只要达到浓度要求即可。

入库预冷时由于冷风机一直开动臭氧浓度难以稳定，这时应该将臭氧发生器放在库内距冷风机最远端，此时产生的臭氧借助冷风机抽风流动而与蒜薹表面接触，起到部分杀菌作用。在装袋前可一直开臭氧发生器，由于贮量大、空气流动，臭氧不会达到2.5mg/L的伤害浓度。

对于气调库与气调大帐要在调节补充空气时同时通入臭氧，这时应选用有压力、臭氧浓度适中的臭氧源。清华大学研制的XFZ-D5型发生器即满足这种要求，可通过管路输入臭氧。小包装袋可通过硅窗或开袋换气前后应用臭氧对空气进行净化杀菌，去除蒜味。此时注意应将发生器放在开袋区域以增强杀菌净化效果。

实际应用证明，臭氧可强烈抑制蒜薹薹苞腐烂扩展，如有霉菌发生，可使其直接暴露在臭氧下，即可杀菌抑制其扩展。苹果、梨及葡萄等水果应用臭氧效果很好，间断应用浓度不超过2.0mg/L没有任何伤害。臭氧防霉保鲜的蔬菜水果出库后一段时间仍保持新鲜状态。

4. 蔬菜加工

小包装蔬菜如传统榨菜、萝卜、小黄瓜等食品加工中，很多企业为延长产品的保质期，往往采用包装后高温杀菌的工艺，这不仅对产品的色泽、质地等带来不利的影响，而且还消耗了大量的能源。利用臭氧水冷杀菌新技术可避免传统产品加工工艺对产品质量带来的不利影响，并且可提高产品质量，降低生产成本。其新的生产工艺流程如图6-7所示。

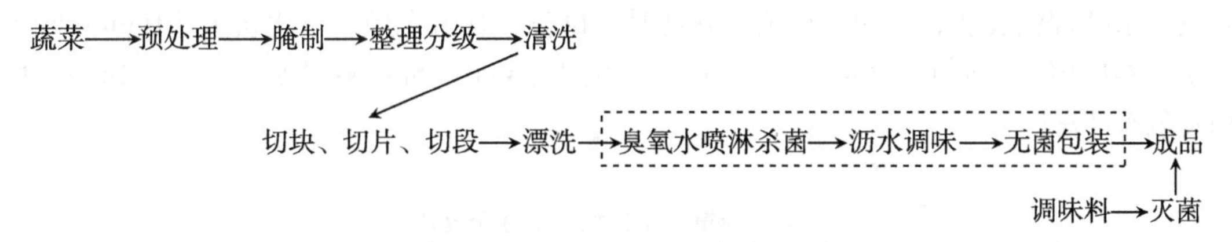

图6-7　小包装蔬菜生产工艺流程

该工艺适用于自动化程度较高的连续生产线，从臭氧水喷淋杀菌至无菌包装的工艺操作均需在洁净车间内进行（图6-7线框内工序）。臭氧水喷淋杀菌操作设备设计为链带式，输送带速度可按需进行无级调速，使臭氧水与仪器充分接触，保证杀菌后产品的卫生质量。

采用臭氧水浸泡2min的方法，水中的臭氧的浓度在0.8mg/kg以上杀菌效果最好（臭氧水浓度为1.0mg/kg，作用时间1.5min以上为最好）。

在工厂生产中，分别用臭氧，二氧化氯水对榨菜丝、日本小萝卜段、黄瓜片喷淋2min进行消毒处理，结果见表6-6。可见臭氧水杀菌效果优于二氧化氯水。

表6-6 不同处理方式的产品细菌总数 （单位：cfu/g）

产 品	100 mg/kg 二氧化氯水	1.0 mg/kg 臭氧水	自来水
榨菜丝	12	5	1.2×10^3
小萝卜	25	7	4.3×10^3
黄瓜片	8	0	7.5×10^3

净菜加工悄然兴起，但是目前，果蔬表面农药残留问题受到商家和消费者的关注。在净菜加工中使用臭氧水消毒灭菌可打消人们对产品质量的疑虑，使用该技术对果蔬外表面的微生物（包括致病菌）有较好的杀菌效果，而且对果蔬表面残留的农药、化肥及其他异味等有较好的降解效果。

5. 食品设备、容器的消毒

在饮料、果汁等生产过程中，臭氧水可用于管路、生产设备及盛装容器的浸泡和冲洗，从而达到消毒灭菌的目的。采用这种浸泡、冲洗的操作方法，一是管路、设备及盛装容器表面上的细菌、病毒被大量冲淋掉；二是残留在表面上的未被冲走的细菌、病毒被臭氧杀死，非常简单省事，而且在生产中不会产生死角，还完全避免了生产中使用化学消毒剂带来的化学有毒有害物质排放及残留等问题。

利用臭氧水对生产设备等的消毒灭菌技术结合膜分离工艺、无菌灌装系统等，在酿造工业中用于酱油、醋及酒类的生产，可提高产品的质量和档次。

用二氧化氯和臭氧对几种物体表面作消毒处理，其杀菌效果如表6-7。用二氧化氯水和臭氧水处理包装瓶，可彻底灭菌。处理时，设备、管道先用二氧化氯水（100mg/kg）清洗，然后用臭氧水（1.5mg/kg）冲洗1次；包装瓶可用1.5mg/kg的臭氧水浸泡2min，再用臭氧水冲洗即可。

表6-7 杀菌水对物体表面的杀菌效果

消毒物品	处理前细菌总数（cfu/g）	杀菌剂（mg）	杀菌剂浓度（mg/kg水）	作用时间（min）	平均杀菌率（%）
不锈钢台面	3.8×10^3	二氧化氯	100	1	95.2
		臭氧	1.5	1	98.5
聚酯瓶	56	二氧化氯	100	2	100
		臭氧	1.5	2	100
玻璃瓶	3.2×10^2	二氧化氯	100	2	99.7
		臭氧	1.5	2	100

6. 海洋水产制品加工

在冷冻水产品的冻前处理中，通过臭氧水喷淋杀菌对水产制品的卫生起到了很好的控制作用。在出口冻虾仁加工生产中，其改造后的新工艺流程如下：

原料虾→冰水清洗→去壳、分级→低温漂洗→消毒浸泡→臭氧水喷淋杀菌→单体速冻→包冰→包装→冻藏

由表6-8可以看出，臭氧水对虾制品的杀菌效果是明显的。另外，用浓度为0.7mg/kg臭氧水喷淋虾及其他鱼类制品5min，经感官评定对色泽、风味等品质均无影响。

表6-8 不同杀菌剂处理虾制品2min杀菌效果比较

样品	处理前细菌总数（cfu/g）	杀菌剂	杀菌剂浓度（mg/kg水）	处理后细菌总数（cfu/g）	平均杀菌率（%）
有壳虾	3.6×10^4	二氧化氯	100	6.5×10^2	98.2
		臭氧	0.7	2.9×10^2	99.2
		自来水	—	2.7×10^4	25
虾仁	2.8×10^4	二氧化氯	100	2.0×10^2	92.8
		臭氧	0.7	1.4×10^2	95.1
		自来水	—	2.2×10^4	21.4

7. 在畜产品加工中应用

使用臭氧对分割肉、熟制品的原料肉和成品进行杀菌，可大大减少原料肉和成品的带菌量，分解肉类食品中的荷尔蒙，从而保证产品品质，延长货架期。此外，臭氧对于解决分割肉的沙门氏菌污染问题有着极佳的效果。

Rusch-A-von等国外研究者已经研究出了臭氧对冷却肉表面菌（包括细菌、霉菌、酵母菌、寄生虫和病毒等）有较好的抑制效果；Pohlman等人把臭氧通入醋酸溶液和十六烷基氯化物溶液，对牛肉进行处理后，使得牛肉的除菌、护色及香味得到保证。在英国等国家开始研究将臭氧和紫外线结合杀菌技术应用于气调包装上，并已取得较好的效果。经过此技术处理的肉制品能够具有很长时间的货架期，而且杀菌效果要比单一使用臭氧或紫外线的效果有显著提高。李诚等研究发现，臭氧对猪肉的保鲜效果随臭氧浓度的增加而增加，其有效保鲜浓度为4mg/L。

8. 水的消毒

饮用水杀菌净化是臭氧应用历史最长、应用规模最大的一个领域。目前世界臭氧产业的主要市场仍是饮水处理，在欧美、日本等发达国家与地区臭氧处理饮用水已占主导地位。原因在于臭氧处理可达到无微生物污染、无残余化学污染的高要求。

矿泉水已是大量消费者的瓶装饮料，其保质期取决于微生物的彻底杀灭。常用的超滤加紫外线消毒的方法难以达到质量标准，臭氧杀菌成为首选方法，既可以完全杀灭活

微生物，达到双零指标，又可去除水中铁锰等可溶性盐类而保存有益的碳水化合物。

矿泉水臭氧溶解度在0.4～0.5mg/kg时即可满足杀菌保质要求，合理的臭氧投加量为1.5～2.0g/m^3。臭氧在水中的溶解度随温度降低、压力提高而提高。在实际生产条件下，保证臭氧气体浓度为10mg/L，臭氧与水接触时间5～10min，气水混合接触良好的情况下即可达到要求。目前一些厂家用50～100g/h臭氧发生器处理矿泉水（产水量10m^3/h以下）是不负责任的。首先，作为质量很好的矿泉水无需那么多臭氧（只有污水由于严重的化学、生物污染才会吸收消耗大量臭氧），多余大量臭氧作为尾气排放反而增加尾气处理装置的负担；其次，容易对矿泉水造成过氧化而使有益微量元素损失。

矿泉水灌装间安装臭氧设备对空气杀菌净化，防止落下菌污染，对没有空气过滤净化设备的厂家是非常有益的。采用臭氧化工艺的矿泉水厂经常利用臭氧对贮水罐（池）、管道、过滤器消毒也是非常有益的。

食品生产需要大量洁净水，在生产成本中是一项较大开支。目前食品生产厂家有两种需求：一是水源不合格，如用海水代替淡水加工水产品或自采水存在污染；另一个是加工用水回用或延长使用时间。臭氧处理是完全可以满足这些需求的。

某冷藏厂是食品出口企业，地处市区海边，利用海水加工水产品。由于海水污染，对产品质量造成很大影响。1994年建成海水臭氧处理站，应用500g/h臭氧发生器处理20m^3/h海水，取得良好效果。该厂提高了出口产品质量，现已通过ISO9002认证。经运行成本分析，臭氧处理海水总成本低于工业自来水成本。加工蔬菜或禽类最后清洗用水会随时间延长而污染，经常换新水负担不起。利用臭氧处理有两种方案：循环处理或在池内处理均可达到要求。由于臭氧水处理系统投资相对较高，一些企业不愿接受，其实按设备寿命计算水成本并不高，产品质量提高则是最大的效益。

饮料用水处理的工艺流程根据不同饮料的要求而定（图6-8，图6-9）。

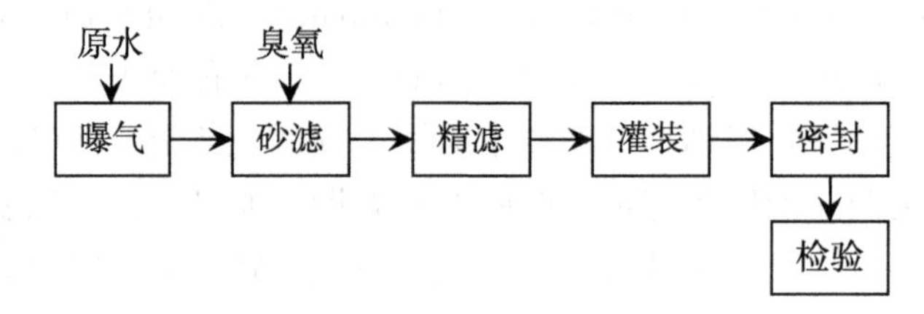

图6-8　臭氧处理矿泉水的生产工艺流程

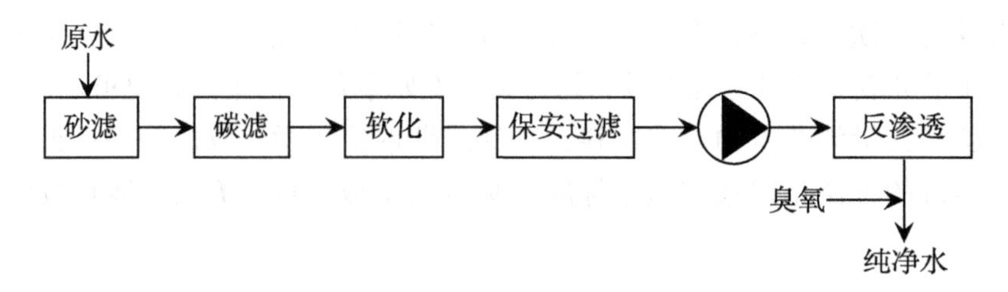

图6-9　臭氧处理纯净水的生产工艺流程

9. 工作服消毒

食品加工、冷饮、生化制药等部门一些工序对工作服消毒要求很高。工作服消毒经常采用高压消毒法，这在食品行业是难以做到的。食品厂家多用紫外线照射消毒工作服，紫外线法的照射消毒效果很差。利用臭氧对工作服消毒，是高效、经济、简便的方法。

北京生物制品研究所利用臭氧对工作服进行了消毒试验，在封闭房间内将衣服用衣架挂起，温度15～20℃，湿度调整到RH 80%～90%。臭氧浓度达到20mg/L后停机封闭20h，细菌杀灭率达90%～95%。这个试验一个月内反复进行4次，结果重复性很高。

食品行业企业每天下班后消毒工作服，在20m^{2}封闭房间内挂上几十件工作服，在地上洒些水。利用3g/h臭氧发生器开机3～4h即可达到8～10mg/kg臭氧浓度，取得杀菌率85%以上的消毒效果。把工作服挂在臭氧杀菌车间也有消毒作用，效果因浓度较低而差一些。

10. 处理污水

使臭氧在污水中的浓度为100～200mg/L，作用30min，可在多数情况下杀灭其中所有的微生物并破坏其毒素。

11. 消毒空气

将臭氧直接与空气混合或将臭氧直接释放到空气中，利用臭氧强氧化性的特点达到消毒作用。由于此方法将臭氧释放到密闭的空间中，整个空间包括其中的所有物品都充满了臭氧气体，因而消毒的范围广，使用方便，可开发用于食品生产车间、工厂操作室、食品仓库、粮库、工作台、工具、墙壁和设备等消毒灭菌。这种产品要求在无人的条件下使用，不能泄露，以免对人的呼吸道造成危害。臭氧的杀菌效果主要受其浓度、微生物种类、作用时间、温度、pH值、水的理化性质及杂质等因素影响。表6-9是臭氧在空气杀菌中常用的浓度。

表6-9　臭氧在空气杀菌中常用的浓度

应用领域	浓度（mg/kg）	应用领域	浓度（mg/kg）
冷　库	6～10	苹　果	20
食品车间	1.0～1.5	含叶绿素少的蔬菜	1～1.5
工作服消毒	10～20	鱼、干酪	0.5～1
鸡　蛋	20～25		

12. 降解农残

目前在果蔬上常用的农药主要是有机磷农药、拟除虫菊酯或氨基甲酸酯类农药。这三种农药的结构式中含有磷氧双键、碳碳双键或苯环结构。在臭氧强大的氧化作用下，双键断裂，苯环开环，农药的分子结构被破坏。臭氧氧化农药的产物是酸类、醇类、胺类或相应的氧化物等低分子化合物。如有机磷农药马拉硫磷，与臭氧反应先生成马拉氧磷，继续反应分子断裂最终生成磷酸、硫酸、二氧化碳和水。硝基酚与臭氧反应最终生成硝酸和二氧化碳。臭氧与农药反应后多余的臭氧会分解为氧气，生成的化合物大都为水溶性，可以用水冲走。因此用臭氧降解农残是安全可行的。

国内外有人做了此方面的研究。K C Ong等用氯和臭氧来处理苹果表面及苹果汁中的谷硫磷、盐酸、抗螨脒和克菌丹。结果表明，臭氧对以上三种农药的降解率为29%～42%，作者的结论是臭氧的质量浓度（0.25mg/L）太低，在降解农残方面没有氯有效。Eun-Sun Hwang等用臭氧和其他氧化剂来降解苹果上的代森锰锌。质量浓度为1mg/L的臭氧水作用30min后，仅有16%的代森锰锌残留；而3mg/L的臭氧水作用30min后，仅有3%的代森锰锌残留。在他们的另一个实验中指出，臭氧降解代森锰锌的最佳pH值是7.0。Soon-Dong Kin等在用臭氧培养豆芽的实验中发现，臭氧可以有效降解豆芽上的农药。将豆芽用质量浓度为3mg/L的臭氧水浸泡30min后再培养8h，其上的农药降解率为：克菌丹100%，二嗪农76%，毒死蜱70%，敌敌畏96%，倍硫磷82%。作者指出，克菌丹由于有2个C=O键而有较高的降解率（100%）。国内也有人做了类似的研究。据报道臭氧对水中农药残留有降解作用。龚勇用MC-100型多功能清洗机进行臭氧处理5～10min就能降解水中甲基对硫磷90%以上。杨学昌等用臭氧处理番茄等果蔬上的百菌清、氧乐果、敌百虫、杀灭菊酯和敌敌畏，处理后的农残均达到国际允许标准。王多加等人详细研究了臭氧对蔬菜中不同种类农药残留的降解作用。臭氧对有机磷类和拟除虫菊酯类农药残留的降解有明显的促进作用。

参 考 文 献

[1] 陈复生. 食品超高压加工技术[M]. 北京: 化学工业出版社, 2005.

[2] 邓立, 朱明主编. 食品工业高新技术设备和工艺[M]. 北京: 化学工业出版社, 2007.

[3] 黄福强. 臭氧杀菌设备——食品工业中的新宠[J]. 现代制造技术与装备, 2007, 42(5): 75-76.

[4] 刘骞, 骆承庠, 孔保华, 等. 臭氧杀菌在食品工业中应用的广阔前景[J]. 肉类工业, 2006, 26(1): 26-29.

[5] 皮晓娟, 李亮, 刘雄. 超高压杀菌技术研究进展[J]. 肉类研究, 2010, 23(12): 9-13.

[6] 邱伟芬, 江汉湖. 食品超高压杀菌技术及其研究进展[J]. 食品科学, 2001, 22(5): 81-84.

[7] 涂顺明. 食品杀菌新技术[M]. 北京: 中国轻工业出版社, 2004.

[8] 王云阳, 岳田利, 张丽, 等. 食品杀菌新技术[J]. 西北农林科技大学学报：自然科学版, 2002, 30(1): 99-102

[9] 伍小红, 李建科, 惠伟, 等. 臭氧技术在食品工业中的应用[J]. 中国乳品工业, 2006, 34(4): 42-45.

[10] 魏静, 解新安. 食品超高压杀菌研究进展[J]. 食品工业科技, 2009, 30(6): 363-367.

[11] 杨家蕾, 董全. 臭氧杀菌技术在食品工业中的应用[J]. 食品工业科技, 2009, 30(5): 353-355.

[12] 纵伟. 食品工业新技术[M]. 哈尔滨: 东北林业大学出版社, 2006.

第七章　生物传感器

第一节　生物传感器简介

一、生物传感器的构造和原理

生物传感器是一种由生物分子识别元件与各类物理、化学换能器连接组成，用于分析和检测的各种生命化学物质的分析设备，如图7-1所示。通常，使用生物传感器是为了产生与单一或一组特定分析物相关的一种信号，进而实现对目标组分定性或定量分析。待测组分首先和与生物识别元件发生互补的特异性相互作用，进而在传感器的识别层产生一种能被检测到并且可以被换能器测量的物理或化学变化，这些变化通常包括氧气或过氧化氢减少，NADH或pH值等化学因子，以及荧光、电导率、温度或质量等物理量的变化。生物传感器中使用的生物识别元件通常是酶或结合蛋白质，如抗体、核酸、细菌和单细胞生物体，甚至整个组织或高等生物。生物传感元件的选择是由目标分析物所决定的；换能器可以采取许多形式，这取决于被测量的参数。电化学、光学、质量和温度变化是最常见的参数。生物传感器检测时的特异选择性主要决定于生物识别元件，而检测的灵敏度往往由换能器决定。

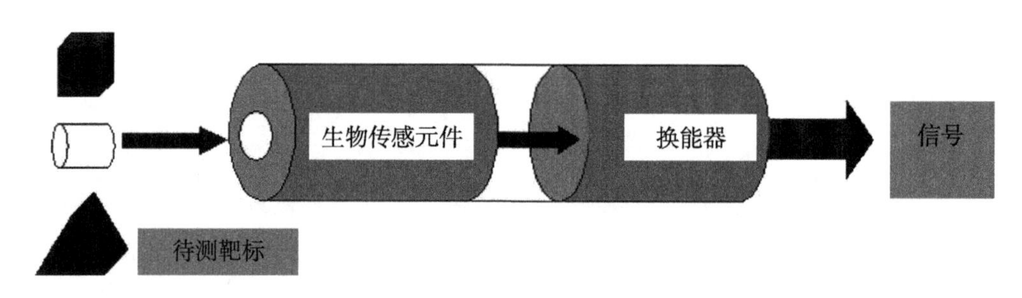

图7-1　生物传感器的基本构造

二、生物传感器的发展历程

1962年，科学家Clark和lyon首次提出了生物传感器的设想，随后将葡萄糖氧化酶固定到氧电极上后，外包一层半透膜，制成了第一个生物传感器。1967年Updike和Hicks发展了Clark等的工作，制备出了第一个有功能的酶电极，并测定了体外生物溶液和组织中葡萄糖的含量。1975年，一家成立两年的公司Yellow Springs Instrument Company将Clark的设想变成了商用产品，这款酶电极商品可以通过测定过氧化氢含量进而确定样品中的葡萄糖含量。

随着生命科学、信息科学和材料科学的不断发展、渗透和融合，生物传感器近半个世纪经历了3个发展时期。第一代生物传感器由包埋了生物组分的非活性基质膜（透析膜或反应膜）和电化学电极两部分组成。第二代的生物传感器区别于第一代的特点在于无须基质膜，直接将生物组分通过吸附或者共价结合到传导器表面；测定样品时不需要向样品中加入其他试剂。第三代生物传感器主要指硅片与生物材料相结合制成的生物芯片，通过将生物组分直接固定到电子元件上，从而直接感知和放大界面上物质浓度的变化，将生物识别和信号转换结合，传感器的整体构造更为紧凑。

总体上来说，生物传感器的发展一方面需要保持低成本、高灵敏，着重解决稳定性和寿命的问题，另一方面则需要不断向微型化、智能化和集成化的方向持续改善。目前生物传感器仍处于快速发展阶段，随着越来越多的应用于食品、制药、医学、环境和化工领域的商用化产品不断投入市场，商业规模持续增大。2005年生物传感器的产值高达29亿美元，2009年突破了40亿美元，预计2015年生物传感器的产值将达到120亿美元。

三、生物传感器的主要优势

1. 快　速

应用生物传感器分析待测组分，不仅样品需要量少而且响应速度快，可以实现实时测定，实现靶标组分的实时在线分析。

2. 简　便

由生物分子识别元件和换能器件构成的生物传感检测系统，体积小便于携带；操作简便，一般不需要复杂的样品前处理过程，可以避免了实验室内冗长的实验操作。上述特点使生物传感器特别适于现场检测。

3. 特异性高

大分子间或大分子与小分子间的特异相互作用（如酶与底物分子、受体和配体或抗原与抗体）是生物传感器的基础，这直接决定了应用生物传感器检测目标组分时的特异性。

4. 可以连续检测

生物传感器的生物识别元件大都可以在很短的时间内再生从而循环使用，这使其可进行多次连续的样品测定，为连续检测和实时在线分析提供了保证。

5. 成本低

生物传感器相较于大型分析仪器，价格极低，且操作简便，不需要复杂的前处理，故使用和维护费用也有很大的优势。

第二节　生物传感器的分类

根据不同的原则，生物传感器有多种分类方式。目前常见的分类方式主要有3种，依据待测组分与分子识别元件的相互作用方式、依据换能器的种类和依据分子识别元件的类型。

一、根据待测组分与分子识别元件的相互作用方式

可将生物传感器分为代谢型（又称催化型）传感器和亲和型传感器。酶传感器、微生物传感器和组织传感器等一般属于前者；而免疫传感器、受体传感器和核酸传感器等一般属于后者。目前，还出现了代谢型和亲和型混合的传感器。

二、根据换能器件不同

可分为多种类型，包括电化学型、阻抗滴定型、量热型、光学和压电式传导器等。用于食品分析的生物传感器大都基于氧化酶系统，常将生物识别元件与电化学传导器件（特别是安培计）连接。电化学换能器主要包括电位型和电流型两种类型：前者除离子选择电极（ISEs）和离子敏感型场效应晶体管（ISFETs）外，还有气敏电极（Gas Electrode）；后者则包括惰性金属（铂等）电极和碳电极（石墨、碳糊、玻碳、碳纤维和多孔玻碳）。其中碳电极具有更好地化学惰性和较宽的电势窗口。此外，近年发展较快的是光学生物传感器，主要包括荧光型（Fluoresecence Biosensor）和化学发光型（Chemiluminescence Biosensor）两种类型。

三、根据分子识别元件

可以分为酶传感器（Enzyme Sensor）、核酸传感器（Nucleic Acid Sensor）、微生物传感器（Microbial Sensor）、细胞器传感器（Organelles Sensor）、组织传感器（Tissue Sensor）和免疫传感器（Immune Sensor），所用的传感材料分别为酶、微生物、细胞器、动植物组织和免疫分子（抗原或抗体）。以下选择在食品工业中应用较多的酶、免疫和微生物传感器详细介绍。

（一）酶生物传感器

酶生物传感器利用特定的酶捕获底物催化产生产物，目前已有多种换能器应用在酶生物传感器中（电化学、光学、光热、安培电流计和声学）。图7-2展示了多种酶传感器组装的示意图。在分析过程中，酶通常用于特定评估相应的特定底物，依据酶催化的转换数为底物的灵敏检测提供有效的放大效应。在分析中，对于特定化合物浓度的确定，底物的转化和酶促反应的剂量依赖抑制效应具有同样重要的作用。

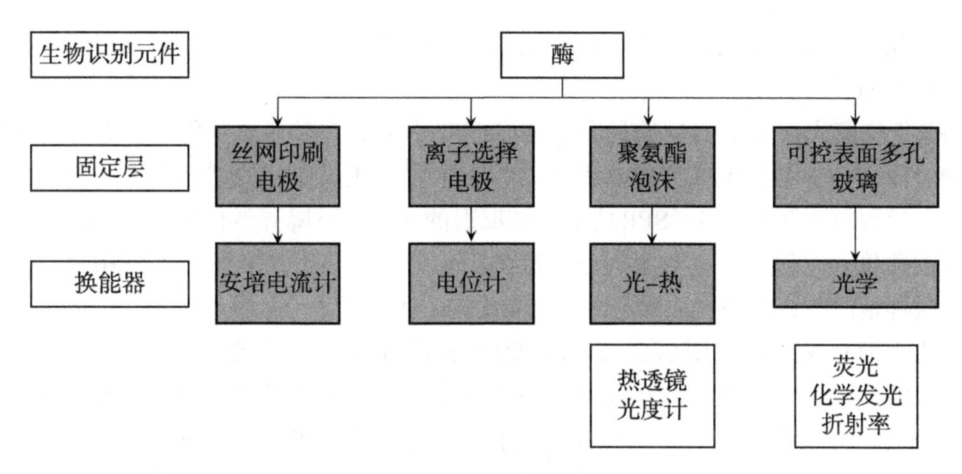

图7-2 酶生物传感器组装示意图

（二）免疫传感器

免疫传感器是指利用抗体作为生物识别元件的生物传感器。已经报道的用于测定食品化学成分和微生物污染的免疫传感器的换能器大都基于光学、电化学和压电信号。

1. 电化学免疫传感器

电化学传感器包括电位式免疫传感器和电流式免疫传感器。电位式免疫传感器感知样品中的抗原与预先固定到电极上的相应抗体发生反应时产生的电位变化。固定有抗体的电极与参比电极的电势差与样品中待测物具有函数关系。电流式免疫传感器则通过测定覆盖有抗体的电极与待测物特定结合时因氧化还原产生的电流来感知样品中靶标组分的浓度。

2. 压电式免疫传感器

压电式免疫传感器基于石英晶体材料，可以与外部交变电场产生共振。由此产生的震动频率与晶体重量呈函数关系。所以，特定抗体预先通过被动吸附或共价连接固定到石英晶体上，样品中的待测物与相应的抗体相互作用后，晶体总体重量会增加，由此导致的震动频率的变化可被测量。

压电式免疫传感器有两种类型，分别是体声波装置（Bulk Acoustic，简称BA）和表面声波装置（Surface Acoustic Wave，简称SAW）装置。BA装置中，待测物与相应的固定在石英表面抗体的特异吸附发生在表面，表面与震荡电路相连，共振发生于整个晶体；质量的增加会降低共振的频率，并与待测物的浓度有函数关系。而对于SAW免疫传感器，声波仅穿过覆盖了特定抗体的晶体表面，在样品中的待测物与特定抗体结合时震动频率发生改变。

3. 光学免疫传感器

已报道的光学生物传感器包括以下几种类型：光纤光学（FO）免疫传感器、表面等离子体共振（SPR）免疫传感器和消散波（Evanescent Wave，简称EW）免疫传感器。

FO免疫传感器中，抗体通过被动吸附、共价连接或者胶体基质免疫作用等多种机制固定在光纤的远端。光从光纤近端引入，通过全内反射抵达远端。大多数情况下，待测物固有荧光或荧光标记反应物随后发射的荧光可以被测量。荧光的强度直接或间接与待测物的浓度相关。

SPR免疫荧光原则上测量的是质量浓度的变化（如折射率的变化），这种变化通过待测物（或抗体）与固定在传感器表面的相应抗体（或抗原）的结合产生。质量浓度的变化可以导致SPR角的偏移。SPR角是指被反射的光强度下降导致传感器表面自由电子发生共振的角度。一般来说，对于大分子待测物（分子量>10 000Mw），常用直接测定的方式，这种情况下，待测物浓度与SPR的变化成正比；对于分子量<10 000Mw的分子，常用间接法（抑制或竞争）来测定，SPR的变化与待测物浓度呈反比。

消散波免疫传感器中，光在波导管中经过多重内反射传播时，产生一种被称为消散波的电磁波，可以自表面穿透约200nm的距离。与固定在波导管表面相应抗体结合的待测物可以与波产生相互作用，首先是吸附作用，随后发射荧光，产生的荧光与待测物的浓度呈正相关关系。

4. 光寻址电位传感器（Light-addressable Potentiometric Sensor，简称LAPS）

免疫传感器领域最新的进展是将光学和电化学整合为一个系统，即LAPS，主要用于检测食品中的微生物和聚合物污染。整个检测过程分为两个阶段。第一阶段是通过免疫识别反应将待测细菌捕获进入荧光素标记的抗细菌的抗体。随后在尿素分子存在的情况下通过抗荧光素—脲酶结合体检测信号。第二阶段中，含有免疫复合体的膜与pH值敏感的基体（表面覆盖有具有半导体性质的硅基芯片）紧密连接。发射器产生的光引发光子流，可以实现被捕获的免疫复合体独立检测。pH值的变化与脲酶活性相关，最终可以通过快速检测电压来检测免疫复合体的变化。

（三）微生物传感器

微生物传感器主要包括如下3个部分。

（1）微生物活体细胞（细菌或酵母），通过基因修饰生成重组体（如大肠杆菌）从而具有一系列重要特性，例如，表达降解酶（如L-内酰胺酶、有机磷水解酶和芳香环降解酶等）、特异性结合蛋白质，以及在待测物存在的情况下可以被诱导表达的报告酶（如细菌荧光素酶）。有些非重组的整个活细胞（如腐败交替单胞菌）可以响应特定的待测物（如鱼类腐败过程中ATP的降解产物），也可用作微生物传感器。

（2）重组微生物既可以直接被固定在膜上（如醋酸或硝酸纤维素膜），也可以包埋到基质中（如琼脂糖凝胶）。含有活细胞的膜或凝胶被置于换能器上，从而实现对待测靶标组分的分析。也可以重组微生物与含有待测组分的样品混合，由此导致的变化可以被换能器检测。

（3）目前有两种类型的换能器被广泛应用于微生物传感器中靶标组分的检测。①生物体同化特定组分时依赖的呼吸活性可以降低体系中的氧气含量，可以用Clark式氧电极测定由此导致的电流变化。②重组体如果含有细菌荧光素酶报告基因和可以表达降解待测组分的酶质粒，荧光素酶可以在存在特定靶标的情况下被诱导。荧光素酶的活性很容易在待测样品中添加荧光素后用光度计检测输出的光信号。

第三节　在食品工业中的潜在应用

食品工业是一个过程工业，合适传感器的监控和关键参数的控制不仅对于产品最终品质是必须的，而且对制造过程中流程的优化和生产错误报警等监控至关重要。食品分析囊括诸多方面，包括表征营养组成、细菌数目、食品添加剂含量、农药和兽药残留量等。除了表征产品成分和性能，这些分析方法还必须处理在操作、生产和贮藏过程中可能产生的化学变化。然而，食品分析的难度不仅在于大量需要定性的化合物，也来源于特定目标食品的复杂性，目标化合物永远被大量基质化合物以一个很广的化学类别和浓度水平所掩蔽。此外，食品可以是液体、膏状或是固体状，现有的分析方法对后两者形态的分析没有兼容性，因此必须用合适的提取方法来消除大量基质化合物，使目标分析物处于一个液体的环境。一个成功的分析方法需要一下几个特点：高选择性和灵敏度、可靠性、短的分析时间、稳定性、简单性、运行和储存成本低，并有可能实现小型化和设施自动化。在快速分析方法中，生物传感器提供了许多较传统方法的优点，例如，高效液相色谱法和气相色谱法需要高的维修成本、专业的操作和较长的分析时间，使它们在食物过程监控中不太实用。由于生物相互作用的特殊性质，用生物传感器执行测量，具有很高的灵敏度和选择性，所需要的设备一般比较简单，适合于现场分析和自动化，适合食品的快速检测。

生物传感器可能的应用领域是非常广泛的，其中，医疗和制药、食品工业和环境领域是应用最广泛的三大领域。表7-1中展示了近年文献所提及的应用于食品分析领域最重要的一些生物传感器。这部分主要参考了《Food Biotechnology》（第二版）中“生物传感器在食品质量评估中的应用”，以及Patel（2002）和Thakur等（2013）撰写的的综述。因为1967年Updike和Hicks应用酶电极测定葡萄糖的创造性工作，安倍电流计占据了生物传感器相关文献的绝大部分。葡萄糖是生物技术中最重要的分析物，表7-1从葡萄糖和其他糖类开始，至其他复杂因子如污染物和添加剂等结束。上述大部分工作仅停留在原型状态，没有很好地针对特定的实际应用案例优化。大部分研究者将生物传感器的检测范围定义为在实验中被用于特定仪器标线的线性范围。正常条件下生物传感器的响应值会超出线性范围的上限，也可以超出下限。

表7-1　生物传感器在食品组分分析中的应用

目标分析物类型	目标分析物	生物分子	传感器类型	特　性	应　用	参考文献
食品组分	葡萄糖	葡萄糖氧化酶	电流 E= +0.6V vs.Ag/AgCl	*S*:4.51 μA / (mmol/L) *LR*: 0 ~ 0.5mmol/L	芥末、蛋黄酱、大豆腌制品	Adnyi, et al., 2003
	葡萄糖	葡萄糖氧化镁	电流 E= -0.05V vs.Ag/AgCl	*S*: 3.9mA/[(mol/L)·cm^2] *LR*: 0.05 ~ 6mmol/L	梨汁、桃汁、菠萝汁	Ricci, et al., 2003
	葡萄糖	葡萄糖脱氢酶	电流	*SG*: 87mA/[(mol/L)·cm^2]	不同类型的酒	Niculescu, et al., 2003

（续表）

目标分析物类型	目标分析物	生物分子	传感器类型	特性	应用	参考文献
			E= +0.2 V vs.Ag/AgCl	*LRG*: 20 ~ 800μmol/L		
	乙醇	乙醇脱氢酶		*SE*: 220mA[(/mol/L)·cm^2] *LRE*: 2.5 ~ 250μmol/L		
	甘油	甘油脱氢酶		*SG*:32mA/[(mol/L)·cm^2] *LRG*: 1 ~ 200μmol/L		
	葡萄糖	葡萄糖氧化酶	光 λ = 720nm	*S*:0.036 U/(mmol/L) *LR*:0.05 ~ 2mmol/L	苹果汁、葡萄酒	Lenarczuk, et al., 2001
	葡萄糖	葡萄糖氧化酶	热	*S*:1.4 mm/(mmol/L)	可口可乐、果汁	Ramanathan, et al., 2001
	葡萄糖	葡萄糖氧化酶	电流 E= +0.6 V vs.Ag/AgCl	*LR*:5 ~ 25mmol/L *SG*:9.9 nA/(mmol/L)	番茄汁	
食品组分	乳 酸	乳酸脱氢酶		*LRG*: 0.5 ~ 100mmol/L *SL*: 7.2 nA/(mmol/L) *LRL*: 0.5 ~ 20mmol/L		
	葡萄糖	葡萄糖氧化酶	电流 E= +0.4V vs.Ag/AgCl	*S*:2.31μA / (mmol/L) *LR*: 0.1 ~ 9.6 mmol/L	软饮料	Chia, et al., 1999
	蔗糖	蔗糖转化酶 变旋酶 葡萄糖氧化酶	电流 E= +0.7 V vs.Ag/AgCl	*SS*:55 nA/(mmol/L) *LRS*:1 ~ 40 mmol/L *SG*: 33 nA/(mmol/L) *LRG*:1 ~ 100 mmol/L	葡萄汁、可口可乐、橙汁、猕猴桃汁	Saraeungchai, et al., 1999
	葡萄糖 抗坏血酸 柠檬酸	葡萄糖氧化酶 辣根过氧化酶 脲酶	ISFET	LR_G:1 ~ 10 mmol/L LR_{AA}: 0.25 ~ 2 mmol/L LR_{CA}: 5 ~ 100 mmol/L	水果饮料	Volotovsky, et al., 1998
	乳糖	β -半乳糖苷酶	压力	S_L:0.57 kPa/(mmol/L) LR_L:0 ~ 5mmol/L	牛奶	Jenkins, et al., 2003
	葡萄糖	葡萄糖氧化酶		*SG*:0.95kPa/(mmol/L) *LRG*: 0 ~ 5 mmol/L		

（续表）

目标分析物类型	目标分析物	生物分子	传感器类型	特性	应用	参考文献
食品组分	乳糖	β-半乳糖苷酶	电流 E= +0.3 Vvs. Ag/AgCl	SL:324nA/(mmol/L) LR_L: 0.01 ~ 5mmol/L	牛奶	Moscone, et al., 1999
	果糖	果糖脱氢酶		S_F: 352nA/(mmol/L) LR_F: 0.001 ~ 5 mmol/L		
	果糖	果糖脱氢酶	电流 E= +0.2 Vvs. SCE	S:70 nA/ mmol/L LR: 0.05 ~ 1 mmol/L	果酱、蜂蜜、巧克力 饼干、果汁、葡萄酒	Stredansky, et al., 1999
	蔗糖	蔗糖磷酸酶 葡萄糖6-磷酸脱氢酶	电流 E= +0.15 Vvs.g/AgCl	S:1nA/(mmol/L) LR: 1 ~ 100 mmol/L	菠萝汁、橙汁、桃汁	Maestr, et al., 2001
	葡萄糖	葡萄糖氧化酶	电流 E= +0.0 or 0.2 V vs. Ag/AgCl	S_G: 125 nA/ mmol/L LR_G: 0 ~ 5mmol/L R_{MA}: 0.05 ~ 3mmol/L LR_{MA}: 0.05 ~ 3mmol/L	葡萄酒	Lupu, et al., 2003
	乙醇	乙醇脱氢酶	电流	S_E:259 nA/(mmol/L) LR_E:0.2 ~ 20 μmol/L	葡萄酒	De Prada, et al., 2003
	甲醇	辣根过氧化物酶	E= + 0.0 Vvs. Ag/AgCl	S_M:5nA/ (mmol/L) LR_M: 0.02 ~ 1.5μmol/L		
	乙醇	乙醇脱氢酶	电流 E= + 0.3 Vvs. Ag/AgCl	S:336mA/[(mol/L)·cm^2] LR:1 ~ 250μmol/L	葡萄酒发酵过程	Niculescu, et al., 2002
	多酚	辣根过氧化物酶	电流 E= -0.05 Vvs. Ag/AgCl	S:181nA/[(μmol/L)·cm] LR: 1 ~ 50μmol/L	蔬菜	Mello, et al., 2003
		酪氨酸酶	O_2-type Clark	S:1 △DO(%)·(μmol/L) LR: 0.5 ~ 6 mg/L	橄榄油	
	乳酸	D-乳酸脱氢酶	电流	S_L:589 nA/ (mmol/L) LR_L: 0.075 ~ 1 mmol/L	葡萄酒	Avramescu, et al., 2002

（续表）

目标分析物类型	目标分析物	生物分子	传感器类型	特　性	应　用	参考文献
食品组分	乙醛	醛脱氢酶	E= -0.15 Vvs. Ag/AgCl	S_A: 1 100nA/(mmol/L) LR_A: 0.01 ~ 0.25 mmol/L		
	乳酸	D-乳酸脱氢酶	电流 E= + 0.3Vvs. SCE	S_L:1.66 nA L/mg LR_L: 0.01 ~ 1.1 mmol/L	葡萄酒	Katrlik, et al., 1999
	苹果酸	L-苹果酸脱氢酶		S_M:1.16 nA L/mg LR_M: 0.01 ~ 1.3 mmol/L		
	乳酸	乳酸氧化酶	电流	S:424 nA/(mmol/L)	酸奶、葡萄酒	Serra, et al., 1999
		过氧化物酶	E= + 0.0 Vvs. Ag/AgCl	LR:0.002 ~ 1mmol/L		
	醋酸盐	醋酸激酶 丙酮酸激酶 丙酮酸氧化酶	电流 E= -0.4 Vvs. SCE	S: 0.07μA / (mmol/L) LR: 0.05 ~ 20 mmol/L	葡萄酒	Mizutani, et al., 2003
	柠檬酸	柠檬酸裂解酶	电流	L_{CA}: 0–100 mmol/L	合成样品	Maines, et al., 2000
	丙酮酸	草酰乙酸脱羧酶	E= +0.65 Vvs.Ag/AgCl	L_{PA}:0 ~ 6 mmol/L		
	草酰乙酸	丙酮酸氧化酶		L_{OAA}:0 ~ 6 mmol/L		
	L-抗坏血酸	抗坏血酸氧化酶	电流 O_2-type Clark	S:3△DO(mg/L)/(mmol/L) LR:0.05 ~ 1.2 mmol/L	果汁	Akyilmaz, et al., 1999
	叶酸	抗体	光学（SPR）	Accuracy 88% ~ 101%	奶粉、谷物样品	Caselunghe, et al., 2000
	胆固醇	胆固醇氧化酶	光学	LR:0.07 ~ 18 mmol/L	黄油	Wu, et al., 2003
	色氨酸	氨基酸氧化酶	E= 0.0 Vvs. Ag/AgCl	LR_T:10 ~ 250μmol/L	葡萄	Domiguez, et al., 2001
	亮氨酸			LR_L:10 ~ 1 200μmol/L		
	丝氨酸			LR_S:50 ~ 500μmol/L		
	缬氨酸			LR_V:25 ~ 500μmol/L		
	赖氨酸	赖氨酸氧化酶	电流 E= + 0.1 Vvs. Ag/AgCl	LR:2 ~ 125μmol/L	发酵样品	Kelly, et al., 2000

（续表）

目标分析物类型	目标分析物	生物分子	传感器类型	特 性	应 用	参考文献
食品组分	组胺	单胺氧化酶	电流 E= -0.05 Vvs. Ag/AgCl	S_H:73.7mA/[(mol/L)·cm^2] S_H:73.7mA/[(mol/L)·cm^2]	鱼	Niculescu, et al., 2000
	腐胺	辣根过氧化物酶		S_P:194mA/[(mol/L)·cm^2] LR_P:1 ~ 400μmol/L		
	次黄嘌呤	黄嘌呤氧化酶	电流 O_2-type Clark	LR:1 ~ 400μmol/L DL:0.8μmol/L	鱼	Hu, et al., 2000
	磷酸盐	碱性磷酸酶	电流	S:1.27mA/[(mol/L)·cm^2]	饮用水	Cosnier, et al., 1998
	多酚	多酚氧化酶	E= + 0.6 Vvs. SCE	DL:2μmol/L		
食品污染物	大肠杆菌	抗大肠杆菌抗体	pH电极	DL:10cells/mL	饮用水	Ercole, et al., 2002
	沙门氏菌	抗沙门氏菌抗体	PQC	特异度92.9%	鸡肉、蛋	Su, et al., 2001
	沙门氏菌	抗沙门氏菌抗体	SPR (Biacore)	DL:1.7 × 10^{3}cfu	饮用水	Bokken, et al., 2003
	金黄色葡萄球菌	抗金黄色葡萄球菌	SPR (Biacore)	DL:1ng/mL	牛奶、蘑菇	Nedelkov, et al., 2000
	肠毒素B	肠毒素B抗体				
	有机磷	AChE	光热	DL: 0.2ng/mL	沙拉、洋葱	Pogacnik, et al., 2003
	氨基甲酸酯	BChE	(488 nm, 120 mW)			
	对氧磷	AChE	电流	DLP:0.1nmol/L	水、果汁	Albareda-Sirvent, et al., 2001
	克百威	BChE	E= + 0.7 Vvs. Ag/AgCl	DL C:0.01nmol/L		
	青霉素G	羧肽酶活性蛋白	SPR (Biacore)	DL:2.6μg/Kg	牛奶	Gustavsson, et al., 2002
	氨苄青霉素	抗氨苄青霉素抗体	SPR (Biacore)	DL: 33μg/L	牛奶	Gaudin, et al., 2001
	Hg^{2+},Zn^{2+},Cu^{2+}, Ag+,Mn^{+2}	脲酶	pH值电极		水	Krawczyk, et al., 2000

注：① 表格翻译自*Food Biotechnology*(第二版)中《生物传感器在食品质量评估中的应用》；
② SCE，饱和甘汞电极；
③SPR，表面等离子体共振；
④PQC，压电石英晶体

一、用于食品组分分析的生物传感器

生物传感器在食品组分分析中的应用主要包括食品中碳水化合物、醇、酚、羧酸和氨基酸检测方面的应用。本节总结了相关的研究成果，特别是碳水化合物以及醇类（主要是乙醇）是新型生物传感器的重要靶标组分。这两类目标分析物发酵工业中的关键物质，此外，糖在果汁、乳制品、软饮料和蜂蜜等的生产中发挥着重要作用。在生物传感器领域，多组分分析生物传感器的理念已经逐渐获得了人们的关注，且已报道了一些乙醇—葡萄糖传感复合传感装置。最近发表的研究成果有许多是关于结合酶的化学修饰电极。这种化学修饰的目的是降低工作电位以减少干扰或改善酶在电极表面固定的性能。

在20世纪90年代后期，人们开始关注用酪氨酸酶生物传感器测定茶多酚，但由于该方法的选择性差，近期鲜有相关报道；该领域需要进一步发展，以解决检测特异性、传感器的稳定性和选择性差等问题。

氨基酸组成和总蛋白含量是食品成分分析中的两个重要参数，并与食品的质量控制直接相关。总蛋白的定量可使用传统的方法，或商用的光度蛋白检测试剂盒。最近开发的一款生物传感器，使蛋白质组分的分析更加快捷；它将蛋白酶和L-氨基酸氧化酶（L-AAO）耦合，测定时只需要10μL的样品，在0.17 ~ 1.0mg/mL的范围内具有线性关系。Kwan等人于2002年利用类似的方法，借助偶合L-氧化铝和链霉蛋白酶开发了一款应用于阿斯巴甜测定的酶传感器。

最近，还有基于光图案化酶系膜的新型生物传感器应用于发酵液中葡萄糖、乳酸、谷氨酸和谷氨酰胺等物质同时测量的报道。这套系统由上下两部分组成，上部结构是一个包含有集成生物传感器列阵的玻璃芯片，底部结构中有一个金制计数器的电极、一个300μm厚的密封层和电器配线。微流控装置与芯片上的混频器集成的内部总体积为2.1μL或6μL。

值得提及的是，尽管已经有相当数量的相关报道，但用于鱼的新鲜度评价的生物传感器仍处于开发阶段，主要利用电化学或QCM等方法进行。

考虑到生物传感器可以广泛的应用于食品分析，下面将更详细地讨论在实验室开发的一些生物传感器的例子。

（一）葡萄酒质量监测：生物传感器用于乙醇、葡萄糖和甘油的检测

葡萄酒是几百种不同浓度化合物组成的复杂混合体系。主要成分是水、乙醇、甘油、糖类、有机酸以及各种离子。除乙醇和甘油外，其他脂肪族和芳香族醇、氨基酸和酚类化合物的浓度都处于很低的水平。从欧文氏菌中分离和纯化出来3种不同的PQQ-脱氢酶（葡萄糖脱氢酶，GDH；醇脱氢酶，ADH；甘油脱氢酶，GLDH）最近已用于开发测定葡萄酒中关键化合物的生物传感器。这些酶被集成在氧化还原水凝胶上，通过使用聚（乙二醇）—二缩水甘油基醚（PEGDGE）作为交联剂将它们连接到一个复杂的Os不导电聚合物（PVI13dmeOs）上实现。底物（葡萄糖，GDH；甘油，GLDH；乙醇，ADH）首先被氧化而酶的辅基同时被还原。酶与电化学介体（OS改性氧化还原聚合物）的相互作用被再生（图7-3）。

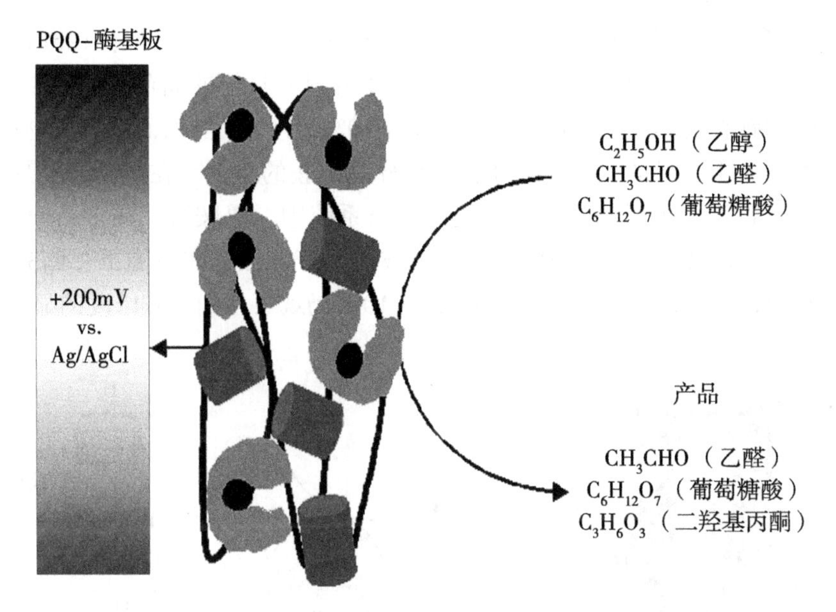

图7-3　PQQ-脱氢酶修饰电极的电转换机制

酶改性电极的工作电位由恒电位仪控制。首先，使用标准的解决方案就其组成（酶/聚合物交联剂比）、流速比和pH值对电极进行了优化和评估。然后，采用已知各组分含量的实际样品（葡萄酒）对优选出的电极进行评价与校准。相关测定的结果与传统方法结果的比较见表7-2。此外，乙醇传感器约90%的响应在连续操作100h后仍保持稳定；而其他两个电极不太稳定，在连续基底注射20h后，只有初始信号的80%（甘油传感器）和60%（葡萄糖传感器）得以保持。但这3种生物传感器贮存稳定性良好，在4℃储存一个月后，仅有不到20%初始信号丢失。

表7-2　葡萄酒中乙醇、葡萄糖和甘油的含量

传感器类型	生物传感器分析	分光光度法分析
乙　醇	（12.5 ± 0.3）%	12%
葡萄糖	（0.32 ± 0.01）g/L	0.30 g/L
甘　油	（7.8 ± 0.8）g/L	8.1 g/L

（二）鱼品质量的监测：生物传感器用于生物胺的检测

生物胺是脂肪族、芳香族或杂环结构的有机胺，存在于肉、鱼、奶酪、酒、牛奶等许多的食物中，主要是由氨基酸在微生物脱羧作用下产生。它们可以产生不同程度与神经、胃和肠道系统和血压相关的疾病，过量食用这些胺类物质对健康有害。

目前所开发的测定生物胺的生物传感器是一般基于两种酶的直接耦合，胺氧化酶（AO）和辣根过氧化物酶（HRP），电子转移机理见图7-4概述。实际样品测试之前需要预先优化的参数包括施加的电势、流速、pH值和感应薄膜的组成。Niculescu等（2000）对基于双酶偶联氧化凝胶/电流计的生物传感器选择性和反应时间及操作和储存稳定性进行了表征。结果显示脂肪族胺比芳香族胺有更高的响应信号，且响应时间短（少于

1min）、操作稳定性良好（在以每小时30次注射的采样频率下连续操作10h后，生物传感器对组胺和腐胺的响应分别只下降了30%和50%）并且有良好的储存稳定性（经10天的储存后，对组胺和腐胺的响应灵敏度分别只下降了10%和15%）。然而该种生物传感器不能识别不同种类胺产生信号的差异，只能检测出样品中胺的总量。在4℃和25℃保存10天的鱼肉经磷酸盐缓冲液萃取后直接注射到流量分析系统中。总胺含量在食品中的最大允许量为每千克样品0.1～0.2g，浓度达到1g/kg时被认为有毒性。在室温下存储3天后，鱼肉就变得不宜食用；而当储存在4℃时，即使经过10天仍观察不到总胺浓度的显著变化。

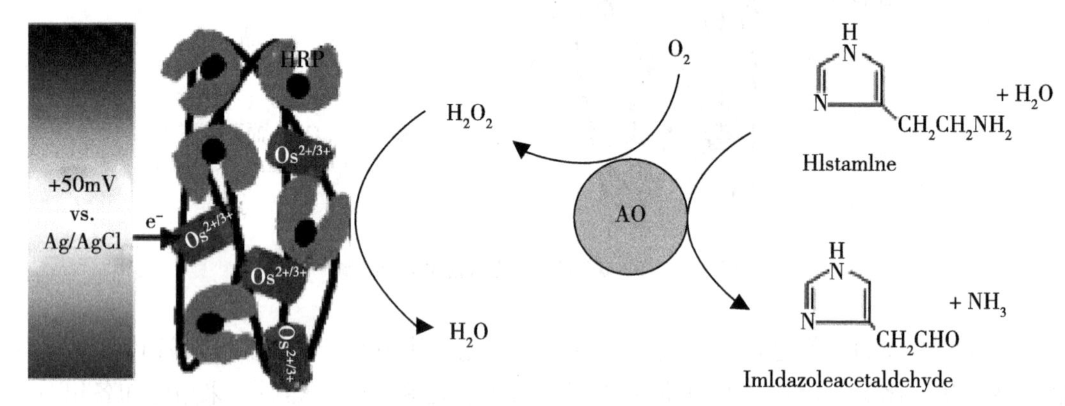

HRP-辣根过氧化物酶；Histamine-组胺；Imdiazoleacetaldehyde-咪唑乙醛；AO-单胺氧化酶

图7-4　组胺生物传感器双酶电极生物电转换机制

二、生物传感器用于食品污染物分析

食品中的污染物主要包括微生物、农药、抗生素和重金属残留，这些有毒有害污染物的检测一直是食品分析与检测领域的热点和难点。以下主要总结了生物传感器近年在上述物质分析中的文献报道。

（一）食品中的微生物

微生物（如细菌和病毒）以各种级别广泛分布在整个环境中，如海洋和河口水域、土壤、人类或动物的肠道中，同时它们也存在于食品中。许多这些生物体的在大自然中有着很多的功能，但某些具有潜在危害的微生物可以对动物和人类健康产生较大的负面影响。据估计，在世界范围内传染性疾病造成死亡人数在总死亡人数中占据相当大的比重，因地理区域不同，这个比例高达15%～75%。由于食源性致病菌（如李斯特菌）引起的频繁食品召回案例，充分说明食品安全领域需要更加快速、灵敏、特异性强的早期预警检测方法用于检测食品中微生物的污染问题。

传统上，对细菌的检测和鉴定，主要是基于特定的微生物生化鉴定。病原体通常以很少的量存在于食品中，这就要求那些标准的检测方法能够灵敏地反映出微生物的定性和定量信息。这些方法的主要缺点是检测流程程序繁琐，通常需要进行预富集、选择性富集、生化检查以及血清学确认等一系列操作；在进行预警检测时这一缺点尤为突出。其他的方法是通过使用聚合酶链式反应（PCR）分析微生物的DNA特性来定性和定量特定的微生物。基于核酸的测定法是有效的识别手段，但是它们有一定的局限性，因为它们只能指示存在微生物，却不能给出任何有关毒素或致病的信息。免疫学技术利用抗原抗体独特的反应来检测微生物，目前多克隆和单克隆抗体可以廉价且迅速获得。通过免疫学检测微生物污染更加敏感、特异、重复性好、可靠性强，可用于检测许多食品中各种各样的微生物或其代谢产物（如生物毒素）。但是基于抗体的技术，要求具备受训的非专业人员能够在实验室外操作的分析设备。因此，食品的微生物安全性仍需要快速、用户友好且可靠性强的的工具。生物传感器能够以近乎实时的方式对病原体进行电位检测，但为了检测痕量的病原体，该技术仍需预富集。

1. 无标记直接检测

无标记方法需要监控处于固体（即传感器）和液体（待测溶液）界面的分析物。生化反应过程中监控发生在换能器表面的物理现象（如在光学或电化学特性上的变化）。尽管有大量相关文献报道，但很少有食品中细菌分析报告方面的文章。Hauck等（1998）基于抗原抗体结合过程中折射率变化感知鸡胴体洗涤液中的鼠伤寒沙门氏菌。基于类似的测定原理，又发明了用于检测土豆沙拉、蘑菇罐头、热狗、牛奶等食品中金黄色葡萄球菌肠毒素A含量的方法，整个分析过程只需4min。目前检测微生物的无标记方法使用的光学技术包括：单模介质波导、表面等离子体共振、椭偏仪、共振镜和干涉测量等。

此外，也有利用生物发光现象的研究报道。生物发光现象是基于某些酶催化酶促反应得到的产物具有发射光子的能力。将萤光素酶的编码基因导入到噬菌体（细菌病毒）的基因组中，当宿主细菌被上面的噬菌体感染时，荧光素酶的编码基因可以转移至细菌，从而赋予非生物发光的机体生物发光能力。文献报道描述了利用相应的方法检测食品中的沙门氏菌、多种李斯特菌菌株、单核细胞增生李斯特氏菌、新港沙门氏菌和大肠杆菌的检测。这种方法的主要优点是检测存活细胞的固有能力。主要的限制仍然是较弱的敏感性，从而需要冗长的带有预富集过程的检测程序。

2. 细菌间接检测

通常情况下，间接的细菌生物传感是指使用标记分子探测微生物的代谢。前者能够检测有活力和无活力的细胞，而后者用于基于细胞代谢来反映活细胞的浓度。在间接方法中，电化学生物传感器似乎是最有前途的，因为它们成本相对较低，甚至可以在混浊介质中进行操作，有利于设备小型化，并且可以很容易地适应流动注射系统。该传感器可以被组合在基于抗体、DNA或代谢物等多种类型的生物传感器。

免疫生物传感器

免疫传感器的优点在于灵敏度高、选择性强，但缺乏放大固有信号的形式。近年，随着科技的发展，免疫传感器在食品工业中也有一些研究报道。Mirhabibollahi等（1990）在文章中描述了基于酶联免疫传感器检测纯培养物中的金黄色葡萄球菌和沙门氏菌。Kim等（1995）对其作出了一些改进，主要利用血溶性细菌破坏质膜的能力为血溶性微生物建立了一种具有选择性的免疫检测体系：李斯特菌特异性抗体、李斯特菌

（*L. Welshimeri*）和大肠埃希氏菌被固定于铂制工作电极的表面上。捕获过程结束后，将含有一种电化学介体的脂质体加入到培养基中。溶血性有机体的存在导致脂质体的脂质双层破裂，并释放出介质中的电化学介体。另一个检测鼠伤寒沙门氏菌的方法是通过利用超顺磁材料，以执行基于抗体的分离。在这种情况下，抗体被固定于磁珠和二次碱性磷酸酶之间用以检测目标分析物，从而形成了典型的三明治结构。此后，在磁铁的帮助下，复合物被放置在一个一次性的电化学传感器的工作电极表面，传感器中的培养基被吸出，并加入酶底物溶液。使用这种方法80min可以检测细胞8×10^3个/mL。Brewster和Mazenko（1998）已开发出一种免疫电子传感器，再加上过滤采集，用于快速检测大肠杆菌O157。该传感器具有检测限为5 000个细胞/mL和25min的测定时间。加入底物5min后，细胞可以通过将底物（对氨基苯基磷酸酯）转化成电活性产物（对氨基苯酚）的方法检测出来。

Rishpon和Ivnitski（1997）已经开发出一种酶促免疫检测金黄色葡萄球菌的方法。免疫传感器由用于检测金黄色葡萄球菌的抗蛋白质A抗体和其表面固定着葡萄糖氧化酶的碳电极组成。试验溶液中含有金黄色葡萄球菌、辣根过氧化物酶（HRP）标记的抗蛋白质A抗体之后加入的碘。经抗体—抗原—抗体夹心形成，过氧化氢酶在电极表面与葡萄糖氧化酶接触。在向溶液中外加葡萄糖后，HRP催化过氧化氢和碘离子的反应。碘离子在电极表面的还原，使得该传感器检测金黄色葡萄球菌的速度达到每30min检测1 000个细胞/mL纯溶液。此种方法形式的优势在于其近似均一，即未经洗涤过程，聚乙烯亚胺（PEI）膜的使用使得来自绑定的免疫复合物的分析信号和来自电极远端溶液中HRP-H_2O_2反应产生的背景噪音能够区别开来。信号通过酶反应引导放大（图7-5）。

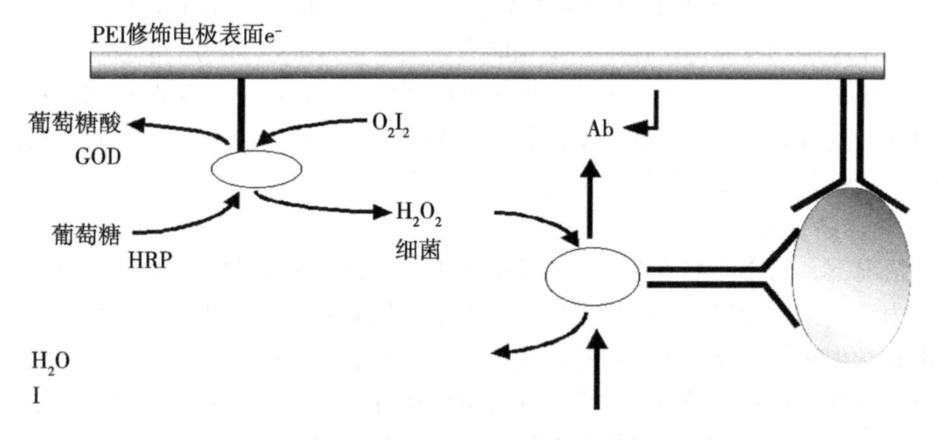

图7-5　酶促免疫检测金黄色葡萄球菌生物传感器原理示意图

Ivnitski等（2000）开发了一种基于平面脂质双层来检测弯曲杆菌的安培型免疫传感器。人工双层膜含有固定化的抗弯曲杆菌抗体，然后沉积在工作电极。抗原抗体发生相互作用引发的构象变化，允许离子通过通道。离子迁移产生的电流可以进行测量。除了充当一个基质抗体，脂质膜也作为一个非常薄的电绝缘体抑制非特异性配体的结合。生物传感器具有很强的信号放大作用，被规定为跨越双分子层运输离子的总数，该数值为

1×10^{10}离子/s，这达到了1个反应小室10min测试时间内检测的理论极限。

基于DNA / RNA的生物传感器

核酸电化学生物传感器既保持了电化学换能器固有的灵敏度，又有核酸杂交的高特异性，使其在不同的样品基质（包括食品）中快速筛查病毒和细菌病原体等方面拥有巨大潜力。目前，已有高度敏感和特异的RNA生物传感器被开发出来，用于快速检测作为水中指示生物的活性大肠肝菌。

该种类型的生物传感器便携性好、价格低廉、设备非常易于使用，可成为理想的现场检测应用系统。它的检测结果与基于更加精细和昂贵的实验室监测系统有很大的相关性，可以检测少至40个活菌/mL的大肠杆菌。该分析方法的特异性强，鲜有来自其他微生物或无活性大肠杆菌细胞的假阳性信号。目前，核酸生物传感器在检测微生物方面的应用大都基于光纤传导模式或者压电微量天平。

基于代谢的生物传感器

通过电化学手段检测其新陈代谢过程，从而检测微生物的方法具有很大优势，因为它能给出来自活性细胞的信息。但这种方法受制于选择性较差，使其只适用于部分样本，而且该反应通常十分缓慢。该方法的测量原理是基于通过电化学介质介导代谢途径的氧化还原反应。迄今为止，利用这种策略开发生物传感器已有25年的历史，开发出了形式多样的生物传感器。这种传感器可以检测出氧或另一种电活性代谢产物的消耗或产生。Takayama等人于1993年证明类似铁氰化钾和二氯酚靛酚的介质可以从葡萄糖脱氢酶（GDH）或呼吸链的其他酶接受电子，这意味着该方法可以检测活性菌细胞。Beyersdorf-Radeck等应用Clark式氧电极监控可以降解和感知环境中外源化合物（氯酚、含氯苯甲酸、2,4-D等）的潜在微生物（如假单胞菌属、鞘氨醇单胞菌和红球菌）。体系中存在待测的化学污染物时诱导重组体代谢可以向周围介质中释放质子，从而导致细胞外pH值的变化。

（二）食品中的农药残留

自第二次世界大战以来，为了提高植物作物和动物产品的产量，化学品已被广泛用以控制害虫和微生物感染。今天，超过500种化合物在全球范围内被认定为农药的代谢产物。据计算，若放弃使用农药，农作物损失将增加一倍。然而，使用农药需要非常谨慎并严加控制，因为它们会污染环境，并直接或通过食物链间接地危害人体健康。

除草剂是目前最常用的农药，其次是杀虫剂和杀真菌剂。这些农药的使用和工业废物对环境的污染，导致这些化合物及其代谢产物在食品类商品、水和土壤中大量残留。美国、欧盟和其他国家在食品农药监管方面颁布了一系列的法规。主要基于色谱技术、能够检测多种农药残留物的多残留分析方法（MRMs）被开发出来。现今使用的多残留分析方法（MRMs）分为两种类型：一种是覆盖各种农药残留的多种类MRMs；另一种是关注相关农残[如N-甲基氨基甲酸酯类农药（NMCs）、羧酸和酚类]多种官能团的选择性MRMs。由于食物通常是复杂的基质，所有的分析前步骤（如提取、清理、浓缩富集）经常是必要的。

除仪器分析方法以外，为了满足连续检测粮食商品的需要，通常用作筛选的其他分析方法也是必需的。有机磷和氨基甲酸酯类农药是乙酰胆碱酯酶抑制剂，因此，它们是神经毒性的药剂。农药的抗胆碱酯酶活性经常作为开发一系列检测这类化合物方法的基础。大量用于分析纯溶液和环境样品方面的应用被探讨，但只有少数胆碱酯酶生物传感器应用于食品检测方面的报道。许多其他安培检测化学方法在食品样品分析上有很大潜力，但是否能够成功应用取决于其克服基质效应（即繁杂的前处理步骤和较低的农药回收率）的能力。以分析杀虫剂为例，大都通过抑制乙酰胆碱酯酶（AChE）、丁酰胆碱酯酶（BChE）、酪氨酸酶、碱性磷酸酶等的酶活性，来确定样品中杀虫剂的浓度。近年还有报道应用对硫磷水解酶的水解活性测定销苯磷酸酯的浓度。分析仪器的搭建一般都基于流体注射技术。酶通过共价接枝或非特异性相互作用结合到不同的表层，在通过测定酶活抑制率的检测中，还需要把底物也同时固定。样品中的待测物与固定的酶分子相互作用，根据待测物的种类和浓度，发挥抑制作用。酶催化的产物可以通过多种传导机制检测，包括pH值、温度、荧光和电势的变化可以分别通过安培计、热量谱、光学检测器和电势测定计等测定。

以氨基甲酸酯类杀虫剂检测的酶生物传感器原理来举例说明：AChE酶共价接枝在一种可控的多孔玻璃珠（CPG）上，封装成为恒温的生物传感器，与氯酚红染料（pH值指示剂）的流通池相连。后者位于光纤束的一端，在乙酰胆碱底物浓度固定时，pH值指示剂颜色随样品中氨基甲酸酯的浓度变化，这种光信号可以被测量。

安培生物传感器在检测食品中农药残留方面的应用最近也有所报道。大多数应用都是针对蔬菜。不同格式的生物传感器已被使用，如应用一次性印刷（Disposable Screen-printed）胆碱氧化酶生物传感器检测水果和蔬菜实际样品中的农药。乙酰胆碱酯酶生物传感器检测土豆、胡萝卜和甜辣椒样品中掺入的涕灭威、残杀威、西维因、克百威和灭多威时，具有合格的回收率（79%～96%）。Del Carlo等（2002）人利用化学修饰电极开发出了一种检测甲基毒死蜱的生物传感器。这种方法检测标准溶液和商业产品中活性分子的灵敏度很高。这种分析方法随后被应用到葡萄树和藤叶样品的检测，从而提高酿酒过程的安全性。

测定有机磷农药（地亚农和敌敌畏）时还可首先将酪氨酸酶固定在一种丝网印刷的电极上，酪氨酸酶催化分子氧还原成为水，同时消耗底物。通过将天然底物替换为氧化还原介质（1,2-naphthoquinone-4-sulfonate），为酪氨酸的活性中心提供反应需要的电子，氧分子通过控制生物电催化还原的开闭产生。样品中含有杀虫剂时，通过提供150mV的还原电势酶促反应被触发，随后提供+100mV的电压时反应关闭。由此产生的电流，与杀虫剂的浓度成函数关系，可以被安培计测量。还有利用类似的原理，在酚类物质存在时利用酪氨酸酶测定氧的消耗。

此外，大约30%的杀虫剂会抑制光合过程，相关的多种受体可应用于杀虫剂的分析。这些受体包括类囊体和叶绿体膜、单细胞藻类、光系统II和细菌。检测系统包括氧电极、安培计和光纤。这些技术的主要局限在于样品制备过于复杂、生物受体稳定性差，妨碍了它们的广泛应用。

（三）食品中的抗生素

用抗生素（如链霉素和青霉素）治疗细菌感染的牛、羊、猪、家禽的方法被广泛用于现代农业。滥用兽药所引起的某些产品中有害物质的残留已经威胁到公共健康。产品中抗生素的残留问题不仅引起了食品行业对安全问题的担忧。考虑到抗生素的致毒作用、过敏性反应和产生细菌耐药性，这些残留对消费者存在很大的潜在危害。此外，在乳品行业，牛奶中残留的抗生素能抑制发酵剂在生产酸奶和奶酪中发挥的关键作用，从而造成严重的经济损失。监管部门已制定了链霉素和双氢链霉素在牛奶、猪肾脏、瘦肉中的最高残留限量（MRLs），但蜂蜜中的限量尚未确定。欧盟委员会和《食品法典》中规定上述3种食品中的最大残留限量为：牛奶和羊奶200μg/kg、猪肾1 000μg/kg、瘦肉500 μg/kg。不同于欧盟委员会《动植物产品农药残留最高限量》，《食品法典》中规定的最大残留限量结合了链霉素和双氢链霉素两种抗生素。在美国，双氢链霉素在牛奶中的最高限量为125μg/kg、猪肾中为2 000μg/kg、猪肉中500μg/kg。

现有的分析方法中，高效液相色谱法（HPLC）、气相色谱质谱法（GC-MS）和液相色谱—质谱光谱法（LC-MS）被证明可用于精确分析，但是，繁琐的样品前处理限制了HPLC分析同时也限制了样品的通量；微生物抑制性检测及免疫方法通常作为筛查测试，然而琼脂扩散技术的效率一直受到质疑。

最近的报道中描述了使用白光干涉检测发酵过程中抗生素的方法。利用表面等离子体共振（SPR）原理进行检测的生物传感器系统具有广泛的适用性、耐用性，且只需简单的前处理便可从复杂基质迅速得到可靠的分析结果。Ferguson等（2002）提及的方法被应用于食品样品的检测中。可以精确地测定牛奶、肉类和蜂蜜中残留的链霉素和双氢链霉素；检测结果与市售酶免疫测定（EIA）试剂盒和高效液相色谱法的结果相关性良好。在测定青霉素的微生物传感器中，Galindo等将含有细菌的干燥膜固定在与电位计相连的pH电极上，另一个常规的pH电极作为参比，与相应的电位计相连。在任何测量之前，两个电极均被置于不含有青霉素的缓冲溶液中，以达到相同的pH值。与参比电极相比，测量电极pH值的下降可以反映样品中青霉素的浓度。

（四）食品中的重金属

重金属是食品中常见的一类污染物，微量的重金属也可能对健康产生极大的不良影响。目前，生态系统在不同程度上受到了重金属的冲击。因为其不可生物降解使它能够长期残留，故成为最危险的污染物。环境中的重金属可能来源于日常消费产品，也可能来自冶金工业排放的废物，可以说重金属污染是一个普遍性的环境问题。它们可能经不同途径污染水果和蔬菜，从而进入食物链。此外，重金属能被积累并储存在活的生物体，特别是在海洋生物体内可能积累非常高含量的重金属。最近欧盟已经建立了饲料中重金属的最大允许水平（欧盟指令2002/32/CE），以防危害消费者健康。因此，在一个安全的食物消费链中，重金属必须在食品生产的不同过程中被监测。

各种仪器分析方法[如原子吸收光谱法、电感耦合等离子体发射光谱法、电感耦合等离子体质谱法（ICP-MS）]被广泛用于检测重金属。这些方法需要复杂的仪器和能够熟练操作的人员，因此，有必要寻找简单的分析方法。测定金属离子的经典电化学方法包括离子选择性电极、极谱法以及其他伏安技术。电化学方法通常能够选择性地检测生物可利用的重金属离子，也就是自由离子形式的金属。生物传感器在重金属检测上已有大量应用报道。

检测重金属的生物传感器有3个基本策略：酶抑制、基于细胞的生物传感器和作为捕捉分子的螯合蛋白。

1. 酶抑制性生物传感器

重金属是酶活性抑制剂。抑制性机制检测毒性金属元素的优势在于，由于酶促反应级联放大效应，使得单一的抑制性分子便可以极大地降低酶的活性，从而使得酶抑制性生物传感器有很高的灵敏度。此外，酶常对抑制剂分子具有选择性，并且抑制分子的抑制作用一般与其毒性有关。因此酶抑制反应能够为重金属的检测提供一个快速、灵敏的检测方法。在这种情况下，酶的选择与待测物之间有一定的特异性。金属离子与蛋白质氨基酸的暴露硫醇或甲硫基团相互作用，而这些基团往往是酶的活性中心，当汞、铜或银存在的情况下会与活性中心发生剧烈的相互作用，因此，这些金属表现出很强的抑制性。

目前测定汞的生物传感器已被成功开发，应用的酶主要包括过氧化物酶、黄嘌呤氧化酶、转化酶、葡萄糖氧化酶、丁酰胆碱酯酶和异柠檬酸脱氢酶等；最常采用的是脲酶，因为它相对便宜且容易获得。

2. 基于细胞的生物传感器

在基于细胞的重金属生物传感器中，有两种普遍的策略：过程监控和结果测量。过程监控是指通过一种抑制机制在细胞内发挥功能，或者使用含有缺少某种金属酶辅助因子的微生物菌株和添加特定元素的培养基，在这种情况下，微生物发生代谢反应。结果测量是指测量生物需氧量（BOD），细胞对重金属离子的代谢能力可以被量化。

3. 螯合蛋白作为捕捉和转换器元件的生物传感器

当金属离子结合某些蛋白质时，会发生很大的构象变化。合适的传感器能够直接检测到这种变化。蛋白质中不同的金属离子具有不同结合位点；Hg^{2+}、Zn^{2+}、Cd^{2+}或Cu^{2+}与蛋白质选择性结合所引起的构象变化可以被电容换能器感知。标准溶液中低至1×10^{-15} mol/L的金属离子能被检测出来。目前食品对快速、低成本且易于使用的重金属检测方法的发展和应用有很大的需求，金属螯合蛋白的使用可导致新型生物传感器的开发。

第四节　应用于食品工业的生物传感器发展现状及展望

一、生物传感器的发展现状

（一）用于食品工业的商用生物传感器

目前仅很少的生物传感器被应用于食品工业中的在线分析，尽管原则上生物传感器可以和流动注射分析联合用于食品原料、产品质量甚至是加工过程的在线监控。目前商用化的生物传感器包括多种类型：自动分析仪、手动实验室仪器和手持式设备。对市场上不同生物传感器进行调查表明，92%用于临床界（90%为葡萄糖传感器），而只有6%的用于商业化食品工业。

食品工业中常用的商用化装置见表7-3。它们基于类似的原理，或者利用氧电极或者利用过氧化氢电极与固定化的氧化酶连接，如Apec葡萄糖分析仪、ESAT葡萄糖分析仪。电化学原理也可被用于商业化分析系统中的微生物监控，如Malthus2000利用电导技术评估包括大肠杆菌、乳酸菌，以及细菌、真菌和酵母在内的微生物群落。该分析仪探测介质中因微生物生长和代谢引发的电导率的变化，分析时间是8～24h。Midas Pro设备基于安倍计检测技术，可以在20min内探测细胞数在1×10^6个/mL范围的微生物。BIACORE基于表面等离子体共振原理可以实时地检测固定化生物识别元件（抗体、受体）和一系列分析物（维生素、激素和抗生素）的特异性相互作用。该生物传感器有多种形式，如全自动分析器、手动实验室仪器和便携式设备。

由于人们通过不懈努力提高生物传感器的耐受性，并在现有生物识别元素的基础上开发更好的稳定和固定化方法或者使用新的人工设计酶或抗体，生物传感器的商业化应用会越来越多。

表7-3　市场上现有的食品分析生物传感器

生物传感器	分析物	生物识别元素	食品类型	特　点	生产企业
ABD3000生物传感器测定系统	乙醇	醇氧化酶	饮料	①酶固定在两个薄膜层之间 ②O_2或H_2O_2传感器 ③不受颜色、颗粒、pH值影响，且所需样品量少 ④不需要前处理 ⑤分析时间：1～2min ⑥<100μL的样品容量 ⑦经济：每次测试小于10美分 ⑧重现性：3%	通用传感器公司
	抗坏血酸	抗坏血酸氧化酶	谷物、饼干		
	D-葡萄糖	葡萄糖氧化酶	谷物		
	半乳糖	半乳糖氧化酶	糖浆、麦片、奶酪		
	乳糖	半乳糖氧化酶	奶酪、糖浆、谷物		
	L-赖氨酸	L-赖氨酸氧化酶	谷物、马铃薯、糖浆		
	蔗糖	蔗糖变旋酶 葡萄糖氧化酶	土豆、谷物、饼干		
SensAlyser-α	酒精	乙醇氧化酶	啤酒和牛肉制品	①分析时间<3min ②小巧便携 ③无需试剂	SensAlyse
AM2&AM3酒精分析仪	酒精	乙醇氧化酶	苹果酒、啤酒、葡萄酒	①分析时间：20～25s ②Clark型安培电极 ③样品大小：5～10μL ④试剂稳定性：9～15月	Analox仪器
乳酸LM5分析仪	乳酸	乳酸氧化酶	牛奶及牛奶制品		
GM10葡萄糖分析仪	葡萄糖 乳糖	葡萄糖氧化酶 β-半乳糖苷酶/葡萄糖氧化酶	饮料		
	蔗糖	转化酶/蔗糖氧化酶			

（续表）

生物传感器	分析物	生物识别元素	食品类型	特　点	生产企业
YSI2700食品分析仪	葡萄糖 乳糖 半乳糖 蔗糖 L-乳糖 L-谷氨酸 胆碱 乙醇 甲醇 淀粉	葡萄糖氧化酶 半乳糖氧化酶 半乳糖氧化酶 蔗糖变旋酶/ 葡萄糖氧化酶 L-乳糖氧化酶 L-谷氨酸氧化酶 谷氨酰胺酶 L-谷氨酸氧化酶 胆碱氧化酶 醇氧化酶 醇氧化酶 淀粉葡萄糖苷酶/ 葡萄糖氧化酶	牛奶、土豆 奶酪 发酵过程 马铃薯、糖蜜 谷类、冰淇淋 午餐肉 番茄、鸡汤 宠物食物	①样品容量：10 ~ 25μL ②酶固定在两层薄膜间 ③聚碳酸酯和纤维素酯 ④过氧化氢在Pt电极氧化 ⑤精密性(n=10) ≈2% ⑥分析时间：1min ⑦能够自动分析的样品数：24	Yellow Springs仪器
SIRE ®生物传感器	抗坏血酸 L-乳酸 葡萄糖 乙醇	抗坏血酸氧化酶 乳酸氧化酶 葡萄糖氧化酶 酒精氧化酶	谷物产品 婴儿食品，番茄酱 n.a 饮料	①具有可注射识别元件的传感器 ②分析时间：1min ③形成的H_2O_2浓度与电信号相关 ④重复性：1% ~ 3% ⑤再生性：3% ~ 5%	Chemel AB
SensLab 1a	酒精 葡萄糖 乳糖 抗坏血酸	乙醇氧化酶 葡萄糖氧化酶 乳糖氧化酶 抗坏血酸氧化酶	饮料 饮料 n.a n.a	①分析时间：1min ②样品容量：5μL ③LR：0 ~ 1mmol/L	SensLab GmbH
The Answer 8000	葡萄糖	辣根过氧化物酶/ 葡萄糖氧化酶	马铃薯	①自动校准; ②填充石墨，酶和二价铁离子的绝缘盒 ③分析时间：20s	Gwent Sensors
OLGA	葡萄糖 蔗糖 抗坏血酸 酒精	葡萄糖氧化酶 不适用 抗坏血酸氧化酶 乙醇氧化酶	果汁、啤酒 果汁、啤酒 n.a 果汁、啤酒	①在线分析 ②基于顺序喷射模式原理 ③自动校准、自动稀释样品 ④同时分析多个样品	Sensolytics GmbH
PerBacco 2000	葡萄糖 果糖	葡萄糖氧化酶 果糖脱氢酶	葡萄汁、葡萄酒	①换能器基于固体基质 ②葡萄酒样品检测前需过滤、稀释 ③储存1个月后保留选择性：>90%	BioFutura

（续表）

生物传感器	分析物	生物识别元素	食品类型	特 点	生产企业
Biacore®Q	叶酸 生物素 维生素B_{12} 激素 抗体	抗体、酶 DNA或受体 抗体，酶 DNA或受体	牛奶、麦片、果汁、面粉 果酱、面食、米饭 肉/奶制品	①表面等离子体共振机制 ②100%自动化 ③易于快速捕捉不同分析物的变化 ④分析时间：2～10min	Biacore SA
保鲜计 KV-101	腺苷三磷酸	不适用		①水溶性酶和一个Clark氧电极 ②分析时间：5～6min	Oriental Electric
Analyte 2000	E. coli 0157: H7，病毒，孢子	抗体	汉堡	①消散波荧光 ②每秒钟1个样品	Research International

注：n.a. 表示尚未商用

资料来源：*Food Biotechnology*（第二版）[M]

（二）生物传感器的局限

尽管生物传感器具有很多优点，生物传感器应用于食品分析有大量的文献发表，但目前仅有有限的几套系统被用于商业。生物传感器在使用寿命、稳定性、可靠性和大规模生产工艺等方面都存在许多亟待解决的问题。

另外，生物传感器虽然因类型不同各具特点，但也有各自的局限，这些也是限制生物传感器大规模商业化应用的重要原因。其中，电化学传感器易受到电活性物质干扰，而光学传感器的信号虽然不受电子或磁场干扰，但价格昂贵；压电式生物传感器使用时需要校准晶体，当用大分子包被时存在波动。生物传感器广泛使用的主要限制在于传感元件的生物不稳定性和不具备竞争力的价格。

二、展 望

生物传感器目前已经成为生命科学、信息科学和材料科学高度交叉融合的高新科技发展领域。尽管生物传感器的商业化生产和应用目前仍存在一定的局限，但由于生物传感器相较于传统检测方法固有的快速简便、特异性好、可以连续在线实时检测以及低成本等优势，特别适合解决食品原料评估、生产加工和贮存的全产业链营养和安全品质的监控与溯源。随着科技的不断进步，生物传感器正日益在食品在线监测中发挥着越来越重要的作用。生物传感器正日益成为主流分析测定工具的一部分，这一点已成为不争的事实。食品分析领域对生物传感器已有明确的需求，用于筛选分析物（如总氨基酸和农药）并同时鉴别每组分析物中的单一组分。这些用于特定种类或单一成分的分析技术可以用于其他很多种类化合物的检测（如霉菌毒素、有机磷类农药和氨基甲酸酯类农药）。

生物传感器相关领域的研究趋势主要表现在如下几个方面。

1. 微纳化

纳米结构通常是指尺寸在100nm以下的微小结构。纳米技术是指使用控制在原子、分子和大分子级别约0.1～100nm的结构、组件和设备对反应过程（例如物理、化学机械和生物）进行探索的一种新技术。纳米传感器（例如在原子水平监控活细胞的新陈代谢）和超小型传感器（例如监控范围的化学品）可能会导致新一代的生物技术革命。在这方面，一种功能类似于简化细胞膜的纳米传感器（也被称为离子通道开关传感器），能够通过检测导电率的变化来实现高灵敏度的快速分析测量。随着微加工技术和纳米技术的进步，生物传感器将不断地微型化，各种便携式生物传感器的出现，使得在市场上直接检测食品成为可能。

2. 芯片化

芯片概念是指将一切必要的分析仪器元件（例如，分析样品的所有必要元件，准备、分辨率的组件，适当的试剂和检测反应）微加工到一个芯片上。一些芯片技术的组件已经进入市场。芯片化利用微流体流动系统对样品进行微型萃取，可以增加分析的自动化程度，提高分析的通量，实现检测系统的集成化一体化。

3. 智能化

未来的生物传感器需要计算机和网络技术紧密结合，自动采集、上传和处理数据，缩短测试和数据收集处理的实践，更科学、更准确、更直观地呈现结果，不仅形成检测的自动化系统，更能智能化地输出检测报告并提供建议。

4. 高稳定性和长寿命

目前，限制生物传感器大规模商业应用最主要的因素在于相较于其他方法，生物传感器的稳定性较差，而且使用寿命短。随着技术的不断进步，必然要求不断降低产品成本，提高灵敏度和稳定性，延长寿命，这些特性的改善会加速生物传感器在食品工业中商品化的进程。

参 考 文 献

[1] 韩雪清, 杨泽晓, 林祥梅. 极具应用前景的生物学检测技术——生物传感器[J]. 中国生物工程杂志,2008, 28(5): 141-147.

[2] 蒋雪松, 周宏平, 沈飞. 生物传感器在食品污染物监测中的应用研究进展[J]. 食品科学, 网络预发表, 2013, 23: 10-24.

[3] 刘春菊, 刘春泉, 李大婧. 生物传感器及其在食品检测中的应用进展[J]. 江苏农业科学, 2009, 4: 353-356.

[4] 刘蓉, 薛文通, 张惠,等. 浅析生物传感器在食品分析中的应用[J]. 食品工业科技, 2009, 11: 318-321.

[5] 张焕新, 徐春仲. 生物传感器在食品分析中的应用. 食品科技, 2008, 6: 200-203.

[6] Adanyi N, M Toth-Markus, E E Szabo, et al. Investigation of organic phase biosensor for measuring glucose in flow injection analysis system[J]. *Anal. Chim. Acta*, 2004, 501(2):219-225.

[7] Akyilmaz E, E Dinckaya. A new enzyme electrode based on ascorbate oxidase immobilized in gelatin for specific determination of L-ascorbic acid [J]. *Talanta*, 1999, 50(1):87-93.

[8] Albareda-Sirvent M, A Merkoci, S Alegret. Pesticide determination in tap water and juice samples using disposable amperometric biosensors made using thick-film technology [J]. *Anal. Chim. Acta*, 2001, 442(1):35-44.

[9] Avramescu A, T Noguer, M Avramescu, et al. Screen-printed biosensors for the control of wine quality based on lactate and acetaldehyde determination [J]. *Anal. Chim. Acta*, 2002, 458(1):203-213.

[10] Brewster J D, R S Mazenko. Filtration capture and immunoelectrochemical detection for rapid assay of Escherichia coli 0157:H7 [J]. *J. Immunol. Methods*, 1998, 211(1-2):1-8.

[11] Bokken G C A M, R J Corbee, F Knapen, et al. Immunochemical detection of Salmonella group B, D and E using an optical surface plasmon resonance biosensor [J]. *FEMS Microbiol. Lett*, 2003， 222(1):75-82.

[12] Carlo M D, Nistor M, Compagnone D, et al. Biosensors for food quality assessment[M]// Shetty K, Paliyath G, Pometto A, et al. Food Biotechnology Second Edition. Boca Raton, London, New York: CRC Taylor & Francis, 2006.

[13] Caselunghe M B, J Lindeberg. Biosensor-based determination of folic acid in fortified food [J]. *Food Chem*, 2000, 70(4):523-532.

[14] Chia J L L S, N K Goh, S N Tan. Renewable silica sol-gel derived carbon composite based glucose biosensor [J]. *J. Electroanal. Chem.*, 1999, 460(1):234-241.

[15] Cosnier S, C Gondran, J C Watelet, et al. An bienzyme electrode (alkaline phosphatase - polyphenol oxidase) for the amperometric determination of phosphate [J]. *Anal. Chem.*, 1998, 70(18):3 952-3 956.

[16] De Prada AGV, N Pena, M L Mena, et al. Graphite-teflon composite bienzyme amperometric biosensors for monitoring of alcohols. Biosens [J]. *Bioelectron*, 2003, 18(10):1 279-1 288.

[17] Del Carlo M, M Mascini, A Pepe, et al. Electrochemical bioassay for the investigation of chlorpyrifos-methyl in vine samples [J]. *J. Agric. Food Chem.*, 2002, 50(25):7 206-7 210.

[18] Dominguez R, B Serra, A J Reviejo, et al. Chiral analysis of amino acids using electrochemical composite bienzyme biosensors [J]. *Anal. Biochem.*, 2001, 298(2):275-282.

[19] Ercole C, M Del Gallo, M Pantalone, et al. Lepidi.A biosensor for Escherichia coli based on a potentiometric alternating biosensing (PAB)transducer [J]. *Sens. Actuators B*, 2002, 83(1-3):48-52.

[20] Ferguson J P, G A Baxter, J D G McEvoy, et al. Detection of streptomycin and dihydrostreptomycin residues in milk, honey and meat samples using an optical biosensor [J]. *Analyst*, 2002, 127:951-956.

[21] Gaudin V, J Fontaine, P Maris. Screening of penicillin residues in milk by a surface plasmon resonance-based biosensor assay: comparison of chemical and enzymatic sample pre-treatment [J]. *Anal. Chim. Acta*, 2001, 436(2):191-198.

[22] Gustavsson E, P Bjurling, Å Sternesjö. Biosensor analysis of penicillin G in milk based on the inhibition of carboxypeptidase activity [J]. *Anal. Chim. Acta*, 2002, 468(1):153-159.

[23] Krawczyk T K, M Kwan R C H, C Chan, et al. An amperometric biosensor for determining amino acids using a bienzymatic system containing amino acid oxidase and protease [J]. *Biotechnol. Lett.*, 2002, 24(14):1 203-1 207.

[24] Ivnitski D, E Wilkins, H T Tien, A Ottova. Electrochemical biosensor based on supported planar lipid bilayers for fast detection of pathogenic bacteria [J]. *Elecom*, 2000, 2(7):457-460.

[25] Jenkins D M, M J Delwiche. Adaptation of a manometric biosensor to measure glucose and lactose. *Biosens. Bioelectron.*, 2003, 18(1):101-107.

[26] Katrlik J, A Pizzariello, V Mastihuba, et al. Biosensors for L-malate and L-lactate based on solid binding matrix [J]. *Anal. Chim. Acta*, 1999, 379(1):193-200.

[27] Kelly S C, PJ O' Connell, CK O' Sullivan, et al. Development of an interferent free amperometric biosensor for determination of L-lysine in food [J]. *Anal. Chim. Acta*, 2000, 412:111-119.

[28] Lenarczuk T D Wencel, S Glab, et al. Prussian blue-based optical glucose biosensor in flow-injection analysis [J]. *Anal. Chim. Acta*, 2001, 447(1):23-32.

[29] Lupu A, D Companone, G Palleschi. Screen-printed enzyme electrodes for the detection of

marker analytes during winemaking [J]. *Anal. Chim. Acta*, 2004, 513(1):67-72.

[30] Maestre E, I Katakis, E. Dominguez. Amperometric flow-injection determination of sucrose with a mediated tri-enzyme electrode based on sucrose phosphorylase and electrocatalytic oxidation of NADH [J]. *Biosens. Bioelectron*, 2001, 16(1-2):61-68.

[31] Maines A, MI Prodromidis, SM Tzouwara-Karayanni, et al. An enzyme electrode for extended linearity citrate measurements based on modified polymeric membranes [J]. *Electroanalysis*, 2000, 12(14):1 118-1 123.

[32] Mello L D, M P Taboada Sotomayor, LT Kubota. HRP-based amperometric biosensor for the polyphenols determination in vegetables extract [J]. *Sens. Actuators*, 2003, B96(3):636-645.

[33] Mirhabibollahi B, J L Brooks, R G Krool. A semi-homogeneous amperometric immunosensor for protein A-bearing Staphylococcus aureus in foods [J]. *Appl. Microb. Biotechnol*, 1990, 34(2):242-249.

[34] Mizutani F, Y Hirata, S Yabuki, et al. Flow injection analysis of acetic acid in food samples by using trienzyme/poly(dimethylsiloxane)-bilayer membrane-based electrode as the detector [J]. *Sens. Actuators*, 2003, B91(1):195-198.

[35] Moscone D, R A Bernardo, E Marconi, et al. Rapid determination of lactulose in milk by microdialysis and biosensors [J]. *Analyst*, 1999, 124(3):325-329.

[36] Moszczynska, M Trojanowicz. Inhibitive determination of mercury and other metal ions by potentiometric urea biosensor [J]. *Biosens Bioelectron*, 2000, 15(11):681-691.

[37] Mutlu M. Biosenesors in Food Processing, Safety, and Quality Control [M]. Boca Raton London New York: CRC Taylor & Francis, 2010.

[38] Nedelkov D, A Rasooly, R W Nelson. Multitoxin biosensor-mass spectrometry analysis:a new approach for rapid, real-time, sensitive analysis of staphylococcal toxins in food [J]. *Int. J. Food Microb*, 2000, 60(1):1-13.

[39] Niculescu M, T Erichsen, V Sukharev, et al. Quinohemoprotein alcohol dehydrogenase-based reagentless amperometric biosensor for ethanol monitoring during wine fermentation [J]. *Anal. Chim. Acta*, 2002, 463(1):39-51.

[40] Niculescu M, R Mieliauskiene, V Laurinavicius, et al. Simultaneous detection of ethanol, glucose and glycerol in wines using pyrroloquinoline quinone-dependent dehydrogenases based biosensors [J]. *Food Chem.*, 2003, 82(3):481-489.

[41] Niculescu M, C Nistor, I Frebort, et al. Redox hydrogel based amperometric bienzyme electrodes for fish freshness monitoring [J]. *Anal. Chem.*, 2000, 72(7):1 591-1 597.

[42] Palmisano F, R Rizzi, D Centonze, et al. Simultaneous monitoring of glucose and lactate by an interference and cross-talk free dual electrode amperometric biosensor based on electropolymerized thin films [J]. *Biosens Bioelectron*, 2000, 15(9):531-539.

[43] Patel P D. (Bio) sensors for measurement of analytes implicated in food safety: a review [J].

Trends Analy. Chem, 2002, 21(2): 96-115.

[44] Pogacnik L, M Franko. Detection of organophosphate and carbamate pesticides in vegetable samples by a photothermal biosensor [J]. *Biosens Bioelectron*, 2003, 18(1):1-9.

[45] Ramanathan K, BR Jönsson, B Danielsson. Sol-gel based thermal biosensor for glucose [J]. *Anal. Chim. Acta*, 2001, 427(1):1-10.

[46] Ricci F, A Amine, C S Tuta, et al. Prussian blue and enzyme bulk-modified screen-printed electrodes for hydrogen peroxide and glucose determination with improved storage and operational stability [J]. *Anal. Chim. Acta*, 2003, 485(1):111-120.

[47] Rishpon J, D Ivnitski. An amperometric enzyme-channeling immunosensor [J]. *Biosens Bioelectron*, 1997, 12(3):195-204.

[48] Serra B, A J Reviejo, C Parrado, et al. Graphite-teflon composite bienzyme electrodes for the determination of L-lactate: application to food samples [J]. *Biosens Bioelectron*, 1999, 14(5):505-513.

[49] Stredansky M, A Pizzariello, S Stredanska, et al. Determination of D-fructose in foodstuffs by an improved amperometric biosensor based on a solid binding matrix [J]. *Anal. Commun.*, 1999, 36(2):57-61.

[50] Su X, S Low, J Kwang, et al. Piezoelectric quartz crystal based veterinary diagnosis for Salmonella enteritidis infection in chicken and egg [J]. *Sens. Actuators B*, 2001, 75(1):29-35.

[51] Surareungchai W, W Supinda, P Sritongkum, et al. Dual electrode signal-subtracted biosensor for simultaneous flow injection determination of sucrose and glucose [J]. *Anal. Chim. Acta*, 1999, 380(1):7-15.

[52] Takayama K, T Kurosaki, T Ikeda. Mediated electrocatalysis at biocatalyst electrode based on a bacterium, Gluconbacter-Industrius [J]. *J. Electroanal. Chem.*, 1993, 356(1-2):295-301.

[53] Thakur MS, Ragavan KV. Biosensors in food processing [J]. *J. Food. Sci. Technol.*, 2013, 50(4):625-641.

[54] Wagner G, G G Guilbault. Food biosensors analysis [M]. New York: Marcel Dekker, 1994.

[55] Volotovsky V, N Kim. Determination of glucose, ascorbic and citric acids by two-ISFET multienzyme sensor [J]. *Sens. Actuators B*, 1998, 49(3):253-257.

[56] Wu X J, M M F Choi. Hydrogel network entrapping cholesterol oxidase and octadecylsilica for optical biosensing in hydrophobic organic or aqueous micelle solvents [J]. *Anal. Chem.*, 2003, 75(16):4 019-4 027.

第八章　智能感官分析技术

在食品评价中，气味、风味以及质地是非常重要的评价指标。食品感官分析技术是一种以人为主体的分析技术，但是由于人的主观能动性，易受外界环境及人自身的生理和心理影响，在一定程度上会造成对产品评价的主观性以及评价结果的变异性。此外，人无法一次品尝大量或有害的物质。

为了保证感官分析结果的可靠性、有效性，避免环境因素和人的生理因素等对感官分析的影响，客观地评价人对食品的反应和食品固有的特性，感官分析技术在发展过程中融合了许多学科的知识与技术，形成了多学科融合的现代感官分析技术。简要而言就是将人的感觉器官作为“仪器”，结合材料物理学、数学算法、生理学和统计学等学科，对食品进行定性或定量的检测与分析。一方面测知食品的色、香、味、形等感官品质特性，另一方面也能获知人对产品的接受度。

现代智能感官分析设备中，已有许多商业化的设备，如模拟人体舌头的电子舌，模拟人体鼻子的电子鼻，模拟人体咀嚼器官的电子牙（质构仪）等。现代智能感官分析技术将传统感官分析的内涵扩大，不仅仅依赖于人进行感官评价，而是把分析仪器和智能感官仪器也作为工具，辅助感官评价，使得感官分析更具精确性。此外，智能感官分析技术以感官分析与理化分析的相关性研究为核心，将感官分析技术与现代仪器分析技术相结合，多技术融合进行产品品质特征的评价与控制，为规模化和自动化工业生产提供产品感官品质精确评价与控制的技术与方法。

第一节　电子鼻

在食品工业领域，食品的感官评价中嗅觉评判是非常复杂的。通常，食品的嗅觉评价由专业的技术人员进行打分判断，评判结果包含人为因素，主观操控性较大，而且人的感官评价容易出现评断疲劳现象，不具备评价的可重复性。因此，采用拟人化的电子鼻技术对食品进行评价具有客观化、科学化、数据化、可重复性高等优点，可提高产品评价的准确度。

电子鼻技术从20世纪90年代起开始发展，至今已有20多年的历史，它可以在一定时间内连续监测特定位置的气体状况。电子鼻同气相色谱仪或液相色谱仪等设备不同，它得到的不是被检测样品的精确定量或者定性的结果，而是所测样品的综合性的整体信息，也可以将这些气味信息归纳为所测样品的“气味指纹图谱”，因此电子鼻又称为气味指纹分析仪。由于被测样品的气味类型和浓度不同，电子鼻获得的检测信号就不同，可以将这些信号建立样品的气味指纹数据库，用来对样品进行识别和判断，甚至可以使用标准品根据气味数据进行样品的初步定量，但是没有气相色谱的准确度高。总之，电子鼻涉及仿生学传感器、计算机应用、数学算法等领域，它是一种集成化仪器。

目前，电子鼻技术在食品领域应用较广。比如电子鼻可应用在果蔬成熟度检测，根据蔬菜和水果散发出来的气味，电子鼻可以对果蔬进行无损伤检测，对产品的成熟度和腐败度进行评价；电子鼻可用于饮料和酒品的识别和鉴定，根据饮料和酒类的气味物质对产品进行实时、准确的评价，对提高产品的质量稳定性有很大帮助；电子鼻可用来分析茶叶香气组分和茶叶品质之间的关系，此外电子鼻还可以检测肉类的新鲜度、产品的保质期、谷物霉变情况等。

本节主要介绍了电子鼻的基本概念、工作原理和发展情况，并列举了电子鼻在茶叶、葡萄酒、农产品贮藏等领域的应用实例。

一、电子鼻的基本概念及组成

电子鼻（Electronic Nose）的概念，是在1982年由英国华威大学（The University of Warwick，又译作沃里克大学）的Persaud和Dodd教授首次提出的，它根据仿生学原理，模仿哺乳动物嗅觉系统的结构和机理，是一种用来分析、识别和检测复杂嗅味和挥发性成分的仪器。目前，市场上大部分商业化电子鼻的核心元件为多个选择性的气敏传感器，另外还包含气味取样器、空气发生器等硬件以及信号处理系统和模式识别系统等软件。

电子鼻的元件中，对气体敏感的传感器是其核心部分，这些气敏传感器是感知样品气味的基本单元。然而由于气敏传感器的专一性比较强，即单一传感器在检测混合型气体时，难以达到较高的识别精确度。因此，电子鼻系统中含有对不同气体具备敏感性的传感器阵列。

目前，大多电子鼻的传感器类型主要包括以下几种：金属氧化物传感器（Metal Oxide Sensors，简称MOS），导电型高分子传感器（Conducting Polyme，简称CP），石英晶体微天平型传感器（Quartz Crystal Microbalance，简称QCM）、声表面波传感器（Surface Acoustic Wave，简称SAW）等。

这几类传感器中，金属氧化物传感器（MOS）在电子鼻中应用最广泛。当这类传感器和气味相互作用时会使金属氧化物材料的导电性发生变化，继而引起电阻值的下降并产生信号。这些金属氧化物的灵敏度比较高，因此轻微的气味变化就可以被系统监测到。此外，金属氧化物的工艺重复性较好，可以使用标准溶液对不同批次的氧化物电极进行基准响应的漂移修正，避免更换电极导致的数据误差。这类传感器的材料最早以日本科学家发现的SnO_2为主，后来又发展为ZnO_2、WO_3、RuO_2和TiO_2等，传感器衬底的材料有硅、玻璃、塑料和铝合金等，由于发生接触反应需满足200～400℃的温度条件，因此要在底部设置加热器。经过改进后的传感器性能更稳定，能耗更低，使用寿命更长，其适用范围宽且成本较低，成为目前使用最广泛的气敏传感器。

导电型高分子传感器（CP）是英国科学家在20世纪80年代提出的，常用导电聚合物由聚吡咯、噻吩、吲哚和呋喃等材料组成，当它们暴露在挥发性气体中的时候，活性材料发生聚合反应引起电阻增加，产生正的信号，这类传感器最大的优点是在常温下就可以工作，其灵敏度比较高，但是活性物质的电聚合过程比较困难，加之导电型高分子传感器的生产重复性差，传感器的漂移校正比较困难，因此使用这类传感器建立长期模型的可行性不大。

质量传感器及其阵列是20世纪90年代发展起来的新型传感器，它的原理与以上两种传感器不同，这种传感器吸附气味分子后，石英振子的震动频率会发生变化，进而产生信号。这种传感器目前主要分为两类，一是石英晶体微天平型传感器（QCM），其安装有谐振石英盘，表面涂有聚合物涂层，气体分子被聚合物涂层吸附后，会增加石英晶体的质量，因而会降低其共振频率，降低的程度同聚合物所吸附的有气味物的质量呈反比关系。第二类是声表面波传感器（SAW），它的使用原理是对气体敏感的覆盖涂层的延迟线与气体接触后，气体分子使传感器的震动相速和幅值发生一定的变化，即吸附的气体分子改变了表面声波的共振频率。这两种传感器的检测灵敏度比较高，两者比导电型传感器需要更复杂的电子学原理，需要频率检出器才能得到信号转换结果，传感器的寿命比其他的要短，而且随着活性薄膜的不断老化，传感器的共振频率会发生漂移，进而导致传感器校正比较困难。这几种传感器如图8-1所示。

除核心元件传感器之外，电子鼻还有自动顶空进样器、空气发生器、气泵、空气流量控制装置等。以ALpha M.O.S FOX4000系列电子鼻为例，其组成如图8-2所示。

其中，自动顶空进样器也是一些商业电子鼻中必备的仪器，它主要应用了顶空取样的原理。在气相色谱分析中，顶空分析（Headspace Analysis）可以直接得到样品释放的气味信息。现代顶空分析方法主要分为3类，静态顶空分析、动态顶空分析、顶空－固相微萃取分析。电子鼻系统中气味取样使用的是静态顶空直接取样的方法。以FOX4000电子鼻（图8-3）为例，顶空气体直接进样系统配有气密性好的取样针，同时在取样针的外部环绕有温度控制装置，这种取样模式的适用范围比较广，但是由于加热取样针的压力较大，取样针拨出顶空瓶的瞬间会造成一定的气体损失，这会对精确定量有一定的影响。图8-3为FOX4000电子鼻实物图和各种顶空瓶的形状和规格，电子鼻常用的顶空瓶有10 mL、20 mL等几种。

电子鼻的自动进样器、气敏传感器可以归结为电子鼻的硬件设施，而其信号处理系统和模式识别系统可以归结为电子鼻的软件系统。软件系统相当于人的大脑对气味信息进行处理和分析，电子鼻对气味的判断不仅需要传感器对气味有敏感的响应，还需要软件系统对信号有准确的分析。随着一些数学算法和计算机技术的发展，电子鼻的信号处理速度和精确度都有了非常大的提高，这更扩大了电子鼻的应用范围和领域。

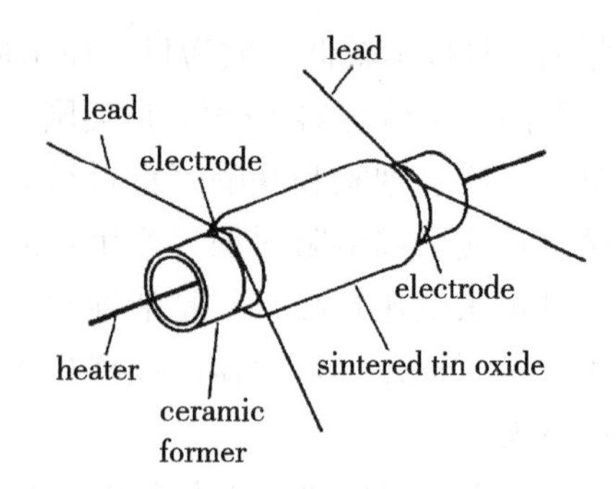

MOS型传感器

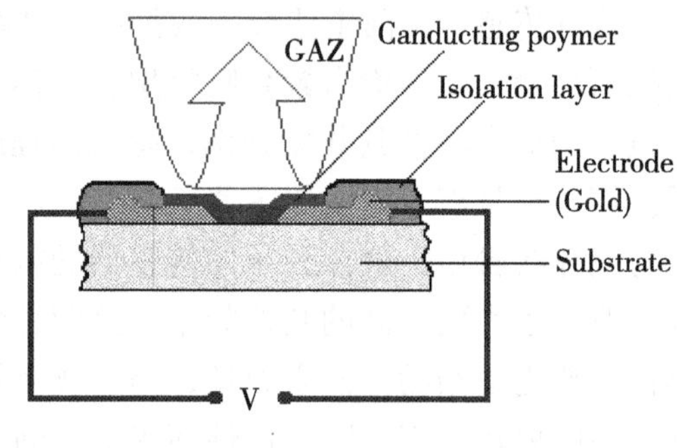

CP型传感器

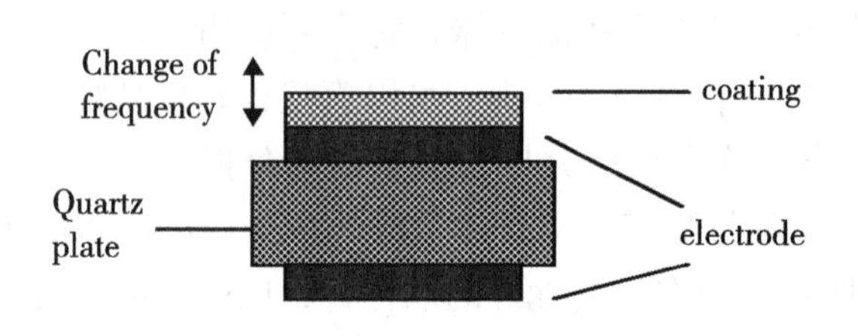

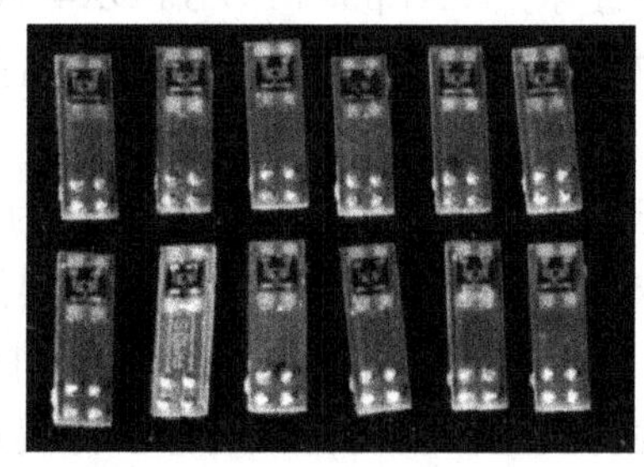

QCM、SAW型传感器

图8-1　电子鼻的传感器

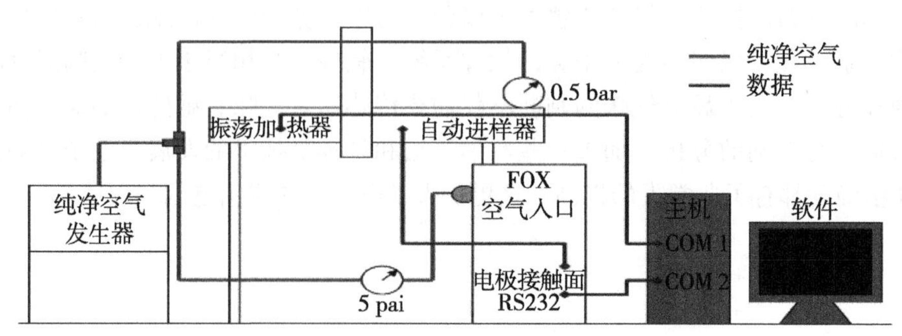

图8-2　FOX系列电子鼻组成

图8-3　电子鼻（FOX4000）及顶空瓶

电子鼻的信号处理系统主要是完成气敏传感器所获得响应信号的基线校正、滤波、变换、归一化和降维，并进行特征提取与选择。举例而言，一个电子鼻系统的气敏传感器阵列中具有n个传感器，其中某个传感器i对某种气味j产生一个随时间而变化的电信号V_{ij}，则传感器阵列对气味j的响应就构成了n维空间的一个矢量V_j：

$$V_j=\{V_{1j},\ V_{2j},\ V_{3j},\ \cdots,\ V_{nj}\}$$

如此看来，传感器的个数越多，越能准确反映气味j的组分信息，更容易发现气味间的显著差异，但是相对的如果传感器的个数增加，则数据处理会耗费更多的时间和内存，目前常用的传感器数据处理的方法有差分法、相对法、差商法、对数法、代数归一法、平方归一法等。

电子鼻的气敏传感器检测一种物质的气味后，得到一组响应输出数据，这些输出数据是被识别对象的基本特征，也叫原始特征，它的数量大，样本处于高维空间中，这样分析样本和存储样本就非常困难，因此有必要通过低维转换来表示样本，这种过程就叫特征提取，它通常是原始特征的线性组合。而特征选择指的是从一组数量为n的特征中选择出数量为d的一组最优特征，用来达到降低特征空间维数的目的。总之，特征提取和选择的目的是去除某些噪声或者无关的特征值，在不减少有用信息的情况下，降低空间的维数，提高电子鼻对气味的分析性能。

模式识别是对传感器阵列的输出信号经过特征提取后进行适当的处理，用来获得样本的气味信息，是电子鼻系统中软件方面的核心部分，它的研究起源于20世纪初，伴随着计算机科学和人工智能技术的发展，模式识别在20世纪60年代逐渐成为一门学科。从电子鼻的传感器特性而言，单个气敏传感器不能完整定义样本的气味信息，只有多种类型传感器的相互交叉才能实现样本气味的科学化定义，因此电子鼻使用的传感器阵列是将单一性的传感器进行组合排列，同时结合必要的模式识别算法构成的气味检测系统，可见模式识别在电子鼻系统中有非常重要的地位。

早期的气敏传感器阵列模式识别方法主要依靠线性化的数据处理方法，也即所谓的传统模式识别技术或者统计模式识别，如主成分分析（PCA）、判别函数分析（DFA）、独立元分析（ICA）、Fisher分类判别、最小二乘法（PLS）、线性判别法（LDA）、K均值法、聚类分析（CA）等。由于这些线性处理方法无法精确反应实际情况，不能有效补偿传感器噪声污染导致的测量偏差，因此逐步出现了一些新型智能算法，比如模糊神经网络模式识别算法（FNN）、人工神经网络法（ANN）等。以人工神经网络法为例，这种方法处理非线性数据，不仅具备抑制传感器漂移和噪声的能力，还有一定的强容错性和函数逼近能力，可以解决气敏传感器的交叉敏感性问题，具有在高维空间识别事物，同时使同类事物更加聚集，异类事物更分离的能力，因此，在国内外气体检测领域已经被广泛地应用。人工神经网络法中，常见的有前馈网络（BP）和径向基函数神经网络（RBF）两种。这两种神经网络算法在函数逼近方面都有较强的能力，BP侧重于全局逼近能力，RBF侧重于局部逼近能力。

二、电子鼻的发展状况

电子鼻是在20世纪90年代发展起来的一种新颖的分析、识别和检测复杂嗅味和挥发性成分的人工嗅觉装置。电子鼻的核心元件是气敏型传感器，属于电化学传感器的一种，对于传感器的研究最早可以追溯到19世纪末。1962年在瑞典的斯德哥尔摩召开了世界上第一次电子嗅觉交流会议，此后的会议主题多是加强多学科的交叉和国际交流合作，鼓励嗅觉化学的研发和利用。1967年，日本科学家研发的SnO_2型气体传感器实现了商业化利用，但是当时的传感器以单一传感器利用为主，不能识别复杂气体的整体信息。1982年由英国Warwick大学的Persaud和Dodd教授模拟哺乳动物嗅觉器官，首次提出电子鼻的概念。1989年，北大西洋公约组织对电子鼻做了如下定义："电子鼻是由多个性能彼此交互的气敏传感器和适当的模式分类方法组成的具有识别单一和复杂气味能力的装置。"在1990年，国际上举行了第一届电子鼻学术会议，并与1994年推出了世界上第一台商业化电子鼻。迄今，世界上已有多家生产电子鼻的厂商，它们的特点如表8-1所示。

表8-1　部分电子鼻产品特点

名　称	传感器阵列	传感器个数	应用对象	生产国家和厂商
便携式气味检测仪	MOS	6，8	一般可燃气体	美国Sensidyne公司
FOX系列	MOS	12，18	环境、食品	法国Alpha公司
模块式传感器系统MOSES Ⅱ	CPQCM，MOS	24	有机气体、塑料、咖啡、橄榄油	德国Tubingen大学
气味警犬 BH114	CP，MOS	16	一般可燃气体	英国Leeds 大学
香味扫描仪Aromascan	CP	32	食品、化妆品、包装材料、环保	英国路易发展公司
Pen 3	MOS	10	环境、食品	德国Airsense公司
智　鼻	MOS	10	工业材料、食品	中国上海昂申公司

随着科技的发展，单一某个气敏型传感器的精确度、选择性、重复性不断提高，但同人体的嗅觉系统相比，一种传感器难以对所有的气味实现定义和区分，因此电子鼻系统的传感器阵列不断向综合利用方向发展。除去电极的选择外，正确的气体取样方式能改善电子鼻的性能，可使电子鼻灵敏度提高2～3个数量级，比如小容积气体箱的研发可以避免目标气体被稀释，减少传感器和样品气味的接触时间，增加传感器的使用寿命。此外，电子鼻的软件系统也会得到巨大发展，比如信号处理系统的效率会提高，特征数据抽提会更有效，模式识别系统朝向人工智能化发展。

电子鼻等感官分析技术的出现，为食品品质检测提供了广阔的前景。相对于许多传统的分析化学方法，电子鼻具有几个明显的特点，如自动化程度高、可实现快速分辨和在线分析、系统的样本训练、样品定性和定量等。目前，电子鼻有多种应用和潜在应用领域，如食品工业、环境检测、医疗卫生、药品工业、室内空气质量监控、安全保障、公安和军事等。在食品生产中，电子鼻可用于控制和检测产品的新鲜度、进行产品质量控制和原料安全控制、在线生产监控等。在医疗卫生事业方面，用电子鼻可分析和识别患者的呼气，根据其呼气的成分鉴定是否有肺癌的隐患等。在安全保障方面的应用包括有毒物品和生物制剂的危险报警，在机场、港口、车站检查爆炸物，在海关检查毒品走私等。电子鼻还可用于检查工农业生产的排放物和污染环境的废物，监控室内空气质量。在军事上，电子鼻可协助探雷，进行生物核化学制剂检测和敌我识别，对过期弹头的挥发性有机化合物泄漏进行检测等。传感器技术和模式识别技术的高速发展以及人们对生物嗅觉机理和过程逐渐深入了解，将会极大地促进电子鼻系统的研究和发展，使其能够越来越满足人们对生产和生活的需求。

三、电子鼻的基本原理

当气味被吸入人体鼻腔后，通过鼻腔到达鼻腔上部一块大约5cm^{2}的嗅觉上皮细胞，共约10亿个嗅觉气泡，气味物质和适当的化学受体进行交互作用，使得细胞膜的电位发生变化，气味感觉神经元将这些刺激信号传递给大脑。大脑可对这些信息进行模式识别、鉴定和分类等。电子鼻的传感器就相当于人体鼻腔中的气味受体，电子鼻软件中的信号处理和模式识别相当于人的大脑（图8-4）。

电子鼻的工作原理概括起来是模拟人的嗅觉器官对气体进行感知、分析和判断，其原理框架如图8-5所示。

一般情况下电子鼻工作流程概括为3步，不同厂家生产的各种型号的电子鼻可能不尽相同，但流程基本一致。

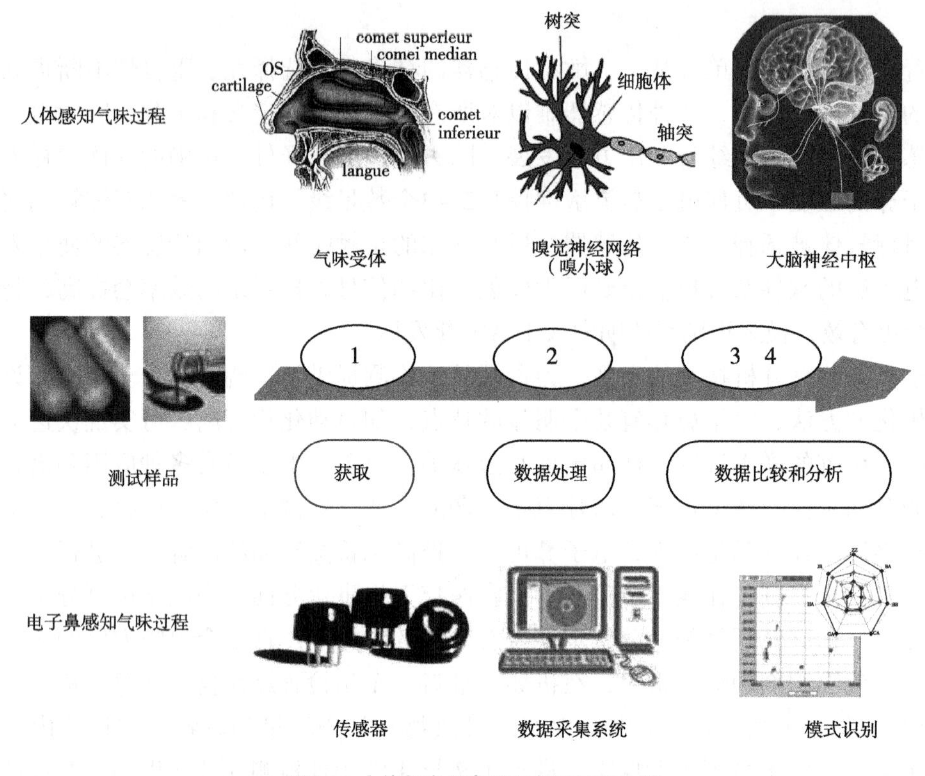

图8-4　人体与电子鼻感知气味过程比较

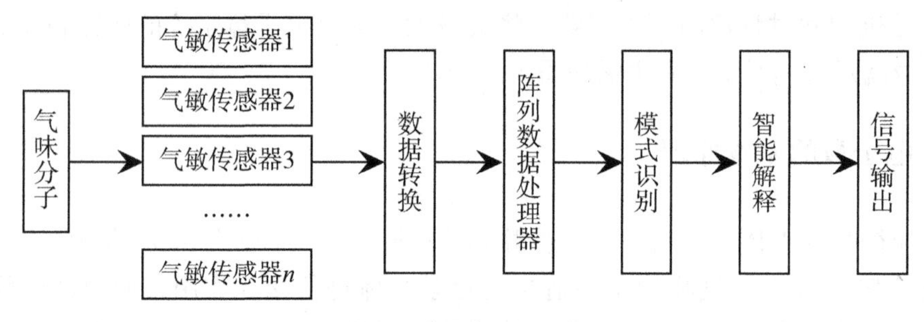

图8-5　电子鼻工作原理

1. 传感器的初始化

利用空气发生器产生的高纯空气对传感器电极进行吹洗，并使用自动进样或手动进样装置吸取一定量的气体，转移至装有气敏传感器的小容器室中。

2. 样品测定及数据处理

当气敏传感器和挥发性气体结合后，就会使传感器产生瞬时响应，这种信号被记录并被传递到信号处理单元，信号处理单元对信号进行转换并对数据进行原始处理。操作者使用相关的模式识别软件对数据进行抽提和分析。

有研究表明，人体单个气味感觉神经元对多种不同的气味有响应，且单一某种气味对不同的神经元都有一定程度的刺激。电子鼻通过模拟人的嗅觉系统对气味进行判断，每个传感器相当于不同种类的神经单元，不同的气敏传感器对各种气味都有不同的灵敏度。比如，A种气体可在1号传感器上产生非常高的响应值，但是其他传感器对它响应不明显。同样，B种气体可在2号传感器产生高响应，对1号传感器不敏感。总之，各种传感器阵列对不同气体的响应图谱是不一样的，这样才使得系统能根据传感器的响应图谱来识别气味，针对某种物质形成特异的气味指纹图谱。

3. 传感器的清洗

每次样品完成测定后，超纯高压空气会冲洗传感器表面，用来去除测定的味觉残留物质，使传感器得到基准状态。

总体来看，气味分子先被电子鼻的气敏型传感器吸附，产生一定的信号响应，并将响应信号转换成电信号，由交互型多个传感器对样品整体气味的响应构成了传感器阵列对该气味的响应谱。由于样品的各种气味成分均会与传感器的敏感材料发生作用，所以这种响应谱是一种广谱型响应谱。下一步将传感器的信号进行适当的预处理（如滤波去干扰、特征提取、信号放大等）和信号特征抽提后，采用一定的模式识别分析方法对其进行处理。理论上，每种气味都会有它的特征响应谱，根据其特征响应谱可区分不同的气味，利用传感器阵列对多种气体的交叉敏感性进行测量，通过适当的分析方法，实现混合气体的定性、定量分析。

四、电子鼻的应用实例

电子鼻在许多医药、环境保护、安全保障等行业都有广泛的应用，由于嗅觉评价是人们对食品的主要评价之一，因此在食品领域电子鼻的应用也非常广泛。比如用在食品原料掺假鉴定中，许多珍贵的食品原料（如冬虫夏草等）价格较高，具有特殊的气味，不法分子为了获取经济利益使用廉价的食品原料来增加产品的分量，使用电子鼻可以根据气味指纹图谱和浓度差异判断目的产品是否掺假；在中药领域，许多珍贵的药材（如人参等）有特殊的气味，也可以使用电子鼻实现产品等级分类和无损性真伪鉴定等；此外，在白酒与啤酒鉴定、食物农残检验、果实成熟度判定、肉类品质鉴定、茶叶品质鉴定、果汁品质鉴定、食品的新鲜度和货架期判定、谷物霉变判定等方面都有广泛的应用。

（一）电子鼻在茶叶感官分析中的应用

茶叶品质的好坏，等级的划分，价值的高低，主要根据茶叶外形、香气、滋味、汤色、叶底等项目，通过感官审评来决定。感官品茶是否正确，一方面取决于评茶人员敏锐的感官审评能力，另一方面也要有良好的环境条件、设备条件及有序的评茶方法，诸如评茶用具、评茶水质、茶水比例、评茶步骤及方法等。感官审评是一种古老而又有效的评价茶叶品质的方法，但该方法也受诸多因素的影响，比如，不同品茶师嗜好的差异，同一品茶师因心理、生理、健康状况的不同，会对同一商品评价的结果产生差异，被品评师评定为优等的茶叶每千克价格超过2万元，而一般的茶叶每千克售价40多元。此外，品评师还容易产生感官疲劳。由于感官评价具有很强的经验性，使得对品茶师的培养和教育存在一定的难度。因此，长期以来，茶叶及食品科研工作者都致力于茶叶品质的量化识别研究，期望采用科学的仪器测定茶叶品质，用科学计量上的品质指标来评价茶叶品质。电子鼻的出现，可以帮助茶农和消费者实现茶叶的科学化和客观化分级。

于慧春等人研究了电子鼻评价龙井茶叶的方法，他们使用德国Airsense公司生产的PEN2系列电子鼻对4种不同等级的西湖龙井进行了分辨，结果显示使用线性判别（LDA）和BP神经网络方法可对各茶叶样品进行分类判别，总的测试回判率可达90%，其分辨结果如图8-6所示。

Dutta等对5种不同加工工艺（不同的干燥、发酵和加热处理）的茶叶进行了分析和评价，用主成分分析（PCA）、模糊C均值算法（FCM）和人工神经网络算法（ANN）等方法对检测数据进行分析。发现采用径向基函数算法（RBF）和人工神经网络算法（ANN）方法分析时，可以100%地区分出5种不同制作工艺的茶叶。Bhattacharyya等用电子鼻技术检测黑茶加工过程中的最佳发酵时间及黑茶发酵过程中气味的变化。张红梅等使用德国的PEN2电子鼻以多元线性回归、二次多项式回归分析和BP神经网络为方法，成功建立传感器信号和信阳毛尖茶的茶多酚含量之间的预测模型，基于气敏传感器阵列所建立的BP神经网络可以快速预测茶叶中茶多酚的含量，从而为茶叶品质的快速检测提供了一种新的检测方法。

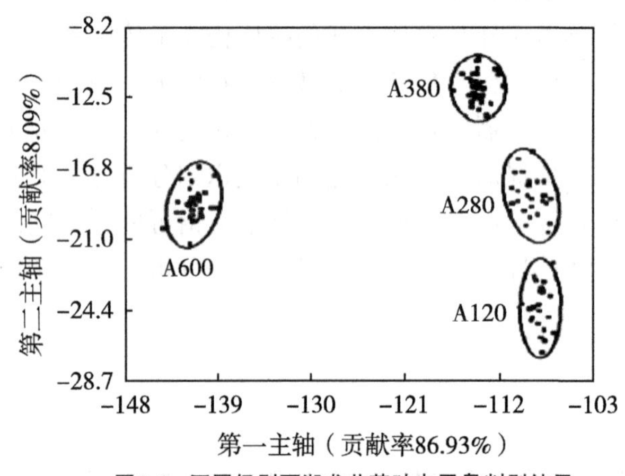

图8-6　不同级别西湖龙井茶叶电子鼻判别结果

（二）电子鼻在葡萄酒感官分析中的应用

酒文化在中国传统文化中具有重要的地位，酒类的生产、消费在经济发展中有非常重要的作用。目前，酒类的评价主要是理化指标评价和感官品评两部分。其中，葡萄酒的感官评价主要是由专业品酒师对其色、香、味等进行评估，这些品酒师需要有相当的经验，且存在主观性评价因素，评价结果随心情、环境等因素影响较大，人工评价的时间不能太久，以免出现品评疲劳现象。鉴于以上问题，电子鼻在葡萄酒的评价中逐渐被接受和推广。有很多文章报道，电子鼻在葡萄酒的生产年份、产地识别、产品归类等领域有非常广泛的应用。

在识别葡萄酒品种方面，Daniel Cozzolino等人使用PCA等分析方法，用电子鼻能较为准确地分辨澳大利亚的雷司令和霞多丽2种干白葡萄酒，准确度分别达到95%、80%。Corrado Natale等人发现电子鼻使用PCA的分析方法，可以有效区分不同生产年份的同类葡萄酒，如图8-7所示。

Lozano等利用电子鼻系统可以较好的对红葡萄酒、白葡萄酒中的芳香族化合物进行识别；Nicolash Beltran等利用电子鼻技术对生长在4种不同地理位置的原材料酿造的葡萄进行分类检测，正确率高达94%。

Pinheiro选择一种特殊的麝香葡萄作为研究对象，使用电子鼻检测葡萄酒在微生物发酵期间产生的香气，并作出了电子鼻对葡萄酒在线实时检测的可行性分析。科学家们还运用电子鼻对橡木桶的烘烤程度以及葡萄酒“软木塞污染”进行检测。

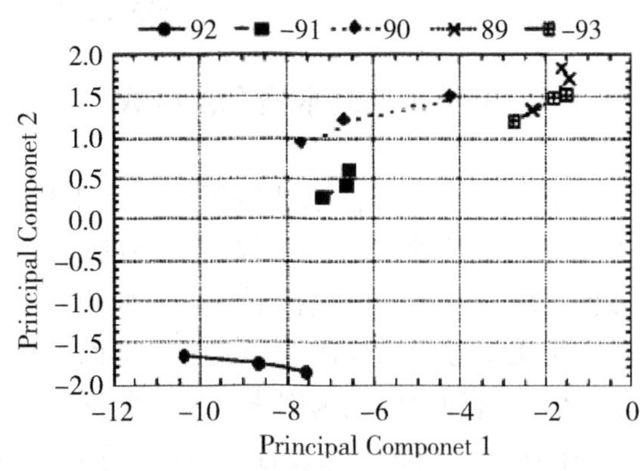

图8-7 PCA分析法区分不同生产年份葡萄酒

（三）电子鼻识别霉变玉米

玉米的贮存目前有较多的问题，收获时期的阴雨天气会导致玉米贮存过程中霉变的发生，此外玉米胚乳的营养丰富，容易被微生物污染。这些霉变的玉米被人畜食用后会发生中毒现象，会造成严重的经济损失。据联合国粮农组织估计，全世界每年大约有5%～7%的粮食、饲料等农作物受霉菌侵染。目前，霉变玉米的检测主要通过传统手段，测量温度，观察粮食颗粒的颜色等，检测方法落后，容易出现检测失误等问题。随着科技的发展，乳凝集反应法、显微镜检验法、薄层层析法、酶联免疫法、气相色谱法、高效液相色谱法、气相色谱－质谱联用等方法也用于谷物霉变的检测，然而这些方法的检测时间长、样品前处理方法繁琐。电子鼻的出现，提高了霉变玉米的检测成功度。这是因为微生物感染的玉米等会产生特殊气味，如酒味、霉味、甜味，这些成分主要是醛、醇及酮类物质等，电子鼻可以根据上述气味信息判断玉米的霉变情况。目前，国内外使用电子鼻对霉变玉米的评价已有很多成功实例。

潘天红等人使用厚膜金属氧化锡气体传感器阵列自制了一套电子鼻系统，并对谷物霉变进行分析。结果显示，使用RBF神经网络分析可以有效区分几种谷物（水稻、玉米、小麦）的霉变情况，网络的识别正确率为92.19%。张红梅等使用相关传感器研制出一套对谷物霉变进行检测的电子鼻系统，并对6个不同霉变程度的稻谷进行检测，实验结果表明系统对稻谷霉变程度的检测具有很高的分析精度。Olsson等人用电子鼻系统可以实现对霉变大麦的鉴定，并可以用PLS（Partial Least Squares）的方法对霉变标志物进行定量。Falasconi等人使用电子鼻系统摸索出一套对玉米贮存过程中产生黄曲霉毒素B_1的真菌*Fusarium verticillioides*进行鉴定的方法，虽然还有在应用过程中存在一些问题，但是证明了利用产生的特殊气味对谷物进行霉变标定是可以实现的。

第二节 电子舌

一、电子舌的基本概念及组成

越来越多的新技术被应用到食品工程领域中，食品品质的评价和生产过程的监控需要客观、快速的检测手段。食品的品质通常包括外观、质地、气味、营养、滋味等方面。现在我们可以用机器视觉来检测外观，用物性仪来检测质地，用电子鼻来检测气味，用化学方法来检测营养成分等。而对食品滋味的评价，大多依靠专业人员的感官评定，但是这种评价人为因素大，重复性差，难以满足食品工业化大生产的需要，所以需要一种客观、快速、重复性好的检测手段来评价食品的滋味。

随着社会对无损、快速、智能检测技术的需求，感官仿生技术研究逐渐成为众多科学工作者追逐的热点课题，电子舌就是其中之一。电子舌（Electronic Tongue）技术是20世纪80年代中期发展起来的一种分析、识别液体“味道”的新型检测手段。它主要由传感器阵列和模式识别系统组成，传感器阵列对液体试样做出响应并输出信号，信号经计算机系统进行数据处理和模式识别后，得到反映样品味觉特征的结果。它对复杂样品中的甜、酸、苦、咸、鲜、涩等基本的味觉指标进行快速评价。电子舌具有操作简便、前处理简单、对环境条件适应能力强等优点，且得到的是样品的整体信息，也称作“味觉指纹”数据。所以，电子舌技术在食品工业中的应用有着无可比拟的优势。

电子舌技术的发展与材料科学、计算机科学、仿生学、化学、生物学、数学的发展都密切相关。近些年，纳米材料技术和计算机科学的快速发展也促进了电子舌技术的发展。根据不同的原理，电子舌（味觉传感器）的类型主要有电位分析味觉传感器、伏安分析味觉传感器、光学方法味觉传感器、多通道电极味觉传感器、生物味觉传感器、基于表面等离子共振（SPR）原理制成的味觉传感器、凝胶高聚物与单壁纳米碳管复合体薄膜的化学味觉传感器、硅芯片味觉传感器以及水平剪切表面声波味觉传感器等，本节主要介绍其中几种比较常见的味觉传感器。

1. 电位分析的传感器

在原电池内，化学反应的进行使自由电子发生转移，只要反应未达到平衡，就会有电势产生。基于这个原理，在无电流通过的情况下测量膜两端电极的电势，通过分析此电势差来研究样品的特性。属于这种类型的传感器有很多，它们的共同点是测量膜两端的电势（膜电位）。这些膜可由不同的材料制成，能对样品中各种不同类型的化学物质提供足够的选择性。然而，它对非电解质和弱电解质物质（如大多数甜味物质和一些苦味物质）不敏感，但可以通过使用单分子膜（如含硫醇类的脂膜、Langmuir-Blodgett膜）得以改进。如日本九洲大学Kiyoshi Toko教授发明的TS-5000Z电子舌，设计的多通道类脂膜味觉传感器能鉴别啤酒、日本米酒、牛乳等多种食品；又如采用硫属化合物玻璃材料制成的传感器配以PVC膜，可用于检测饮料。这种类型的传感器有的已经商业化用于自动味感系统，并被证实有着广泛的用途。

膜电位分析的传感器的主要特点是：操作简便、快速，能在有色或混浊试液中进行分析，适用于酒类检测系统。因为膜电极直接给出的是电位信号，较易实现连续测定与自动检测。其最大的优点是选择性高，缺点是检测的范围受到限制，如某些膜只能对特定的离子和成分有响应。另外，这种感应器对电子元件的噪声敏感，因此对电子设备和检测仪器有较高的要求。

2. 伏安分析的传感器

伏安分析法是在外加电压下测定通过溶液的电流来反映被测对象信息的一种有效而常用的分析方法。由于其高灵敏性、多功能性、简单性等优点而在分析化学方面得到广泛应用。根据不同的分析对象，伏安法又可分为循环伏安法、反萃伏安法和脉冲伏安法等。伏安法传感器的灵敏度高，然而因为被测溶液中几乎所有的组分在外加电压下都会产生电流，因此在很多情况下分辨力低。与其他几种伏安法相比，脉冲伏安法具有更高的灵敏性和确定性，使用脉冲电压可以克服分辨率低的不足。基于这种技术，可以得到被测溶液的很多信息，例如外加脉冲电压时，研究当Helmholz层形成时的电流响应，可以得到不同物质扩散系数的相关信息。另外，还可以通过使用不同金属材料制成的工作电极得到进一步的信息。如Winquist等人使用6种金属（金、铱、铂、钯、铼和铑）分别制成工作电极并嵌入一个中间带有参比电极（Ag / AgCl）的陶制圆盘上，圆盘装在一根起着辅助电极作用的不锈钢管中。对其施以脉冲电压，可以用来鉴别不同的果汁和牛乳。

3. 光学方法的味觉传感器

目前光学型电子舌的传感器主要有两种：一种是光寻址电位传感器（LAPS）其根据半导体内的光电效应原理，即当半导体受到一定波长的光照射时，半导体吸收光子发生禁带到导带的跃迁产生了电子空穴对。当光源在LAPS的上表面或下表面照射时，外电路中光电流的大小就反映了膜的响应。另一种是基于光化学原理的集成光学离子传感器，这种传感器主要基于传统化学分析方法中的一种显色反应，使之与微加工技术相结合，将酸碱指示剂和金属指示剂吸附在载体小球上，再放置在经微加工制备的微井中，颜色的变化通过CCD拍摄并存储到计算机中，通过计算机对实验数据进行处理和识别。

4. 生物味觉传感器

生物味觉传感器是由敏感元件和信号处理装置组成。敏感元件又分为分子识别元件和换能器两部分。分子识别元件一般由生物活性材料（如酶、微生物及DNA等）构成。

5. 多通道味觉传感器

多通道味觉传感器是用类脂膜构成多通道电极制成的，多通道电极通过多通道放大器与多通道扫描器连接，从传感器得到的电子信号通过数字电压表转化为数字信号，然后送入计算机进行处理。

6. 凝胶高聚物与单壁纳米碳管复合体薄膜的化学味觉传感器

基于凝胶高聚物与单壁纳米碳管复合体薄膜的化学味觉传感器，采用阻抗法测量传感器在不同液体中的频率响应，最后对数据用主成分分析法进行模式识别，较好地区别酸、甜、苦、咸等味道。

7. 硅芯片味觉传感器

硅芯片味觉传感器是模仿生物味蕾的离子图像传感器阵列芯片和检测识别系统组成，其基本原理是：表面携带感受器的聚合物小球充当味蕾，用传统微机械工艺在硅表面形成金字塔形状的蚀刻槽，放入敏感球，同时蚀刻槽作为化学分析的微环境，用透明盖子固定在上面，在槽的顶部加特殊光源，在下面用高灵敏度的CCD用来检测离子传感器的光学响应信号，在计算机上进行的模式识别算法模拟大脑皮层的味觉识别过程，被用来识别样品中的离子和分子成分。

8. 水平剪切表面声波味觉传感器

水平剪切表面声波味觉传感器（SH-SAW）的原理是，水平弹性表面波的传播是通过压电效应产生的原子运动和电势维持的，水平弹性波在被测液体中传播时，一方面产生机械作用，它可以用来探测流体的力学特性，例如黏性和密度；另一方面，对液体产生电效应（也就是声电学效应），它影响了水平弹性表面波的传播速率和衰减率。所以，它可以用来探测液体的电学特性，例如介电常数和传导率。计算机采集到这些信号的变化后，对其进行处理，与待测液的物理化学特性建立联系，从而对其进行评价。

另外，还有应用味觉物质使电解液电导率降低的原理制成的电导型电子舌以及采用纳米材料作为传感器部件的电子舌。

二、电子舌的基本原理

人体口腔内的味感受体主要是味蕾，其次是自由神经末梢。单个味蕾通常由40～60个味细胞组成。味细胞表面由蛋白质、脂质，以及少量的糖类、核酸和无机离子组成。不同的呈味物质与味细胞上不同的受体作用。研究显示，酸、咸、苦味的受体都是脂质，同时，苦味受体也有可能与蛋白质相联系，而甜味受体和鲜味受体只是蛋白质。味细胞后面连着传递信息的神经纤维，这些神经纤维再集成小束通向大脑。概括而言，人体产生味感的基本途径是：首先，具有一定水溶性的呈味物质吸附于受体膜表面并刺激其上的味感受体，然后，通过一个收集和传递信息的神经感觉系统传导到大脑的味觉中枢，最后，通过大脑的综合神经中枢系统分析，从而产生味感。

电子舌是基于生物味觉模式建立起来的检测体系。在生物味觉体系中，舌头味蕾细胞的生物膜非特异性地结合食物中的味觉物质，产生的生物信号转化为电信号并通过神经传输至大脑，经分析后获得味觉信息。不同类型的电子舌系统是由机械手臂、试样台、放大器和用于数据记录的计算机系统组成。图8-8显示了电化学味觉传感系统的原理，这个系统可以代表和模仿特定的味觉分子与人舌上的味蕾相互作用的发生。这些可以产生表面电势交互变化的传感器代表人体味蕾，传感器产生的反应生成电位信号由计算机系统进行记录和分析。电子舌系统得到的不是被测样品中某种或某几种成分的定性与定量结果，而是样品的整体味觉信息，也称作“味觉指纹”数据。

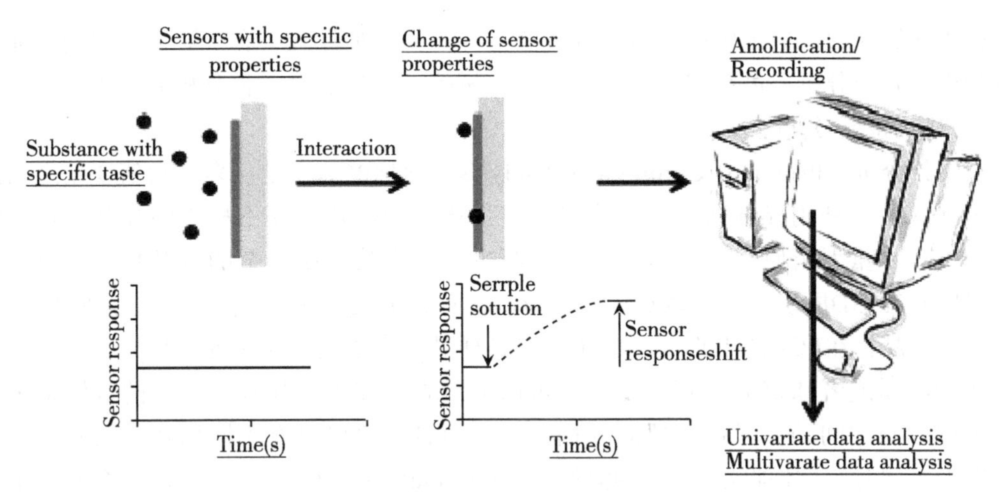

图8-8　电化学味觉传感系统的原理

三、电子舌的主要类型

电子舌又被称为基于化学传感器和模式识别的液体分析仪器，主要由以下几个部分组成：自动进样器，具有味觉选择性的传感器阵列，获得信号的仪器和分析信号并获得结果的数学统计软件。应用在电子舌中的传感器主要包含电化学传感器、光学传感器、质量传感器和酶传感（生物传感器）等。电化学传感器又可分为电势型、伏安型和阻抗型。在数学软件中，最常用的信号处理方法主要是人工神经网络和统计模式识别，如主成分分析、判别分析、最小二乘回归、因子分析等。目前商业化比较成功的电子舌主要有日本Kiyoshi Toko开发的TS-5000Z电子舌和法国Alpha M.O.S的ASTREE电子舌，如图8-9所示，这两款电子舌都属于电化学传感器类型。

图8-9　电子舌系统

（A）TS-5000Z电子舌；（B）ASTREE电子舌

在数学软件中，最常用的信号处理方法主要是人工神经网络和统计模式识别，如主成分分析、判别分析、最小二乘回归、因子分析等。常规的电子舌分析方法主要有主成分分析和判别因子分析。

主成分分析（Principal Component Analysis，简称PCA）是从多个数值变量之间的相互关系入手，利用降维的思想，将多个变量化为少数几个互不相关的综合变量的统计方法。在尽量保留原有信息量的条件下减少信息维数，用复杂的多维数据建立有良好可视性的2D/3D图表，原始数据中最大量的信息将被投影在PC1轴，其次是PC2、PC3轴。每个样品将在PCA图上形成一个集合，各样品集合之间的距离通常用来表示其相互间的化学物质或者味道上的相似度。它可以无需先验知识，找到一组新的数轴来最大限度地展示数据间的差异性，以此挖掘有用的信息，给出具有不同风味区域和簇的描述性图表。同时，软件将给出判别指数（Discrimination Index）、各样品集合间的距离（Distance）、各电极在测定每个样品时各轮数据之间的精密度（RSD）。当各组之间相互独立，则判别指数为正，DI指数越大各样品间的区分越好；距离越大，两者之间的口味差别越明显。

判别因子分析（Discriminant Factor Analysis，简称DFA）是一种通过重新组合传感器数据来优化区分的分类技术，它的目的是使组间距离最大同时保证组内差异最小。在有多个组需要识别的情况下，通过先验知识找到使各个组群区分最好的图表并建立模型，然后可以识别新样本属于哪个组群。识别率可用于判定DFA模型是否有效，识别率越大，模型越可靠。

（一）TS-5000Z电子舌

人的舌头表面的活性有机体系由具有特定电位的脂质双分子层膜构成，这种电位的变化是由于味料样品和脂质之间的静电作用或疏水性作用产生的，味觉浓度的感觉是由人大脑味觉感知信息判断的。如图8-10所示，TS-5000Z味觉传感器模拟了这种味觉活性有机体系机制，它是由人工脂质膜（类似人的舌头）构成，采用与味蕾细胞工作原理相类似的人工脂膜传感技术，与各种味料样品之间产生静电作用或疏水性作用，因而能够获得样品的味觉信息，把食物、药品等样品的味道转化成数值的形式。

TS-5000Z电子舌的传感器如表8-2所示，主要评价样品的酸（Sourness）、甜（Sweet）、苦（Bitterness）、咸（Saltiness）、鲜（Umami）、涩（Astringency）、苦的回味（Aftertaste-B）、涩的回味（Aftertaste-A）和鲜的回味（Richness）等指标。

TS-5000Z电子舌的操作过程如图8-11所示，将味觉传感器浸没在由一定浓度的KCl和酒石酸混合而成的参比溶液中，得到相应的膜电势V_r。这个参比溶液几乎没有味道，在系统中相当于人的唾液。将味觉传感器浸没在样品溶液中得到溶液电势V_s，V_s-V_r的电势差值，被称为相对值，可以评估味觉基本值，包括鲜味、酸味、咸味、苦味、涩味等。

用参比溶液轻轻清洗味觉传感器。清洗后，再将传感器浸入到参比溶液中，检测到电势V_r'，$V_r'-V_r$的电势差值被称为CPA（由化学物质吸附所引起的电势变化），这是由苦或涩的物质吸附而引起的数据变化，称为回味。最后，味觉传感器在一定浓度的乙醇溶液中清洗去除传感器上的吸附物质，然后进行下一个样品的测试。

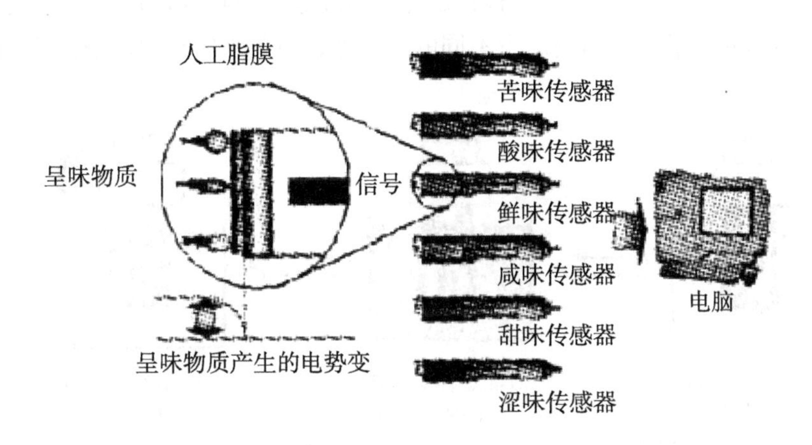

图8-10　TS-5000Z电子舌的原理

表8-2　TS-5000Z电子舌的传感器特点

感官信息		传感器	特　点	主要样品
基础味觉参数（Relative value）	酸味	CA0	柠檬酸和酒石酸产生的酸味	啤酒、咖啡
	咸味	CT0	膳食中的盐引起的咸味	酱油、汤、各种调味汁
	鲜味	AAE	由氨基酸和核酸引起的鲜味（滋味）	汤、各种调味汁、肉
	苦味	C00	食物或蔬菜中的苦味物质引起的苦味，但低浓度下会被感知为丰富性	豆酱、调味汁、汤
	涩味	AE1	涩味物质引起的辛辣味	葡萄酒、茶
	甜味	GL1	糖或糖醇产生的甜味	甜食、饮料
回　味（CPA value）	酸苦味的回味	C00	苦味物质引起的回味	啤酒、咖啡
	涩味的回味	AE1	涩味物质引起的回味	葡萄酒、茶
	鲜美味－丰富性	AA	丰富性，也被称为持续性，是由鲜味物质引起的	汤、各种调味汁、肉
	基本苦味的回味	AC0 AN0	药物物质苦味	基本的药物（如奎宁、盐酸盐、法莫替丁）
	盐酸盐类产生的回味	BT	药品的苦度	盐酸盐类药物

（二）ASTREE电子舌

法国ASTREE电子舌的系统包括传感器阵列、自动进样器、数据采集系统与电子舌配套数据分析软件。该仪器通过适当的培训能够分析溶解在溶剂中的可溶性化合物，并分析它们的差异；还可以分析与酸、甜、苦、咸、鲜5种基本味道物质有关的化合物，主要用于食品、饮料和制药工业等领域。该电子舌系统包含7个化学传感器阵列（ZZ、BA、BB、CA、GA、HA、JB）和一个参比电极Ag/AgCl，每个传感器具有不同的分子膜，可以对不同的味道产生选择性吸附，将化学试剂和离子的变化转化成电信号，进而将电信号转化成可以解释的数据模型。这7个传感器对5种基本味觉，即酸、甜、苦、咸与鲜都有不同的响应，但对每种滋味物质检测的阈值不同（表8-3）。待测溶液中的分子与传感器表面的敏感膜发生相互作用从而导致传感器和参比电极间的电势发生变化，由于不同溶液含有不同的分子，因而会产生不同的电势差，由此来实现对溶液的检测。

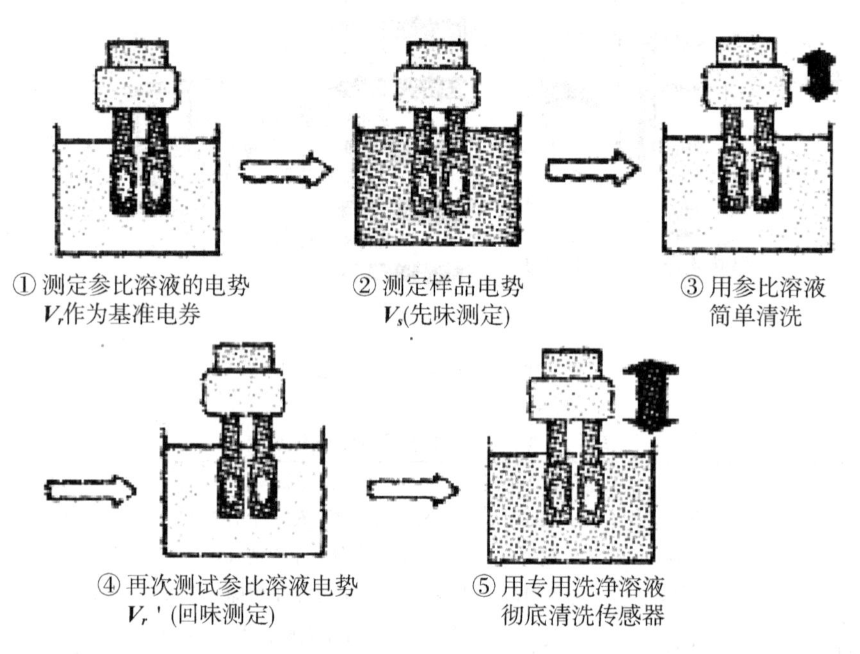

图8-11 TS-5000Z电子舌的操作过程

表8-3 ASTREE电子舌传感器对滋味物质的检测阈值 （单位：mol/L）

基本滋味	滋味物质	传感器阈值						
		ZZ	BA	BB	CA	GA	HA	JB
酸	柠檬酸	1×10^{-7}	1×10^{-6}	1×10^{-7}	1×10^{-7}	1×10^{-7}	1×10^{-6}	1×10^{-6}
咸	氯化钠	1×10^{-6}	1×10^{-5}	1×10^{-6}	1×10^{-6}	1×10^{-4}	1×10^{-4}	1×10^{-5}
甜	葡萄糖	1×10^{-7}	1×10^{-4}	1×10^{-7}	1×10^{-7}	1×10^{-4}	1×10^{-4}	1×10^{-4}
苦	咖啡因	1×10^{-5}	1×10^{-4}	1×10^{-4}	1×10^{-5}	1×10^{-4}	1×10^{-4}	1×10^{-4}
鲜	谷氨酸钠	1×10^{-5}	1×10^{-4}	1×10^{-4}	1×10^{-4}	1×10^{-5}	1×10^{-4}	1×10^{-4}

ASTREE电子舌主要的操作过程可分为传感器的校准、诊断、样品检测和清洗、分析数据等步骤。

校准的目的是为了校正传感器的偏移，使传感器在每次检测前具有相同的基准值，从而使测试样品的结果具有长期的可比性，通常用0.01mol/L的盐酸作为校准液。具体的过程为：传感器阵列在去离子水中清洗10s，然后在盐酸中反应120s，如此循环3次。

诊断的目的是检测传感器的灵敏度，以保证检测结果的可靠性，通常用0.01mol/L的盐酸、氯化钠、谷氨酸钠作为诊断溶液，分别代表酸、咸和鲜味。具体的过程为：传感器阵列先在去离子水中清洗10s，然后在盐酸中反应120s，再回到去离子水中清洗10s，接着到氯化钠中反应120s，再回到去离子水中清洗10s后，转到谷氨酸钠中反应120s，如此循环6次。如果在诊断过程中，传感器的响应曲线表现出一致性，同时在主成分分析图中的贡献率达到94%以上，说明传感器工作正常。

前两个步骤通过后即可进行样品的检测。样品检测过程中和检测完毕后要对传感器进行清洗，清洗的目的是防止检测时样品间的交叉污染和保证传感器的清洁，可根据检测样品来选择检测过程中的清洗液，试验完毕后采用专用清洗液和蒸馏水进行清洗。最后，可对采集到的数据进行分析。

四、电子舌的应用实例

（一）电子舌在茶叶品质评价中的应用

同电子鼻用于茶叶的分级评价一样，电子舌技术在茶叶滋味品质的评价中应用越来越广泛，有望成为最有应用前景的技术。Chen等采用电子舌与人工神经网络分析方法相结合，可以很好地将绿茶进行分级。He等同样采用电子舌与主成分分析法相结合，可以较好辨别中国茶叶的不同风味特色和茶叶等级。Hayashi等系统研究了利用电子舌技术评价绿茶茶汤收敛性的实用方法，他们根据Weber's和Weber-Fechner法则将电子舌的响应信号转化成味觉强度值，该值与人的感官评定高度相关。Lvova等采用PCA和PLS分析方法的全固态电子舌微系统技术，对韩国绿茶的多种组分进行了研究，先用不同茶样的茶汤培训电子舌，再用经过培训的电子舌来预测代表绿茶滋味的主要成分的含量，结果表明电子舌可很好地预测咖啡碱（代表苦味）、单宁酸（代表苦味和涩味）、蔗糖和葡萄糖（代表甜味）、L-精氨酸和茶氨酸（代表由酸到甜的变化范围）的含量和儿茶素的总含量。姜莎等采用电子舌与主成分分析法相结合，可以较好地区分中国市场上的7种主要红茶饮料。

许勇泉等采用ASTREE电子舌进行茶汤滋味的定性定量分析，电子舌结合PCA分析可以很好的区分不同茶类茶汤（图8-12），包括绿茶、乌龙茶、红茶、普洱茶和白茶。每

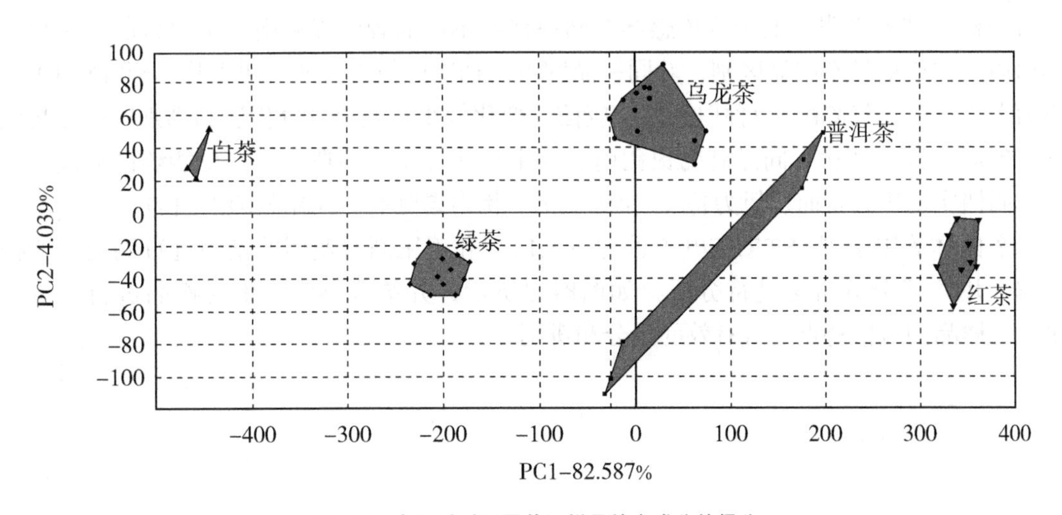

图8-12　电子舌对不同茶汤样品的主成分的得分

一种茶类中的不同茶样可以很好地进行聚类，其中两个普洱茶样之间可能由于年份跨度比较大的原因导致在PCA图中距离比较远，但是不影响不同茶类之间的区分。研究中利用电子舌结合线性相关分析可以建立茶汤苦味强度及回甘滋味强度的量化分析模型，以及茶汤中茶多酚含量（R^2=0.832）、茶氨酸含量（R^2=0.856）和谷氨酸含量（R^2=0.830）等风味化学成分的量化分析模型，为进一步研究茶汤回甘和滋味呈味机理提供客观评价方法。

（二）电子舌在酒类质量品质评价中的应用

白酒、葡萄酒、啤酒的生产和消费在我国国民经济中占有十分重要的地位。由于酒类产品的品种多样、成分复杂，其品质并不能通过某种成分的量化来表达，它是各种成分的综合反映。目前，对于酒的质量鉴别，除了检测卫生、理化指标外，主要是依靠人工感官评价的方法，利用训练有素、经验丰富的专家的感觉器官，即从视觉、嗅觉、味觉，依据产品的色、香、味进行观察、分析、描述、定级，作出综合评价，是目前作为确定不同酒类产品等级的主要依据。然而由于品评专家个体、性别及经验等生理和心理的差异，对味觉客观、真实感受的表达缺乏足够的可靠性，无法实现快速检测，难以满足食品工业大批量、自动化生产趋势的要求。

随着社会对无损、快速、智能检测技术的需求，为了使酒类产品在生产、流通过程中有一个严格、一致的评价标准，进一步体现酒类评价的公正性和准确性，采用仪器测定酒的品质，用科学计量上的指标来评价酒类品质是必要的手段之一。电子舌作为获得溶液样本定性定量信息的一种分析仪器，在酒类产品的检测与区分方面有其独特的优点。电子舌测定酒类样品时无须进行前处理，可以实现快速的检测，是一种不依赖于生物味觉的客观感受系统，因此，电子舌技术在酒类质量品质评价方面的研究越来越广泛。

1. 电子舌在白酒质量品质评价中的应用

王永维等测试了市售的同一档次不同品牌的银剑南、泰山特曲、茅台国典白酒，以及同一品牌不同档次的伊力特曲、伊力特（5年陈酿）、伊力老陈酒（10年陈酿）白酒对ASTREE电子舌传感器的响应信号，并采用主成分分析法、判别因子分析法对响应信号进行分析。结果表明，电子舌传感器对同一档次不同品牌的银剑南、泰山特曲、茅台国典白酒的响应信号有明显区别，对同一品牌不同档次的伊力特曲、伊力特（5年陈酿）、伊力老陈酒（10年陈酿）3种白酒的响应信号变化较小；主成分分析法和判别因子分析法既能够区分同一档次不同品牌的银剑南、泰山特曲、茅台国典白酒，也能够区分同一品牌不同档次的伊力特曲、伊力特（5年陈酿）、伊力老陈酒（10年陈酿）白酒。

辛松林等用法国ASTREE电子舌对中国白酒和鸡尾酒所使用的基酒进行测定，所得数据利用主成分分析法进行分析，如图8-13所示，并结合感官评价对样品进行综合评价，对样品的风格特点进行有效的区分和辨别。

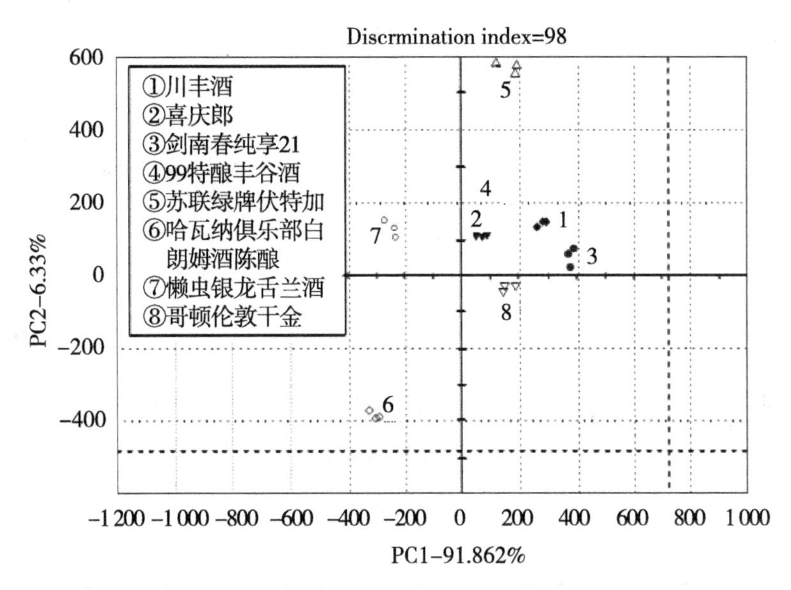

图8-13 不同种类基酒的电子舌主成分分析

2. 电子舌在葡萄酒质量品质评价中的应用

Buratti等利用电子鼻和电子舌结合分析了4种品牌意大利的红酒和产自15个不同地方的干红葡萄酒样品，用主成分分析法和线性判别法模式识别，结果显示电子舌能区分用同种葡萄酿造的不同红酒和能完全区分不同产地的葡萄酒。Rudnitskaya等对不同品种的160个葡萄酒样品进行了电子舌检测和理化指标分析，结果表明电子舌检测结果和理化指标分析结果基本一致，并表明电子舌在预测酒龄方面具有可行性。Wander等使用伏安法电子舌成功地区分葡萄酒（干红、软红、干白和软白）和威士忌酒样品，该电子舌系统采用金电极和铜电极作为工作电极阵列，选择主成分分析法作为模式识别的方法。

王俊等使用法国ASTREE电子舌对长城干红系列葡萄酒进行了区分，样品有不同产地（山东省烟台市、河北省昌黎县、河北省沙城镇）和不同品种（赤霞珠、品丽珠、蛇龙珠）的葡萄酒，结果发现电子舌对于不同产地和不同品种的葡萄酒均有较好的识别效果，其模式识别主要采用主成分分析法（PCA）和判别因子分析法（DFA）。图8-14、图8-15为不同品种葡萄酒的PCA分析图和DFA分析图，实验结果可以很好地将不同品种的葡萄酒样品进行区分。

3. 电子舌在啤酒质量品质评价中的应用

李阳等利用电子舌结合理化指标对6种不同口感的啤酒样品进行检测，并对获得数据进行PCA及相关性分析，结果表明，电子舌技术可以从综合口感方面对样品作区分，同时通过对理化指标和传感器信号分析发现其二者具有较强相关性，最终为啤酒感官评价及特征口感研究提供一种新的思路。Alisa等在电化学传感器的基础上开发了一种电子舌，用于不同啤酒（陈贮啤酒，麦芽啤酒，小麦啤酒）的区分和辨识，取得了较好的效果。Evgeny等使用18个电化学传感器构建的电子舌对啤酒进行了定量分析，采用的模式识别方法为典型相关分析，结果发现，6个理化变量（实际提取物、发酵度、苦味、pH

值、酒精和多酚的含量）和电子舌之间具有很好的相关性。

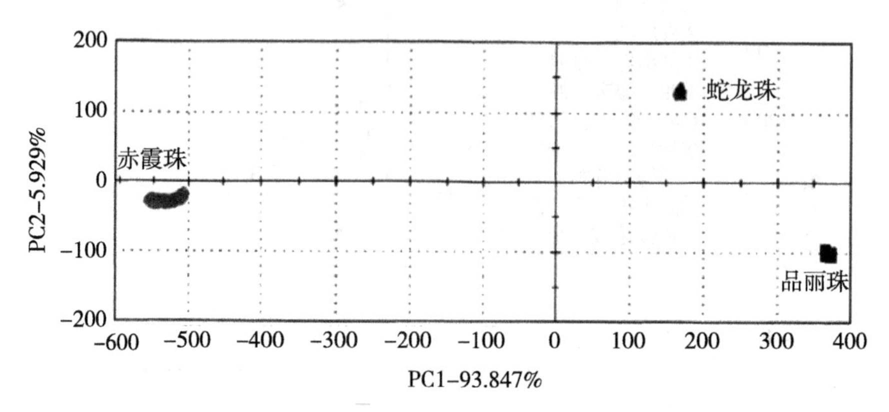

图8-14　不同品种葡萄酒的PCA分析

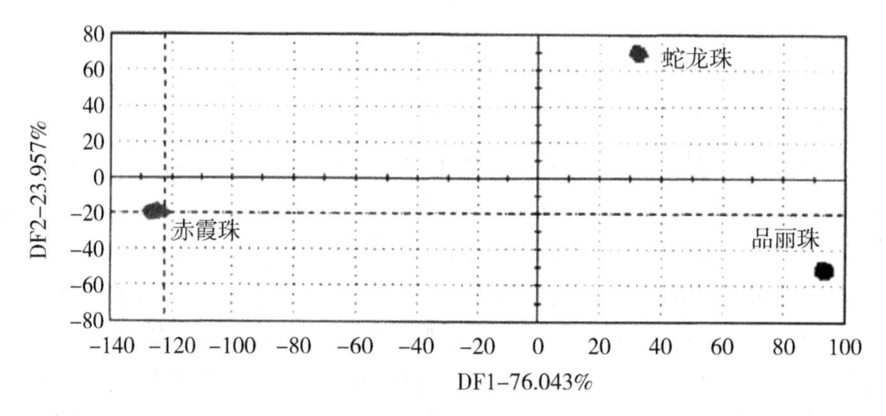

图8-15　不同品种葡萄酒的DFA分析

耿利华等应用日本TS-5000Z型味觉分析系统，分析市场中不同品牌啤酒的酸味、苦味、苦味回味等关键的味觉指标，并且分析了不同品牌啤酒之间的味觉差异和相似度。图8-16为不同品牌啤酒的味觉雷达图，可以看出不同品牌的啤酒在苦味、苦味的回味、酸味和涩味等方面都有明显的差异。

图8-17为不同品牌啤酒的市场份额与酸味、苦味回味之间关系图，市场份额越大，那么在图中圆圈越大，市场份额越小，圆圈就越小。雪花啤酒和雪花勇闯天涯啤酒的市场份额是最大的，加起来占整个中国啤酒市场的21.5%，它们的酸味和苦味回味的程度都是适中的，这种啤酒的味道就迎合了中国大多数人的味觉，所以市场份额较大。喜力啤酒和崂山啤酒，苦味最强，消费者不容易接受，所以反映到市场方面就份额很小。这给啤酒研发人员提供了啤酒味觉的研发方向和思路。

图8-18为不同品牌啤酒的PCA主成分分析图，从图中可以看出不同品牌的啤酒按照主成分区分的情况，燕京啤酒、雪花啤酒、雪花勇闯天涯味道较接近，被区分为一类；哈尔滨小麦王啤酒、哈尔滨啤酒、百威啤酒的味道很接近，被区分为一类；喜力啤酒、崂山啤酒被区分到了一类；青岛啤酒和喜力啤酒、崂山啤酒较为接近；而燕京黑啤和其

他的品牌的味道都不一样，被单独列为一类。

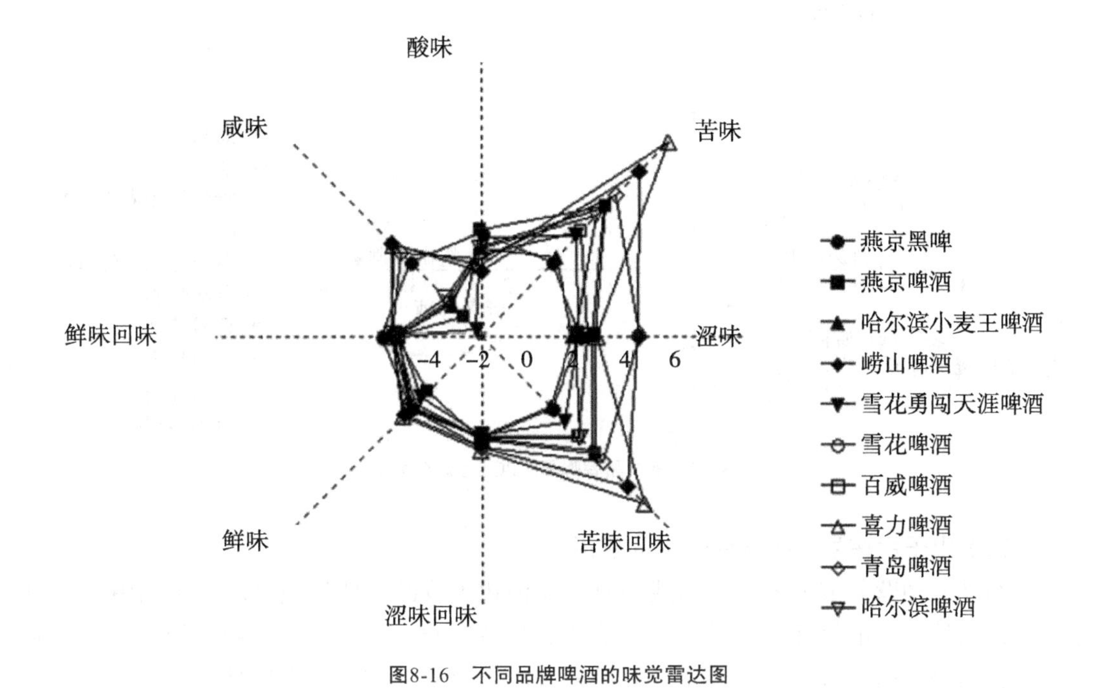

图8-16 不同品牌啤酒的味觉雷达图

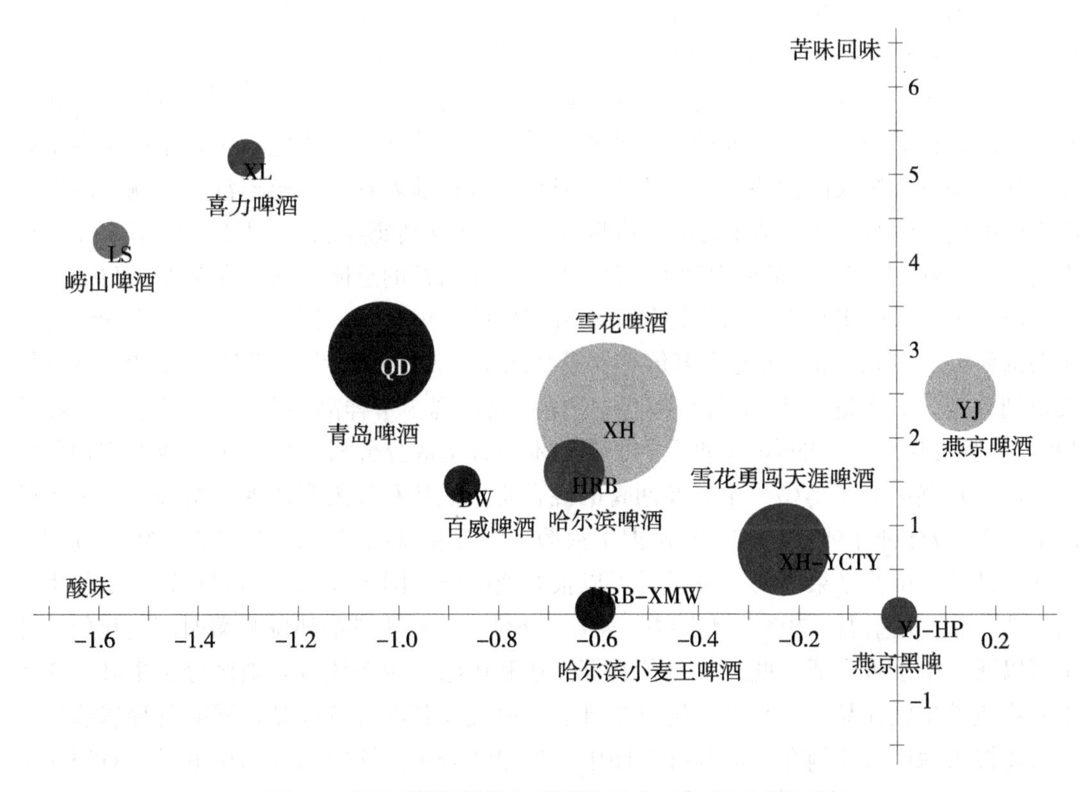

图8-17 不同品牌啤酒的市场份额与酸味、苦味回味气泡图

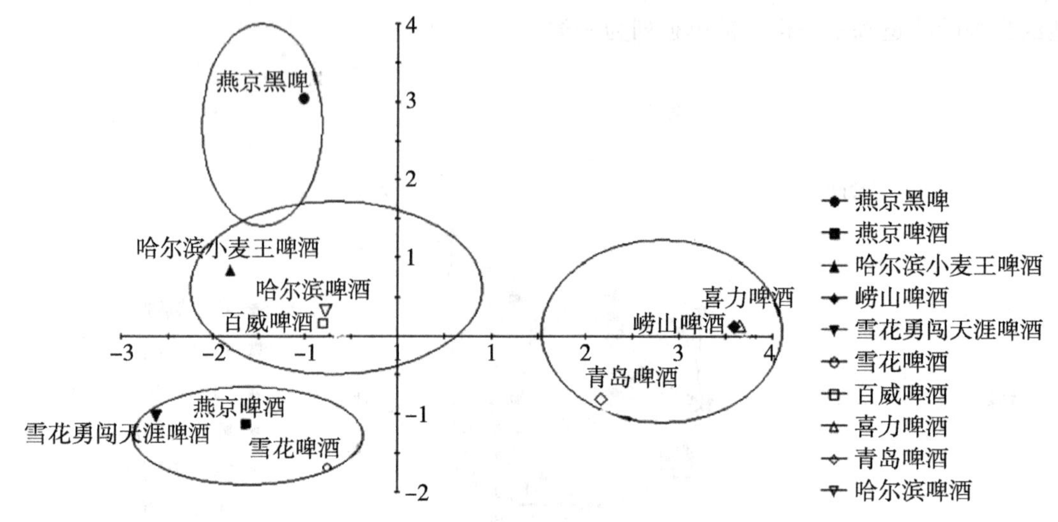

图8-18　不同品牌啤酒的PCA主成分分析

（三）电子舌在牛奶品质评价中的应用

牛奶是一种营养成分齐全、组成适宜、易消化吸收的天然优质食品，牛奶中所含的蛋白质是人体所需的最佳蛋白质来源，消化吸收高达97%～98%，其钙含量居众多食物之前列，而且钙磷比例适当，还富含几乎所有的维生素。市场上牛奶品牌很多，品质存在差异。另外，由于牛奶生产厂家受利益最大化的驱使，牛奶质量良莠不齐，影响了消费者的正常消费，因此牛奶的品质辨别备受牛奶行业和社会的关注。

国内对于牛奶的品质辨别仍采用传统的化学分析方法和人工感官评定方法，存在着操作繁琐且样品经过复杂前处理而致使检测效率不高的缺点。将电子舌技术应用在牛奶品质评价中具有极大的优势。首先不需要对样品进行前处理，传感器深入待测样品液面以下即可进行检测；其次操作简单，检测时间短；再次传感器能适应长时间工作，不会产生疲劳，检测结果可靠；最后得到关于液体样品味觉特征的总体信息，检测结果准确。

电子舌技术应用在牛奶品质评价中具有很好的发展前景，国内外早有研究学者进行相关的研究。Mottram等研究将多传感器系统用于检测乳腺炎牛奶样品，采用SIMCA模式识别分类，67个健康牛奶样品和乳腺炎样品仅出现 3 个样品错判（1个健康牛奶样品和2个乳腺炎样品）；Diasa等利用电子舌技术结合主成分分析（PCA）、线性判别分析（LDA）正确区分了羊奶、牛奶及两者的混合奶。范佳利等人利用课题组开发的多频脉冲电子舌，对5种品牌的UHT（超高温）灭菌纯牛乳和2种品牌的巴氏杀菌纯鲜牛乳进行了评价试验，试验结果表明，电子舌可以很好地区分不同企业采用不同热处理工艺生产的牛乳产品；在室温（20℃）和冷藏（4℃）条件下，鲜牛乳品质随贮藏时间变化的特性也可以通过电子舌表征。此外，范佳利等人还利用电子舌系统有效地区分了牛乳、掺入不同物质的牛乳样品、纯牛乳、纯鲜牛乳、复原乳及其混合乳样品，同时各种掺假牛乳样品随掺入物质的比例在主成分分析图中呈规律性分布。谈国凤等利用电子舌对奶粉中相同质量浓度的6种抗生素进行了辨识，并对新霉素检测质量浓度进行了初步研究。结果显示：电子舌对不同种抗生素和不同质量浓度的新霉素具有较好的辨识能力，其定性分析能够达到国家最高残留限量标准；利用偏最小二乘法（PLS）建立模型定量分析，新霉素最适检测质量浓度范围在300～1 100μg/L。

吴从元等选取伊利、新希望、美丽健、蒙牛和光明品牌纯牛奶作为研究对象，采用法国ASTREE电子舌系统对这5个品牌纯牛奶进行了检测。如图8-19所示，为不同品牌纯牛奶的主成分分析图，5种品牌的牛奶得到有效的区分。

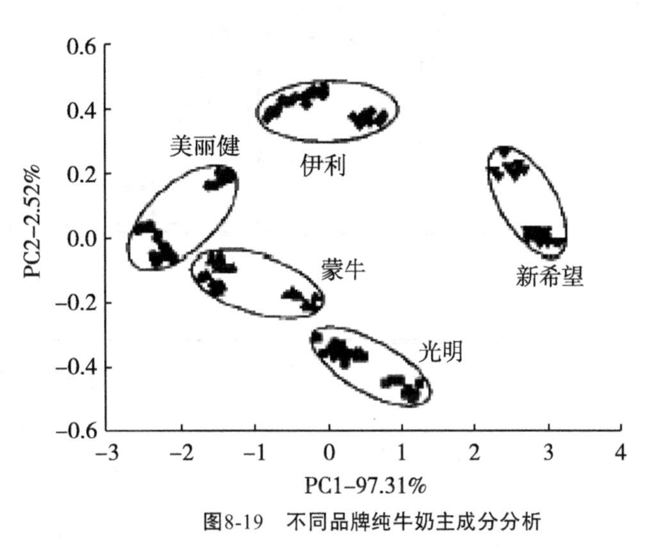

图8-19　不同品牌纯牛奶主成分分析

第三节　质构仪

在食品物性学中，质地被广泛用来表示食品的组织状态、口感及美味感觉等。评价食物质地特性的参数包括脆性、硬度、弹性、黏性、咀嚼性、拉伸强度、韧性等。目前质地测试的方法有两种，分别为仪器分析法和感官评定法。大部分情况下，二者具有很好的相关性。然而，以质构仪为代表的仪器分析法以其数据较客观、重复性好、花费时间少等优势，近年来逐渐被科研工作者们广泛使用。质构仪可应用于肉制品、粮油食品、面食、谷物、糖果、果蔬、凝胶、果酱等食品的物性学分析。本节将从质构仪的概念、发展、原理、应用几方面进行介绍。

一、质构仪的概念及组成

质构仪（又叫物性分析仪、物性测试仪）是用于客观评价物体质地特性的主要仪器，在食品领域应用中质构仪又被称为电子牙。它能够根据样品的物性特点做出数据化的准确表述，是精确的感官量化测量仪器。质构仪具有专门的分析软件包，可以通过计算机选择各种检测分析模式，并实时传输数据，绘制检测过程曲线。它还拥有内部计算功能，对有效数据进行分析计算，并可对多组实验数据进行比较分析，获得有效的物性分析结果。

质构仪主要由机械部分和数据采集处理部分组成。其机械部分外观设计如图8-20所示，包括操作台、转速控制器、横梁、探头、底座、压力传感器等；数据采集处理部分包括压力传感器、放大器、A/D板和微处理器等。

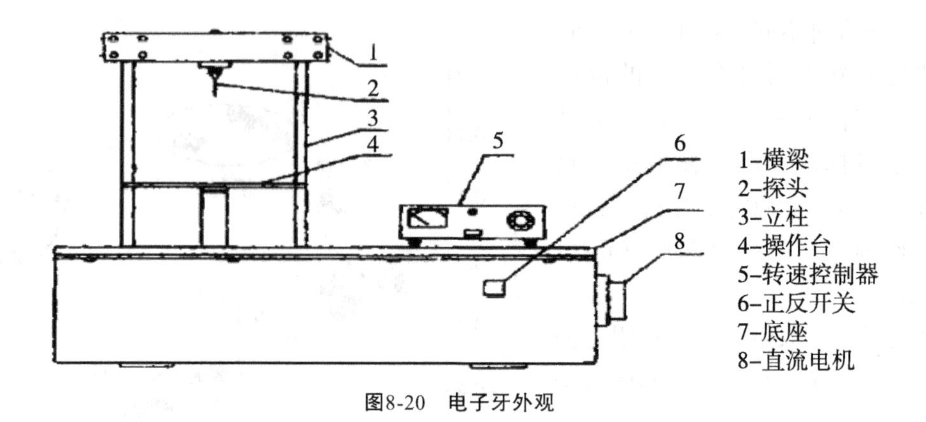

图8-20　电子牙外观

二、质构仪的发展

质构仪的起源要追溯到17世纪，Robert Hooke和Isaac Bewton分别阐述了固体弹性形变原理和简单的液体流动定律，进而形成了胡克定律和牛顿力学，这两种定律成为了质构研究的基础，尽管当时还没能专门应用到食品领域。到了1861年，德国人Lipowitz为了测定胶装物的稳定程度，设计出了世界上第一台食品品质特性测定仪。随后，学者对于质构仪开始了长达一个半世纪的探索研究。19世纪先后有Babcock发明了用于测试牛奶冰激凌黏性的仪器；Hogarth发明了测试面团坚硬性的装置；Wood和Parsons又发明了用于检测黄油硬度的探针等。20世纪30年代初，Warner和Bratzler设计了一种简单的剪切仪，用于肌肉嫩度的检测。1955年Procter等提出了食品的标准咀嚼条件，用接近于口中感触的形式去研究食品的物理性质。1963年，Szczeniak等确定了综合描述食品物性的“质构曲线解析法（TPA）”，是如今质地测试中应用最为广泛的测试方法之一。

目前常见的食品物性分析仪有英国Stable Micro System（SMS）公司设计生产的TA-XT食品物性测试仪，美国Food Technology Corporation（FTC）公司设计的TM2型、TMDX型等系列食品物性分析系统，瑞典泰沃公司设计生产的TXT型质构仪，美国Brookfield公司生产的QTS-25质构仪以及Leather Food Research Association（LFRA）设计生产的Stevens LFRA Texture Analyzer物性分析仪等。图8-21所示为两种经典的质构仪。

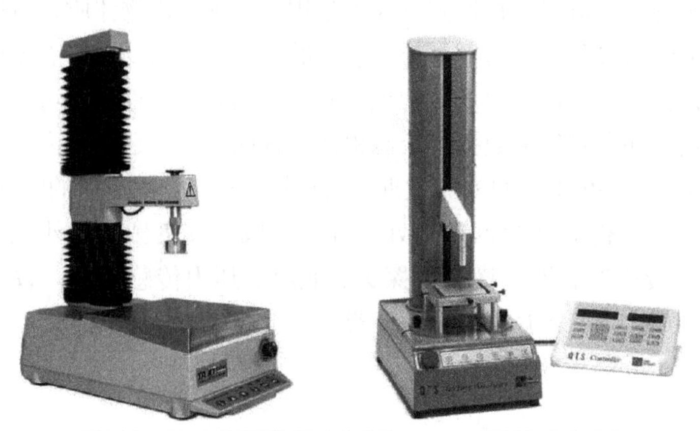
图8-21　TA-XT型质构仪（左）和QTS-25型质构仪（右）

三、质构仪的原理

质构仪主要包括主机、专用软件、备用探头及附件。其基本结构一般是由一个能对样品产生变形作用的机械装置，一个用于盛装样品的容器和一个对力、时间和变形率进行记录的系统组成。在其主机的机械臂和探头连接处有一个力学感应器，能感应标本对探头的反作用力，并将这种力学信号传递给计算机，在应用软件的处理下，将力学信号转变为数字和图形显示于显示器上，直接快速地记录标本的受力情况。在计算机程序的控制下，可安装不同传感器的横臂并在设定的速度下开展上下移动，当传感器与被测物体接触达到设定触发力（Trigger Force）或触发深度时，计算机以设定的记录速度（单位时间采集的数据信息量）开始记录，并在计算机显示器上同时绘出传感器受力与其移动时间或距离的曲线。由于传感器是在设定的速度下匀速移动，因此，横坐标时间和距离可以自动转换，并可以进一步计算出被测物体的应力与应变关系。由于质构仪可以装配多种传感器，因此，质构仪可以检测食品多个机械性能参数和感官评价参数，包括拉伸、压缩、剪切及扭转等作用方式。通过测试过程中距离、时间、作用力三者的关系来分析食品质地特性，结果具有较高的灵敏性与客观性，并可对结果进行准确的数量化处理，以量化的指标来客观全面地评价成品，从而避免了人为因素对食品品质评价结果的主观影响。

质构仪有许多配套探头，如破裂测试探头HDP/TPB、黏着性探头A/DS、轻型刀片A/LKB、坚实度黏性测试探头HDP/PFS、抗拉测试探头A/SPR、柱型探头P/35等。在用质构仪评价食品品质时，首先要根据测试样品选择探头的形状、规格，然后再根据探头来选择操作模式（如压缩模式或拉伸模式）。通过不同种类的压缩、切割、挤压和拉伸模具进行测试，得出能够表示某些质构特性及相关关系的曲线。如圆柱形探头可以用来对凝胶体、果胶、乳酸酪和人造奶油等作钻孔和穿透力测试以获得关于其坚硬度、坚固度和屈服点的数据；圆锥形探头可以作为圆锥透度计，测试奶酪、人造奶油等具有塑性的样本；压榨板用来测试诸如面包、水果、奶酪和鱼之类形状稳定不流动的产品；球形探头用于测量薄脆的片状食物的断裂性质；锯齿测试探头可测量水果、奶酪和包裹材料的表面坚硬度；咀嚼式探头可模仿门牙咬穿食物的动作进行模拟测试。

四、质构测试的影响因素

影响质构测量准确性的因素很多，不同的影响因素对仪器测量和感官测试之间的相关性影响程度也不一样。

1. 样品及测试环境

（1）有些样品内各点的质构很均匀，也有一些样品各点的质构却不一样。尽管是在没有偏差的情况下选择了尽可能均一的样品，但是对很多样品来说与生俱来的内在变化问题依然存在，需要重复一定数量的实验。重复数量的多少取决于样品的差异程度，因此物性测定的过程中为了提高可重复性，对样品需要大量取样、取点，取其平均值来减小标准误差。

（2）样品的形状和大小是得到可重复性结果的关键。样品具有很好的均一性，保证每次样品处理方法的一致性，减少因样本形状和大小等因素对结果的影响。

（3）物性分析仪具有很高的灵敏性，要严格保证测试环境的一致性，如温度、湿度和空气流速等都会在一定程度上影响测定结果。在测量过程中要得到可重复的数据，控制样品的温度是非常关键的。

（4）样品在准备好之后要立刻进行测试，否则也会因为失水等外界环境变动影响试验结果。

2. 测试过程

（1）检测时的压缩速度对于弹性或近弹性样品的结果影响是比较小的，但是对于黏弹性食品有较复杂的影响。使用TPA模式时，第一次压缩样品的应变量以及第一次与第二次压缩间的停留时间非常重要。例如第一次压缩是否应该使样品破碎，样品材料的应变量设定多少为宜，停留时间多少合适，这些参数的设定都直接影响第二次压缩参数，也同时影响整个质地分析结果。目前，第一次应变量采用较多的是20%～50%，当应变量达到70%～80%时，即出现了破碎。

（2）研究测试条件及样本采集方法等与测定结果的关系，有助于选择合适的测定果蔬质构的参数。

（3）在分析数据和实验报告中要标明所用探头的类型和测试程序，从而使试验结果具有可比性。

（4）针对不同果蔬及前处理和加工条件，应选择合适的测试模式和合理的表述参数，以便更好地表述该样品的物理性质并进行分析。

（5）对于同一类待测物，样品大小、传感器型号和移动速度都应该一致，否则实验数据没有可比性。例如，如果两次试验传感器端面积分别大于或小于被测样品，那么在压缩过程中仪器检测到的力将分别是单轴压缩力和压缩力加剪切力，目前人们较多使用传感器面积大于样品的试验方法。

五、质构仪的应用实例

质构仪有多种测试模式，包括TPA、剪切、压缩、拉伸、挤出、穿刺试验等，可根据需求来灵活选择。其中全质构分析（Texture Profile Ananlysis，简称TPA）是应用最为广泛的一种。TPA质构测试又被称为两次咀嚼测试（Two Bite Test，简称TBT），主要是通过模拟人口腔的咀嚼运动，对固体、半固体样品进行两次压缩，通过界面输出质构测试曲线，可以分析质构特性参数。TPA测试时探头的运动轨迹是：探头从起始位置开始，先以一速率（Pre-test Speed）压向测试样品，接触到样品的表面后再以测试速率（Test Speed）对样品压缩一定的距离，而后返回到压缩的触发点（Trigger），停留一段时间后继续向下压缩同样的距离，而后以测后速率（Post-test Speed）返回到探头测前的位置。图8-22为典型的TPA测试质构图谱。通过测试可以从曲线上获得脆性、硬度、胶黏性、咀嚼性、弹性等参数，参数名称及定义见表8-4。

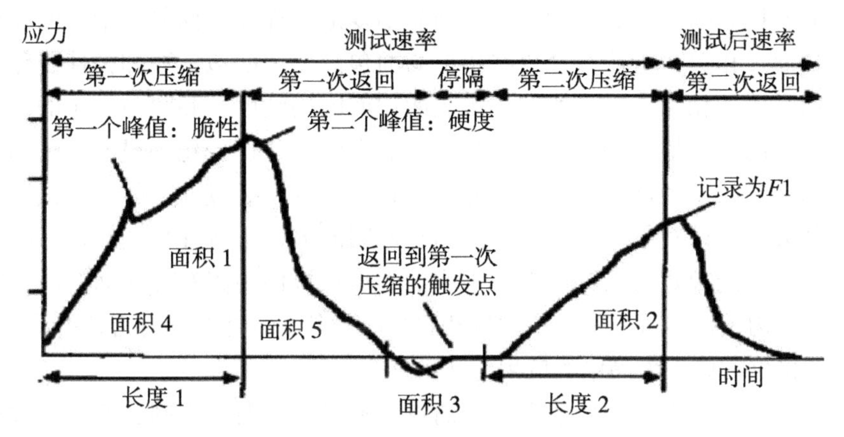

图8-22 TPA测试质构图谱

表8-4 TPA参数及其定义

参 数	定 义
脆 性	第一次压缩过程中若是产生破裂现象，曲线中出现一个明显的峰，此峰值就定义为脆性
硬 度	是第一次压缩时的最大峰值，多数样品的硬度值出现在最大形变处
黏 性	第一次压缩曲线达到零点到第二次压缩曲线开始之前的曲线的负面积（面积3）
弹 性	变形样品在去除压力后恢复到形变前的高度比率，用第二次压缩与第一次压缩的高度比值表示（长度2/长度1）
黏聚性/内聚性	测试样品经过第一次压缩形变后所表现出来的对第二次压缩的相对抵抗能力，在曲线上表现为两次压缩所做正功之比（面积2/面积1）
胶黏性/胶着性	半固体样品吞咽前破碎它需要的能量，数值上用硬度和黏聚性的乘积表示
咀嚼性	咀嚼固态样品时需要的能量，数值上用胶黏性和弹性的乘积表示
恢复性	表示样品在第一次压缩过程中回弹的能力，是第一次压缩循环过程中返回时样品所释放的弹性能与压缩时探头的耗能之比（面积5/面积4）

（一）质构仪在米面食品中的应用

大米是我国重要口粮之一，全国有60%以上人口以米饭为主食。随着人们生活水平的提高，米饭食味品质也越来越受到关注，而米饭的适口性是食味味品中的重要评价指标。周显青等用质构仪对25种米饭的适口性进行了评价，结果显示质构仪所测参数值与适口性感官评价指标具有显著相关性，以适口性感官评价各指标为因变量所建立的回归方程及回归系数达到了显著水平，为仪器代替感官评价提供了理论依据。

蒸煮品质是影响米饭品质的重要因素之一，战旭梅等对13种稻谷样品进行蒸煮品质指标和质构品质的研究，发现米饭的弹性与膨胀率、碘蓝值呈显著的正相关，黏度与吸水率呈显著的正相关，黏着性与米汤干物质也有显著的相关性，而回复能量、回复形变等指标与蒸煮品质指标间没有显著的相关性。由于大米弹性、黏着性、硬度、黏度与大米的蒸煮指标之间存在显著的相关性，因此可以用质构仪测定的弹性、黏着性、硬度、黏度代替蒸煮指标中的碘蓝值、膨胀率、米汤干物质、吸水率来评价大米的食用品质。

郑铁松以 8 种品牌面粉为实验材料，采用英国制造的质构仪测试了面团的硬度、弹性、黏力、黏着性、断裂力、断裂能量、断裂回复形变程度、回复能量、回复形变程度 9 种指标，并通过相关分析研究了这些指标与面包品质（面包体积和弹性变化率）以及与小麦面粉的品质的相互关系，研究结果表明：面团的硬度、黏力与面包的体积呈正相关，弹性与面包的体积呈负相关，黏力与24 h 后室温下弹性变化率呈显著正相关，面团的质构特性与面粉品质指标的相关性也非常明显。李卓瓦通过面条的拉伸试验得出评价面粉品质的新方法，试验结果表明拉伸距离与面团的流变学特性指标有很好的相关性，拉断力与拉断应力能较好地反映面粉吸水率的大小；拉伸距离对反映面粉筋力强弱有很好的预测性；质构仪拉伸试验参数中的拉断力与面粉黏度特性指标有密切关系。

（二）质构仪在肉质食品中的应用

随着国内外畜牧业生产的快速发展，消费者不仅关心肉和肉制品的生产数量，还对其食用品质提出了更高的要求。肉制品的食用品质包括色泽、风味和以感官品评为基础的食用物理特性，如嫩度、多汁性等。肉制品的食用物理特性一方面和家畜的种类、饲养条件、肌肉组织的部位有关；另一方面和肌肉中的蛋白质、脂肪在加工和贮藏中的物理化学性质变化有关。用质构仪对肉制品进行测试，可以通过硬度、剪切性、弹性、延展性等指标反映肉质的优劣。

嫩度是评价肉制品食用物理特性的重要指标，其反映了肉中各种蛋白质的结构特性、肌肉中脂肪的分布状态及肌纤维中脂肪的数量等。肉制品的嫩度包括以下4方面的含义：第一，肉对舌或颊的柔软性，即当舌头与颊接触肉时产生的触觉反应，从绵软到木质化的程度，肉的柔软性变动很大；第二，肉对牙齿压力的抵抗性，即牙齿插入肉中所需的力，有些肉硬得难以咬动，而有的柔软得几乎对牙齿无抵抗性；第三，咬断肌纤维的难易程度，指的是牙齿切断肌纤维的能力，首先要咬破肌外膜和肌束膜，因此这与结缔组织的含量和性质密切相关；第四，嚼碎程度，用咀嚼后肉渣剩余的多少以及咀嚼后到下咽时所需的时间来衡量，如何使用质构仪客观、量化地判定肉制品的嫩度已成为现代肉制品品质研究的热点。

肉制品的嫩度可以用穿透法测得的第一个极值点来反应，丁武等使用质构仪对猪、牛不同部位的肌肉进行测试，探索出来一种标准化的测试条件：探头测试模式为阻力测试（Measure Force in Compression）、探头运行方式为循环方式（Total Cycle）、探头下行和返速度均为6.0mm/s、下行距离为20mm、每次数据采集量为200个、样品厚度为20mm。用该方法测试的结果表明：质构仪穿透法测得的第一个极值点与猪和牛不同部位肌肉的感官品评嫩度值相关系数分别为0.978 4和0.998 4，呈极显著的正相关关系（$P<0.01$），穿透法第一极值点可作为猪肉、牛肉肉制品的嫩度测定量化参数。

蒋予箭等使用英国Stable Micro Systems公司生产的TA-XT2i物性测试仪对鲜肉和冷却肉的弹性测定方法进行了仔细研究，发现肉的弹性可使用质构仪的一次压缩法测最大力或一次压缩法测外力做功的方法进行测定，其中一次压缩测最大力的方法既准确又便捷，是最为推荐使用的。

（三）质构仪在果蔬中的应用

新鲜果蔬是人们日常所必需维生素、矿物质和膳食纤维的重要来源，是促进食欲并具有独特的色、香、味、形的保健食品。果蔬组织柔嫩，含水量高，易腐烂变质，不耐贮藏，采摘后容易失鲜，从而导致品质降低，甚至失去营养价值和商品价值。但通过贮藏保鲜及加工手段，能消除季节性和区域性的差别，满足各地消费者对果蔬的消费要求，因此加强果蔬贮藏期间的质地特性监测非常重要。

潘秀娟等认为随着贮藏时间的延长苹果果肉会变得绵软，果肉脆性降低，汁液丰富度明显下降。质构仪TPA试验的各项参数能够在不同方面反映苹果果肉的这种变化特性。结果显示，果肉黏着性与硬度、脆度、凝聚性等质地参数值呈负相关；果肉凝聚性与硬度、恢复性、咀嚼性参数值有较好的正相关性（R=0.86～0.95）；果肉弹性值与其他参数值相关性较差，而恢复性与弹性及黏着性以外的质地参数值有较好的正相关性（R=0.67～0.95）。确定脆度、黏着性、凝聚性、恢复性、咀嚼性5项参数用于比较红富士与嘎拉苹果采后质地的差别，结果反映了嘎拉苹果较红富士苹果更易出现绵软的质地特性。

王海鸥等对苹果切片进行了TPA测试，探索了压缩速率和压缩程度对硬度、内聚性、恢复性的影响。结果表明，压缩速率对以上参数的影响不显著；而压缩程度对以上参数影响显著。根据试验结果拟合出压缩程度对内聚性和恢复性的影响模型，拟合水平P=0.001，R分别达到0.946、0.907，拟合模型具有统计学意义。

参 考 文 献

[1] 陈晓明, 李景明, 李艳霞, 等. 电子鼻在食品工业中的应用研究进展[J]. 传感器与微系统, 2006, 25(4): 8-11.

[2] 陈焱焱. 食品力学性能检测仪的设计与研究[D]. 安徽: 安徽农业大学工学院, 2007.

[3] 楚炎沛. 物性测试仪在食品品质评价中的应用研究[J]. 粮食与饲料工业, 2003, 26(7): 40-42.

[4] 崔丽静, 周显青, 林家永, 等. 电子鼻快速判别玉米霉变技术研究[J]. 中国粮油学报, 2011, 26(10): 103-107.

[5] 丁耐克. 食品风味化学[M]. 北京: 中国轻工出版社, 1996.

[6] 丁武, 寇莉萍, 张静, 等. 质构仪穿透法测定肉制品嫩度的研究[J]. 农业工程学报, 2005, 21(10): 138-141.

[7] 杜瑞超, 王优杰, 等. 电子舌对中药滋味的区分辨识[J]. 中国中药杂志, 2013, 38(2): 154-160.

[8] 范佳利, 韩剑众, 等. 基于电子舌的乳制品品质特性及新鲜度评价[J]. 食品与发酵工业, 2009, 35(6): 177-181.

[9] 范佳利, 韩剑众, 等. 基于电子舌的掺假牛乳的快速检测[J]. 中国食品学报, 2011, 11(2): 201-208.

[10] 耿利华, 李扬, 等. 食品的味觉分析[J]. 中国食品添加剂, 2012, 23(S1):209-214.

[11] 郭希山, 等. 基于凝胶与纳米管复合体化学传感器的研究及人工味觉应用[J]. 传感技术学报, 2002, 12(4): 447-451.

[12] 黄秋婷, 黄惠华. 电子舌技术及其在食品工业中的应用[J]. 食品与发酵工业, 2004, 30(7): 98-101.

[13] 黄星奕, 张浩玉, 赵杰文. 电子舌技术在食品领域应用研究进展[J]. 食品科技, 2007, 33(7): 20-24.

[14] 姜莎, 陈芹芹, 胡雪芳, 等. 电子舌在红茶饮料区分辨识中的应用[J]. 农业工程学报, 2009, 25(11): 345-349.

[15] 蒋予箭, 周雁. 肉类弹性测定方法的研究[J]. 食品科学, 2002, 23(4): 99-102.

[16] 李阳, 陈芹芹, 胡雪芳, 等. 电子舌技术在啤酒口感评价中的应用[J]. 食品研究与开发, 2008, 29(11): 122-127.

[17] 李卓瓦, 王春, 陈洁. 质构仪拉伸试验在面粉品质评价中的应用[J]. 粮食加工, 2006, 31(4): 90-91.

[18] 刘亚平, 李红波. 物性分析仪及TPA在果蔬质构测试中的应用综述[J]. 山西农业大学学报: 自然科学版, 2010, 30(2): 188-192.

[19] 马福昌, 等. 电子舌及其应用研究[J]. 传感器技术, 2004, 23(9): 1-3.
[20] 潘天红, 陈山, 赵德安. 电子鼻技术在谷物霉变识别中的应用[J]. 仪表技术与传感器, 2005, 42(3): 51-52.
[21] 潘秀娟, 屠康. 质构仪质地多面分析(TPA)方法对苹果采后质地变化的检测[J]. 农业工程学报, 2005, 21(3): 166-170.
[22] 申争光. 基于DSP的电子鼻信号处理研究[D]. 哈尔滨:哈尔滨工业大学, 2009.
[23] 谈国凤, 田师一, 等. 电子舌检测奶粉中抗生素残留[J]. 农业工程学报, 2011, 27(4): 361-365.
[24] 王朱珍. 基于气敏传感器阵列的信号处理与模式识别算法研究[D]. 杭州:杭州电子科技大学, 2009.
[25] 王昊阳, 郭寅龙, 张正行, 等. 顶空—气象色谱法进展[J]. 分析测试技术与仪器, 2003, 9(3): 129-135.
[26] 王海鸥, 姜松. 测试条件对苹果TPA质地参数的影响[J]. 食品与机械, 2004, 20(1): 13-14.
[27] 王平. 人工嗅觉与人工味觉[M]. 北京: 科学出版社, 2000.
[28] 王平. 仿生传感器技术的研究进展[J]. 中国医疗机械杂志, 2004, 28(4): 235-238.
[29] 王永维, 王俊, 朱晴虹. 基于电子舌的白酒检测与区分研究[J]. 包装与食品机械, 2009, 27(5): 57-1.
[30] 王俊, 姚聪. 基于电子舌技术的葡萄酒分类识别研究[J]. 传感技术学报, 2009, 22(8): 1 088-1 093.
[31] 吴从元, 王俊, 等. 纯牛奶品牌识别中电子舌传感器阵列优化[J]. 农业机械学报, 2010, 41(10): 138-142.
[32] 辛松林, 朱楠, 王熙, 等. 基于电子舌和感官评价中的中国白酒与鸡尾酒基酒的比较研究[J]. 酿酒科技, 2012, 33(7): 35-38.
[33] 许勇泉, 刘栩, 刘平, 等. 茶汤回甘滋味及其电子舌应用分析研究[M]//科技创新与茶产业发展论坛论文集. 2013.
[34] 闫李慧, 王金水, 渠琛玲, 等. 仿生电子鼻及其在食品工业中的应用研究[J]. 食品与机械, 2010, 26(6): 156-159.
[35] 于慧春. 基于电子鼻技术的茶叶品质检测研究[D]. 杭州: 浙江大学, 2007.
[36] 战旭梅, 郑铁松, 陶锦鸿. 质构仪在大米品质评价中的应用研究[J]. 食品科学, 2007, 28(9): 62-65.
[37] 张红梅, 田辉, 何玉静, 等. 茶叶中茶多酚含量电子鼻技术检测模型研究[J]. 河南农业大学学报, 2012, 46(3): 302-306.
[38] 张红梅, 王俊, 叶盛, 等. 电子鼻传感器阵列优化与谷物霉变程度的检测[J]. 传感技术学报, 2007, 20(6): 1 207-1 210.
[39] 张健, 赵镭, 欧阳一非, 等. 现代仪器分析技术在白酒感官评价研究中的应用[J]. 食品科学, 2007, 28(10): 561-564.

[40] 郑铁松. 质构仪在面团和面包品质评定中的应用研究[J]. 食品科学, 2005, 25(10): 37-40.

[41] 周显青, 王云光, 王学锋, 等. 质构仪对米饭适口性的评价研究[J]. 粮油食品科技, 2013, 21(5): 47-51.

[42] 朱国斌, 鲁红军. 食品风味原理与技术[M]. 北京: 北京大学出版社, 1996.

[43] Ampuero S, Bosset J O. The electronic nose applied to dairy products: a review[J]. *Sensors and Actuators B: Chemical*, 2003, 94(1): 1-12.

[44] Beltrán N H, Duarte-Mermoud M A, Muñoz R E. Geographical classification of Chilean wines by an electronic nose[J]. *International Journal of Wine Research*, 2009, 32(1): 209-219.

[45] Bhattacharyya N, Seth S, Tudu B, et al. Detection of optimum fermentation time for black tea manufacturing using electronic nose[J]. *Sensors and Actuators B: Chemical*, 2007, 122(2): 627-634.

[46] Buratti S, Benedetti S, Scampicchio M, et al. Characterization and classification of Italian Barbera wines by using an electronic nose and an amperometric electronic tongue[J]. *Analytica Chimica Acta*, 2004, 525(1): 133-139.

[47] Buratti S, Ballabio D, Benedetti S, et al. Prediction of Italian red wine sensorial descriptors from electronic nose, electronic tongue and spectrophotometric measurements by means of Genetic Algorithm regression models[J]. *Food Chemistry*, 2007, 100(1): 211-218.

[48] Chatonnet P, Dubourdieu D. Using electronic odor sensors to discriminate among oak barrel toasting levels[J]. *Journal of Agricultural and Food Chemistry*, 1999, 47(10): 4 319-4 322.

[49] Chen Q, Zhao J, Vittayapadung S. Identification of the green tea grade level using electronic tongue and pattern recognition[J]. *Food Research International*, 2008, 41(5): 500-504.

[50] Cozzolino D, Smyth H E, Cynkar W, et al. Usefulness of chemometrics and mass spectrometry-based electronic nose to classify Australian white wines by their varietal origin[J]. *Talanta*, 2005, 68(2): 382-387.

[51] Dutta R, Hines E L, Gardner J W, et al. Tea quality prediction using a tin oxide-based electronic nose: an artificial intelligence approach[J]. *Sensors and actuators B: Chemical*, 2003, 94(2): 228-237.

[52] Dias L A, Peres A M, Veloso A C A, et al. An electronic tongue taste evaluation: Identification of goat milk adulteration with bovine milk[J]. *Sensors and Actuators B: Chemical*, 2009, 136(1): 209-217.

[53] Di Natale C, Davide F A M, D' Amico A, et al. Complex chemical pattern recognition with sensor array: the discrimination of vintage years of wine[J]. *Sensors and Actuators B: Chemical*, 1995, 25(1): 801-804.

[54] Falasconi M, Gobbi E, Pardo M, et al. Detection of toxigenic strains of Fusarium verticillioides in corn by electronic olfactory system[J]. *Sensors and Actuators B: Chemical*, 2005, 108(1): 250-257.

[55] Gardner J W, Bartlett P N. A brief history of electronic noses[J]. *Sensors and Actuators B: Chemical*, 1994, 18(1): 210-211.

[56] Guadarrama A, Fernandez J A, Iniguez M, et al. Array of conducting polymer sensors for the characterisation of wines[J]. *Analytica Chimica Acta*, 2000, 411(1): 193-200.

[57] G Sehm, M Cole, J W Gardner. Miniature taste sensing system based on dual SH-SAW sensor device: electronic tongue[J]. *Sensors and Actuators*, 2004, 103(1-2): 233-239.

[58] He W, Hu X, Zhao L, et al. Evaluation of Chinese tea by the electronic tongue: Correlation with sensory properties and classification according to geographical origin and grade level[J]. *Food Research International*, 2009, 42(10): 1 462-1 467.

[59] Hayashi N, Chen R, Ikezaki H, et al. Techniques for universal evaluation of astringency of green tea infusion by the use of a taste sensor system[J]. *Bioscience Biotechnology and Biochemistry*, 2006, 70(3): 626.

[60] Kinnamon S C. Taste transduction: linkage between molecular mechanisms and psychophysics[J]. *Food Quality and Preference*, 1996, 7(3): 153-159.

[61] Lozano J, Santos J P, Aleixandre M, et al. Identification of typical wine aromas by means of an electronic nose[J]. *Sensors Journal, IEEE*, 2006, 6(1): 173-178.

[62] Lvova L, Legin A, Vlasov Y, et al. Multicomponent analysis of Korean green tea by means of disposable all-solid-state potentiometric electronic tongue microsystem[J]. *Sensors and Actuators B: Chemical*, 2003, 95(1): 391-399.

[63] Medeiros E S, Gregório R, Martinez R A, et al. A taste sensor array based on polyaniline nanofibers for orange juice quality assessmen[J]. *Sensor Letters,* 2009, 7(1): 24-30.

[64] Mottram T, Rudnitskaya A, Legin A, et al. Evaluation of a novel chemical sensor system to detect clinical mastitis in bovine milk[J]. *Biosensors and Bioelectronics*, 2007, 22(11): 2 689-2 693.

[65] O' Connell M, Valdora G, Peltzer G, et al. A practical approach for fish freshness determinations using a portable electronic nose[J]. *Sensors and Actuators B: Chemical*, 2001, 80(2): 149-154.

[66] Persaud K, Dodd G. Analysis of discrimination mechanisms in the mammalian olfactory system using a model nose[J]. *Nature*,1982, 299(5 881): 352-355.

[67] Pinheiro C, Rodrigues C M, Schäfer T, et al. Monitoring the aroma production during wine–must fermentation with an electronic nose[J]. *Biotechnology and Bioengineering*, 2002, 77(6): 632-640.

[68] Proctor B E, Davison S, Malecki G J, et al. A recording strain-gage denture tenderometer for foods. 1. Instrument evaluation and initial tests[J]. *Food Technology*, 1955, 9(9):

471-477.

[69] Polshin E, Rudnitskaya A, Kirsanov D, et al. Electronic tongue as a screening tool for rapid analysis of beer[J]. *Talanta*, 2010, 81(1): 88-94.

[70] Rudnitskaya A, Delgadillo I, Legin A, et al. Prediction of the Port wine age using an electronic tongue[J]. *Chemometrics and Intelligent Laboratory Systems*, 2007, 88(1): 125-131.

[71] Rudnitskaya A, Polshin E, Kirsanov D, et al. Instrumental measurement of beer taste attributes using an electronic tongue[J]. *Analytica Chimica Acta*, 2009, 646(1): 111-118.

[72] Szczesniak A S. Objective Measurements of Food Texturea[J]. *Journal of food Science*, 1963, 28(4): 410-420.

[73] Voisey P W, Larmond E. Exploratory evaluation of instrumental techniques for measuring some textural characteristics of cooked spaghetti[J]. *Cereal Sci. Today*, 1973, 18(5): 126.

[74] Voisey P W, Larmond E, Wasik R J. Measuring the texture of cooked spaghetti. 1. Sensory and instrumental evaluation of firmness[J]. *Canadian Institute of Food Science and Technology Journal*, 1978, 11(3): 142-148.

[75] Winquist F, Lundström I, Wide P. The combination of an electronic tongue and an electronic nose[J]. *Sensors and Actuators B: Chemical*, 1999, 58(1): 512-517.

[76] Woertz K, Tissen C, Kleinebudde P, et al. Taste sensing systems(electronic tongues)for pharmaceutical applications[J]. *International Journal of Pharmaceutics*, 2011, 417(1): 256-271.

[77] Wu R J, Yeh C H, Yu M R, et al. Application of taste sensor array to sports drinks by using impedance measurement technology[J]. *Sensor Letters*, 2008, 6(5): 765-770.

[78] Wander N, Mauro B, Thiago R L C. Use of Copper and Gold Electrodes as Sensitive EIements for Fabrication of an Electronic Tongue: Discrimination of Wines and Whiskies[J]. *Microchemical Journal*, 2011, 99(1): 145-151.

第九章　纳米技术

第一节　纳米技术的基本概念

纳米（Nanometer，缩写nm）是一种几何尺寸的度量单位，1nm为1×10^{-6}mm，具体地说，1nm等于1×10^{-9}m，如图9-1所示，个别原子的直径只有几分之一纳米，10个氢原子的并列跨度只有1nm，病毒大小约为100nm。纳米结构是生命现象中的基本结构，因为从蛋白质、DNA、RNA到病毒，大小都在1～100nm，所以，细胞中的细胞器和其他的结构单元都是执行某种功能的“纳米机械”，细胞就像一个个“纳米车间”，植物中的光合作用等是“纳米工厂”的典型例子。

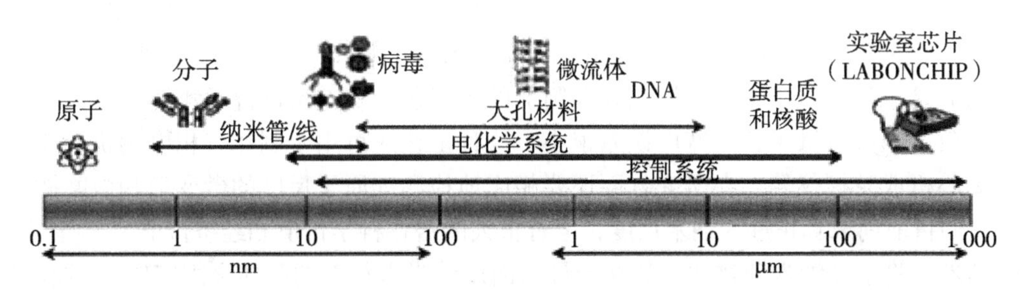

图9-1 尺寸大小和纳米结构材料与化学、生物试剂的相容剂

纳米技术是指在纳米尺度（0.1～100nm）上研究原子、分子结构的特性及其相互作用原理，并按人类的需要，在纳米尺度上直接操纵物质表面的分子、原子乃至电子来制造特定产品或创造纳米级加工工艺的一门新兴学科技术。纳米科学技术是以许多现代先进科学技术为基础的科学技术，它是现代科学（混沌物理、量子力学、介观物理、分子生物学）和现代技术（计算机技术、微电子、扫描隧道显微镜技术、核分析技术）结合的产物。纳米科学与技术主要包括：纳米体系物理学、纳米化学、纳米材料学、纳米生物学、纳米电子学、纳米加工学、纳米力学等。纳米材料的制备和研究是整个纳米科技的基础。其中，纳米物理学和纳米化学是纳米技术的理论基础，而纳米电子学是纳米技术最重要的内容。

从迄今为止的研究来看，关于纳米技术分为3种概念。

第一种是1986年美国科学家德雷克斯勒博士在《创造的机器》一书中提出的分子纳米技术。根据这一概念，可以使组合分子的机器实用化，从而可以任意组合所有种类的分子，可以制造出任何种类的分子结构。这种概念的纳米技术还未取得重大进展。

第二种概念把纳米技术定位为微加工技术的极限。也就是通过纳米精度的“加工”来人工形成纳米大小的结构的技术。这种纳米级的加工技术，也使半导体微型化即将达到极限。现有技术即使发展下去，从理论上讲终将会达到限度，这是因为，如果把电路的线幅逐渐变小，将使构成电路的绝缘膜变得极薄，这样将破坏绝缘效果。此外，还有发热和晃动等问题。为了解决这些问题，研究人员正在研究新型的纳米技术。

第三种概念是从生物的角度出发而提出的。本来，生物在细胞和生物膜内就存在纳米级的结构。DNA分子计算机、细胞生物计算机的开发，成为纳米生物技术的重要内容。

纳米技术加深了人们对于物质构成和性能的认识，使人们在物质的微观空间内研究电子、原子和分子运动的规律和特性，运用纳米技术我们可以在原子、分子的水平上设计并制造出具有全新性质和各种功能的材料。当物质到纳米尺度以后，大约是在0.1～100nm这个范围空间，物质的性能就会发生突变，出现特殊性能。这种既具不同于原来组成的原子、分子，也不同于宏观物质特殊性能构成的材料，即为纳米材料。纳米材料因其尺寸上的微观性，表现出特殊的力学、热学、光学、化学和磁性性质，因而纳米材料具有优异的表面效应、体积效应和量子尺寸效应，并表现出新的特性和功效。这些特性使得纳米材料广泛应用于材料、化工、食品、生物工程、医学等各种领域，并对各学科领域的发展产生深远的影响。

纳米动力学主要是微机械和微电机，或总称为微型电动机械系统（MEMS），用于有传动机械的微型传感器和执行器、光纤通讯系统、特种电子设备、医疗和诊断仪器等。用的是一种类似于集成电器设计和制造的新工艺。特点是部件很小，刻蚀的深度往往要求数十至数百微米，而宽度误差很小。这种工艺还可用于制作三相电动机，用于超快速离心机或陀螺仪等。在研究方面还要相应地检测准原子尺度的微变形和微摩擦等。虽然它们目前尚未真正进入纳米尺度，但有很大的潜在科学价值和经济价值。

纳米生物学和纳米药物学。如在云母表面用纳米微粒度的胶体金固定DNA的粒子，在二氧化硅表面的叉指形电极做生物分子间互作用的试验，磷脂和脂肪酸双层平面生物膜，DNA的精细结构等。有了纳米技术，还可用自组装方法在细胞内放入零件或组件构成新的材料。新的药物，即使是微米粒子的细粉，也大约有半数不溶于水；但如粒子为纳米尺度（即超微粒子），则可溶于水。纳米生物学发展到一定技术时，可以用纳米材料制成具有识别能力的纳米生物细胞，并能吸收癌细胞的生物医药，注入人体内，用于定向杀癌细胞。

纳米电子学包括基于量子效应的纳米电子器件、纳米结构的光/电性质、纳米电子材料的表征，以及原子操纵和原子组装等。当前电子技术的趋势要求器件和系统更小、更快、更冷。更小是指器件和电路的尺寸更小，更快是指响应速度要快，更冷是指单个器件的功耗要小。但是更小并非没有限度。纳米技术是建设者的最后疆界，它的影响将是巨大的。

纳米科技包含基础与应用研究，在食品工业可以应用于原料制备、产品应用、理化分析、安全检测四大领域，是目前除了保健食品外最热门与重要的高新技术。经过微细化的处理，纳米材料可具有特殊的表面、体积与量子效应，进而会表现新的特性与功效，因此，纳米技术的目标是利用纳米结构所具有的特性开发具有特定功能的产品。纳米食品是指在生产、加工或包装过程中采用了纳米技术手段或工具的食品。纳米食品不仅仅意味着就是原子修饰食品或纳米设备生产的食品，而是指用纳米技术对食物进行分子、原子的重新编程，某些结构会发生改变，从而能大大提高某些成分的吸收率，加快营养成分在体内的运输，延长食品的保质期。纳米食品具有提高营养、增强体质、防止疾病、恢复健康、调节身体节律和延缓衰老等功能。目前的纳米食品主要有钙、硒等矿物质制剂、维生素制剂、添加营养素的钙奶与豆奶、纳米茶和各种纳米功能食品等。纳米技术对传统食品的改造，如在罐头、乳品、饮料等生产中运用纳米技术，使其性能根据需要进行不同程度的改善，并得到合理的性价比，是纳米食品应用领域的一个重要方面。纳米技术在食品当中的应用已逐渐显现出相当的优势，食品工业正在努力将纳米技术用于从农庄到餐桌的全过程，有部分纳米食品已开始投入市场。纳米技术在食品产业有巨大的发展潜力，纳米食品加工、纳米包装材料、纳米检测技术等方面的研究尤为活跃，成为纳米技术在食品工业应用的研究热点。

在食品包装领域，纳米技术的应用可以改善包装材料的性能，延长其使用寿命，实现包装的抗菌透气性。运用纳米技术研发的包装系统可以修复小的裂口和破损，适应环境的变化，并且能在食品变质的时候提醒消费者。此外纳米技术可以改进包装的渗透性、提高阻隔性、改进抗损和耐热，形成抗菌表面，防止食物发生变质。在食品包装领域，近几年来，国内外研究最多的纳米材料是聚合物基纳米复合材料（PNMC），即将纳米材料以分子水平（10nm数量级）或超微粒子的形式分散在柔性高分子聚合物中而形成的复合材料。常用的聚合物有PA、PE、PP、PVC、PET、LCP等；常用的纳米材料有金属、金属氧化物、无机聚合物三大类。目前根据不同食品的包装需求，已有多种用于食品包装的PNMC面世，如纳米Ag/PE类、纳米TiO_2/PP类、纳米蒙脱石粉/PA类等，其某些物理、化学、生物学性能有大幅度提高，如可塑性、稳定性、阻隔性、抗菌性、保鲜性等，在啤酒、饮料、果蔬、肉类、奶制品等食品包装工业中也已开始大规模应用，并取得了较好的包装效果。纳米抗氧化剂、抗菌剂保鲜包装材料可提高新鲜果蔬等食品的保鲜效果和延长其货架寿命。如纳米系列银粉不仅具有优良的耐热、耐光性和化学稳定性，而且可以有效地延长抗菌时间，添加到食品包装中有良好的抗菌效果，且不会因挥发、溶出或光照引起颜色改变或食品污染，还可加速氧化果蔬释放出的乙烯，减少包装中乙烯含量，从而达到良好的保鲜效果。但纳米银粉的造价太高。最近来自英国利兹大学的研究发现，纳米氧化镁和纳米氧化锌具有很强的杀菌效果，研究表明纳米氧化锌对常见的食品污染菌具有较广谱的杀灭、抑制能力，如果将其用于纳米包装材料的生产，将大幅度地延长食品货架期，降低生产成本。

纳米技术在食品机械中的应用主要是作为食品机械的润滑剂、纳米磁致冷工质和食品机械原材料中橡胶和塑料的改性。食品机械工作环境恶劣，对润滑剂要求较高，而通常润滑剂易损耗、易污染环境。磁性液体中的磁性颗粒尺寸仅为10nm，因此不会损坏轴承，而基液亦可用润滑油，只要采用合适的磁场就可以将磁性润滑油约束在所需的部位，保证了机器的正常运转。纳米磁致冷工质食品冷冻和冷藏设备又开辟了新食品加工贮藏技术，它与通常的压缩机致冷方式相比具有节能、环保、高效等特点，而纳米改性橡胶与传统橡胶相比各项指标均有大幅度提高，尤其抗老化性能可提高3倍，使用寿命长达30年以上，且色彩艳丽，保色效果优异。

纳米技术与生物学、电子材料相结合，制备出的新型传感器件可用于食品快速检测。目前食品检测分析一般采用化学分析法（CA）、薄层层析法（TLC）、气相色谱法（GC）、高效液相色谱法（HPLC），但需要繁琐、耗时的前处理，样品损失也较大。相对于灵敏度较低的CA和TLC方法，GC、HPLC的灵敏度较高，但操作技术要求高、仪器昂贵，并不适合现场快速测定和普及，而纳米材料本身就是非常敏感的化学和生物传感器，与生物芯片等技术结合，可以使分子检测更加高效、简便。纳米生物传感器已应用在微生物检测、食品检测和体液代谢物监测等方面。所有用于生物传感的纳米材料或器件的结构都有两个特点：第一，它们含有针对分析物的特定的识别机制，比如抗体或酶；第二，它们可以从分析物中产生独特的标志信号，并且这种标志信号可以由纳米结构自身产生或者由纳米结构固定的分子或含有的分子产生。

近年来，快速、灵敏地检测出致病菌对食品安全、临床诊断与治疗以及反生物恐怖等十分重要，如大肠杆菌O157:H7是一种典型的存在于食物中的致病菌，它能够在小肠中产生大量强有力的毒素，并能引起出血性大肠炎或者溶血性尿毒症的并发症而导致死亡，尤其是对儿童。传统检测微量细菌的方法需要扩增或富集样本中的目标菌，因过程繁琐而费时费力。利用纳米技术与表面等离子体共振、石英晶体微天平（QCM）等研制而成的纳米生物传感器，既可提高检测的灵敏度，又可大大减少检测所需的时间。美国乔治亚大学与韩国食品研究所的联合研究团队发现了一项新颖高效的探测食源性病原菌沙门氏菌的方法。他们研制出一个金/硅基于异质结构纳米棒技术的沙门氏菌探测传感器。这项新颖的纳米传感器可以被广泛应用于食品工业、食品安全检测、食品与生物安全研究等。

第二节　纳米技术的发展概况

当材料的尺度小于100nm时，其物理和化学特性就会发生变化。我国古代的哲人，在研究物质的本源时，有一道著名的哲学命题：将一根棍子不断地从中间折断，最后将得到什么?其实，如果真能做到不断地分割，当棍子的尺寸小到纳米尺时，就会发生奇迹。如果这根棍子是黄金材料，当细分到纳米尺度的微粒时，美丽的光泽就会消失，呈现在人们眼前的是一堆黑色的微粒。如果分割是在空气中进行，那么这些黑色的金微粒会自行燃烧起来。

事实上，所有的金属材料，无论是黄金还是白银，当被细分到纳米级的超微粒时，都会黯然失色，变成黑色。这是因为金属微粒的尺度已小于光波波长，对光的反射能力大大减弱，而对光的吸收能力却大大增强了。至于金属超微粒在空气中的自燃现象，则是因为在超微粒状态下，处于表面的原子所占的比例大大提高，而且极其活跃。在表面效应作用下，金属原子与空气中的氧发生剧烈的化学反应，从而燃烧起来。

1959年费曼在美国物理学会年会上发表了一篇题为“在末端处有足够的空间”的演讲，他提出了一个开创性的思想，认为人类一旦掌握了对原子逐一实行控制的技术后，可能实现按意愿人工合成物质，人们就能在原子水平上直接生产自己需要的任何东西。他说：“只要提出要求，物理学家便能把它合成出来。即按化学家的要求把原子放在指定的位置，所需的物质就制造出来了”，这就是纳米技术。它包括两个组成部分：一个是纳米工艺，用以隔离、定位及控制原子；另一个是显微技术，把原子一个接一个按各种稳定的模式组装起来，从一个小零件直到一个整体结构。前者以硬件为主，后者以软件为主，并通过计算机技术结合成一个整体。

直到1981年，美国IBM公司苏黎世实验室的两位实验物理学家宾尼（G Binnig）和罗雷尔（H Rohrer）发明了世界上第一台扫描隧道显微镜（简称STM），这是一种基于量子隧道效应原理的新型高分辨率显微镜，它能以原子级的空间尺度来观察宏观块状物质表面上的原子和分子的几何分布和状态分布，确定物质局部区域的光、电、磁、热和机械特性。为此，他们与显微镜发明人鲁卡斯分享了1986年诺贝尔物理学奖。到20世纪80年代末，STM已发展成为一个可排布原子的工具。1990年7月在美国召开的第一届国际纳米科学技术会议，正式宣布纳米材料科学为材料科学的一个新分支，而采用纳米材料制作新产品的工艺技术则被称为纳米技术。现在，纳米技术已经形成为高度交叉的综合性科学技术，是一个融科学前沿和高新技术于一体的完整的科学技术体系。

从1990年到今天的20多年间，世界范围的纳米技术会议多次召开。包括美国在内的一些发达国家纷纷将纳米技术发展战略列入到国家重大发展计划之中，在纳米技术的研究方面投入了大量的人力、物力和财力。目前美国正在投资一项37亿美元为期4年的纳米技术研究计划。相对而言，发展中国家投资于纳米技术的经费较少，但不能忽视某些发展中国家对全球纳米技术研究所产生的巨大影响。如伊朗政府重点投资于纳米技术在农业和食品上的应用研究，由农业部资助35个实验室组成研究团队开展此方面的研究，并已取得一定研究成果。

我国科学家也从一开始便密切关注这一重要领域。2000年，中华人民共和国科学技术部主持成立了国家纳米技术协调与指导委员会。随后又同相关部委联合下发了《国家纳米技术发展纲要（2001—2010年）》（以下简称《纲要》），《纲要》还特别提到了纳米技术在医药卫生中的应用研究等内容，具体包括生物大分子、细胞器等的纳米尺度级结构、功能及生物反应机制，纳米技术在疾病诊断、治疗方面的应用，纳米传感器以及药物开发研制、中药现代化等多个方面。《纲要》作为国家大政方针的高度展示了纳米技术的重要地位。在此之后，国家“十五”计划、“863”计划、国家自然科学基金等都在纳米技术方面安排和投入了大量资金。2006年年初，由国务院制定的《2006—2020年国家中长期科学和技术发展规划纲要》中又将纳米科学纳入了此阶段内基础科学研究的4个主要方向之列，并将纳米材料和纳米器件作为发展先进材料的重点目标。与纳米技术相关的重点研发项目包括纳米电子学和纳米生物学的核心技术，新功能材料的研发及工业化，发展亚微米尺度上的微纳米电子机械系统等。

据不完全统计，国内目前已有50多所大学、中国科学院的20多个研究所、300多个企业、3 000多人的研究队伍在从事与纳米技术相关的研发工作，每年都有大量高水平的研究论文发表，并在纳米材料、纳米结构的检测与表征、纳米器件与加工技术、纳米生物效应4个方面取得了一系列重大研究成果。但是，目前我国纳米技术研究的基础设施还相对薄弱，纳米材料的设计与创新能力仍然不强，自主知识产权不多，在很多方面与发达国家相比还存在着一定差距，不可盲目乐观。

继信息科技、材料科学等高精尖应用领域之后，纳米技术的应用深入到生命科技和传统产业方面，逐步影响着人们的衣、食、住、行。如医药方面，广泛地应用载药纳米微粒溶解、包裹或者吸附活性组分，达到缓释药物、延长药物的作用时间、靶向运输、增强药物效应、减轻毒副反应、提高药物稳定性的目的，建立一些给药的新途径。我国传统的中药采用纳米技术加工可使细胞壁破裂，增大药物在体内的分布，因而可提高药物的生物利用度。中药纳米化后可能导致药物的理化性质、生物活性及药理性质发生重要变化，甚至改变中药药性，产生新的功效。纳米化为中药新药的研制与开发提供了全新的思路和途径。纳米技术在医药上的许多应用正逐步地被应用于食品行业，不仅使食品生产的工艺得到了改进，效率得到了提高，还产生了许多新型的食品和具有更好功效和特殊功能的保健食品。在食品领域中，纳米食品加工技术、纳米配料和食品添加剂的结构控制、纳米复合包装材料、纳米检测技术等方面的研究最为活跃，已经成为食品纳米技术的研究热点。

纳米技术在食品工业中首次实质性的应用始于将纳米材料应用于食品包装。估计现在有400～500种纳米包装产品用于商业用途，未来10年预计将有1/4食品包装使用纳米技术。纳米技术能够提高材料的阻隔性能，改善材料耐热性能，形成抗菌表面，修复小的裂口和破损；纳米技术还可以用于检测食品中微生物指标和生化指标的变化；纳米包装可以释放抗菌剂、抗氧化剂、酶、香味和营养素等以延长产品的寿命。用于食品包装的纳米材料在啤酒、饮料、果蔬等食品包装工业中已经投入使用，并取得良好的效果。例如，杜邦公司将纳米二氧化钛加入到塑料中，生产的“杜邦抗光剂210”可以减少紫外线对透明包装食品的破坏。德国的化工巨头拜尔（Bayer）公司研制出一种含有硅酸盐纳米粒子的透明塑料薄膜，应用于食品包装材料，具有更轻、强度更大、耐热性更好的特点，而且能够阻隔氧气、二氧化碳和水蒸气等气体成分，有效预防食品的腐败变质。美国安姆科（Amcol）公司利用纳米复合材料制造的啤酒瓶，解决了传统树脂瓶保质期短，容易引起啤酒败坏和酒精挥发的问题。柯达（Kodak）公司利用纳米技术研制的抗菌包装材料能吸收包装内的氧气从而阻止食品变质，并实现商业化应用。随着纳米技术的进一步发展，未来运用纳米技术研发的智能包装系统还具有潜在的提高食品质量的性能。

1. 纳米材料固化酶

酶是天然存在的纳米级生物催化剂，其被广泛应用于生物制药、食品、化工等领域，但由于酶的稳定性差和使用寿命短等问题，限制了其应用效率，因此，利用纳米材料固定化酶，用于食品加工和酿造业，由于纳米微粒小，表面积大，既可提高酶的稳定性，又可以提高酶的利用率和生产效率。

2. 纳米胶囊

纳米胶囊也称毫微囊，是20世纪80年代以来发展起来的新技术，是微胶囊中具有纳米尺寸的新型材料。纳米胶囊颗粒微小，粒径一般在10～1 000nm，易于分散和悬浮在水中，形成胶体溶液，外观是清澈透明的液体。纳米胶囊具有一定的靶向性，从而使所载的药物或食品功能因子改变分布状态而浓集于特定的靶组织，以达到降低毒性、提高疗效的目的。纳米胶囊已被应用到医药、香料阻燃剂、石油产品以及食品、调味品等领域。如在食品领域可用于果蔬汁和营养素的生产，采用天然脂质材料包裹成纳米微粒再制成食品，能改进口味和加快在体内的运输，并且具有缓释功能，进入人体后在体内滞留时间延长2～3倍，有利于人体的吸收，而且微粒不受肠道各种生物因子的破坏，生物利用率可提高1.8～2.2倍。制备纳米胶囊的方法主要有乳液中的界面聚合法、微乳聚合法、乳液中的界面沉积法、复相乳液溶剂挥发法和胶体模板上聚电解质的逐步沉积法。自2003年起，在原有微胶囊研究的基础上，开展了纳米脂质体、微乳等制备技术的研究，研究成果应用于辅酶Q10、红景天苷、多酚等的包埋。我国在该领域已初步具备一定的基础和力量，由于技术问题，目前上市的产品仅是少数，但对纳米食品与营养物制备技术探索性的研究工作一直没有停止。

3. 纳米膜技术

纳米膜技术也称纳滤，可以分离食品中多种营养和功能性成分。纳滤是介于超滤和反渗透之间的一种膜分离技术，它的截留分子量在200～1 000Da的范围内，孔径为几纳米，纳滤膜表面有一层均匀的超薄脱盐层，它比反渗透膜要疏松的多，且操作压比反渗透低。纳滤目前用于浓缩乳清及牛奶，调味液脱色、提取鸡蛋黄中的免疫球蛋白、回收大豆低聚糖、调节酿酒发酵液组分、浓缩果汁、分离氨基酸等方面。

4. 纳米添加剂

纳米食品添加剂主要有两大类，第一类是天然的食品添加剂，主要来源于动植物中。比如说，作为食品添加剂的类胡萝卜素。类胡萝卜素具有提高营养、增强免疫力以及抗氧化剂的功能。人体自身不能合成类胡萝卜素，必须通过外界摄入；但类胡萝卜素在一般食品中含量相对较小。因此，为了提高食品中的类胡萝卜素的含量，人们从天然植物中分离出纳米类胡萝卜素添加剂。如德国BASF公司生产的纳米级类胡萝卜素，作为一种食品添加剂，它的优点是有利于人体吸收，并能有效延长食品的保鲜期。第二类是由化学合成的纳米食品添加剂。其主要作用是增加食品的保鲜功能，防止腐败变质，改善食品的感官性状，包括色、香、味、形，以及保持或提高食品的营养价值。比如防腐剂、抗氧剂在防止食品腐败变质的同时，也保持了食品的营养价值。二氧化钛就是常见的食品添加剂中的一种，主要用于肉制品、鱼糜制品、糖果、烘焙食品、奶酪、调味料和食品补充剂等。

纳米技术用于食品添加剂的生产，可以减少添加剂的用量，使其很好地分散在食品中，提高利用率，也可以利用超微粉体的缓释作用来保持较长的功效，还可以提高其稳定性和安全性。日本报道了纳米材料制备的安全高效色素，利用无机发光材料结合蛋白质或者其他高分子材料通过控制结构和尺寸，使发光材料在溶液中呈现不同色泽，基于天然高分子和安全无毒的无机材料的特点，这种新色素的安全性很高。

5. 纳米食品包装、保鲜、抗菌材料

纳米材料由于具有特殊的力学、热学、光学、磁性、化学性质，决定其具有优异的表面效应、小尺寸效应和量子效应，用于食品包装的纳米复合高分子材料的微观结构不同于一般材料，其微观结构排列紧密有序，优越的性能体现在它具有低透氧率、低透湿率、阻隔二氧化碳和具有表面抗菌等特性，是一种食品包装的新材料。将纳米技术应用在纳米复合阻透性包装材料中，可以使食品保质、保鲜、保味，并延长食品贮藏时间。

纳米抗氧化剂、抗菌剂保鲜包装材料可提高食品的保鲜效果和延长货架寿命，保留更多的营养成分。如添加0.1%～0.5%的纳米TiO_2制成的包装材料可以防止紫外线引起的肉类食品自动氧化变质，保护维生素和芳香化合物不受破坏。中国科学院化学研究所工程塑料国家重点实验室制备了PET纳米塑料，可以代替玻璃啤酒瓶，贮藏啤酒4～5个月保持口味新鲜。

纳米无机抗菌技术是结合了抗菌制备技术、金属离子抗菌技术和纳米级粉体抗菌制备技术，制成的纳米界面涂料，其界面为超双亲性二元协同界面，既疏水又避油污，用于食品加工车间，既保证了食品车间的卫生条件又易于清洁。

6. 食品纳米检测技术

仿生材料是纳米技术的又一技术领域。生物系统能极其精确和高效地控制和组装复杂的生命体，生物工程和纳米技术相结合能使人们在纳米材料及器件的制造领域取得革命性的进展，它将生物纳米材料和仿生结构交叉起来，合成出多功能和高适应性的纳米材料。

纳米仿生技术在食品检测中有理解和识别病原体、检测食物腐败等潜在的应用。把纳米技术和生物学、电子材料相结合，研制生物纳米传感器，通过生物蛋白与计算机硅晶片结合，检测食品中化学污染物并标记损失分子和病毒，具有高灵敏度和简单的生物计算机功能，能更好的控制、检测和分析生物结构的纳米环境；通过模仿生物体研制出“电子舌”和“电子鼻”，化学敏感性的“电子舌”用于检测小含量的化学污染，识别食物和水中的杂质，服务于食物风味质量的控制；“电子鼻”是改变电学特性的应用，用于识别食物中病原体、判定食物是否腐败。

7. 纳米科技在渔业、农业和节能环保上的应用

该领域研究国内外几乎是同步启动的，都属初级阶段，我国与国外水平差距并不大，是各行各业改造提升的传统产业，赶超国际科技水平的最好机遇。纳米科技在渔业、农业和节能环保领域的应用，现在已在生产上应用、推广。纳米生物助长器可以活化水体，改善水质，促进鱼虾、畜禽生长，而不用任何化学药物。用纳米饲料养的鱼，肉质鲜美，无泥土腥味，口感好。纳米饲料添加剂含有锌、钙、镁、钠、铁、锰、钾、锶、硅、氟、硒、硼等微量元素，具有胶体性、吸附性和液化性，以及双向吸附效应，既能被饲料吸附，又能被鱼、虾、畜、禽胃肠吸附，同时，还可延长饲料在消化道中停留的时间，既有利于营养物质被充分吸收，也有时间使消化道中产生的氨氮废物被催化

合成为氨基酸，变为营养料，因此，在饲料中添加纳米饲料添加剂，对猪、鸡、鸭、海参、虾、甲鱼、草鱼、鲤鱼、鲩鱼、罗非鱼均有增产作用，免用药、免打针，增产幅度为6%～30%。另外，纳米材料有助于成功地人工繁殖水生生物，如日本鳗鱼、中国太湖黑蚬等。

第三节　纳米食品的活性与安全性

纳米粒子具有表面效应、体积效应、尺寸效应3个基本特性，任何物质一旦进入纳米尺寸，就会表现出这三大特性。当粒子大小接近原子时，其大部分原子都集中在粒子的表面，这样的结构很不稳定，且粒径越小表面原子数所占的比例越大，键态失衡，活性中心增多，表面吸附力急剧增强；纳米粒子的体积很小，是由很少的原子或分子组成的颗粒，和由无限个原子和分子组成的宏观物质不同，很多现象不能用常态的物质性质来解释，这是由其小体积效应引起的；粒子尺寸小到一定程度其电子能级发生离散，有限的原子数导致能级间距分裂，当能级间距大于热能、磁能、静磁能、静电能、光子能等，就会使纳米粒子的各种特性产生变化，和常态物质有很大差别。基于纳米粒子的这三大特性，由于其粒径非常小，在不同领域和不同材料中都有新的发现，赋予了纳米材料各种各样的特性和活性。

就在纳米科学快速发展的同时，欧洲和美国的科学家们发表了一项长期流行病学研究结果。在美国进行的这项长期人群调查结果显示，人生活周围空气中2.5μm颗粒每增加10μg/m^3，总死亡率增加7%～13%。专家对已有实验数据进行详细分析有如下发现。

（1）人生活周围的空气中，10μm的颗粒每增加100μg/m^3，城市居民的死亡率增加6%～8%，当2.5μm的颗粒每增加100μg/m^3，死亡率却增加了12%～19%。

（2）人生活周围的空气中，当10μm的颗粒每增加50μg/m^3，城市居民的住院病人增加了3%～6%，当2.5μm的颗粒每增加50μg/m^3，住院病人增加了25%。

颗粒物的尺寸变小对人体健康的影响有增大的趋势，引起了科学家们的高度重视，人们不得不考虑小到纳米尺度的物质是否会出现新的生物效应。同时，*Science*、*Nature*、*ES & T* 等一系列国际著名学术刊物，也开始讨论纳米物质的生物环境效应问题。尽管迄今为止，在临床或流行病调查中，并没有发现纳米物质中毒的案例。但是，现有的实验研究结果显示，纳米物质进入生物体的确会导致新的生物效应，有正面的影响，也有负面的影响。事实上，纳米生物环境效应研究，不仅是新出现的科学问题，而且与纳米药物的研发、生物体纳米检测技术、纳米产品的安全性以及纳米标准等直接相关，是纳米产业健康可持续发展的基础和保证。

仅以我们常用的食品添加剂二氧化钛为例。研究表明，二氧化钛的粒子尺度不同，其毒理学效应也不同。根据全球化学品分类标准（GHS），155nm的二氧化钛颗粒属于无急性毒性级别。而100nm以内的二氧化钛就具有一定的毒性。毒性实验结果如表9-1所示。

表9-1　不同尺度二氧化钛毒性试验结果

纳米材料	尺度及状态	毒性实验结果
二氧化钛	20nm	破坏DNA（体外实验）
	30nm，金红石与锐钛矿混合形式的二氧化钛	大脑产生自由基免疫细胞（体外实验）
	尺度未知，金红石与锐钛矿混合形式的二氧化钛	暴露UV光线下，人体皮肤细胞中的DNA遭到破坏（体外实验）
	3～20nm，金红石与锐钛矿混合形式的二氧化钛	高强度阻碍皮肤和肺细胞功能。锐钛矿毒性比金红石粒子强100倍（体外实验）
	25nm，80nm，155nm	25nm与80nm粒子引起雌鼠肝肾损伤，二氧化钛在肝、肾、脾、肺组织中累积（体外实验）

纳米物质可能比较容易透过生物膜上的孔隙进入细胞内如线粒体、内质网、溶酶体、高尔基体和细胞核等细胞器内，并且和生物大分子发生结合或催化化学反应，使生物大分子和生物膜的正常立体结构产生改变，其结果可能将导致体内一些激素和重要酶系的活性丧失。例如，树枝状纳米物质可能会造成渗透性破坏，甚至导致细胞膜破裂；水溶性富勒烯分子可能会进入大脑，造成黑鲈鱼大脑损伤，等等。由于超微粒子的比表面积增大，其化学活性增高，可能会更易对机体造成损伤。目前国内外一些初步的研究表明，正常无害的微米物质，一旦细分成纳米级的超细微粒后，就出现潜在毒性，且颗粒愈小，表面积活性越大，生物反应性愈大。这些事实提示我们，过去宏观物质的生物环境安全性评价结果可能不适用于它的纳米物质。

一、生物活性变化

有很多研究已经证明，食品和营养素经过纳米化以后，能表现出更高的生物活性，甚至显现出常态物质没有的活性。如纳米钙、铁、锌等元素的吸收率和利用率提高，在体内的生物活性也得到提高，效力增长；纳米维生素具有功能协同结构体的特性，其协同功能更强，在体内发挥更大的功效；张劲松、高云学等人经过对纳米硒生物活性的研究，证明其具有护肝、抗肿瘤、提高免疫力的作用。Huang等研究发现，纳米硒具有比硒酸钠更强的清除自由基的能力，且随着粒径的减小，清除率增高；纳米粒子载体在体内具有独特的靶向性，把功能成分运送到靶组织器官和细胞，减小对机体的副作用和毒性，并且具有缓释的作用，提高功能成分的效力。

1. 纳米淀粉

淀粉是食品的主要成分，也常用作食品加工的配料，其性质直接影响使用效果。通过纳米技术对淀粉进行处理，可以使淀粉的性质发生巨大的变化，改善其老化、溶解、膨胀及增稠等性质，提高淀粉在食品加工上的使用性能。

2. 纳米硒

硒是一种抗氧化酶的活性中心物质，缺硒对于人的免疫系统有一定的影响，但过量对人体有毒副作用。而由纳米技术合成的纳米硒是一种低毒高效的红色物质，其物质结构发生了变化。纳米硒有两个特点：它是零价的硒，既有氧化作用又有还原作用；活性很高，剂量降低，毒性和危害性减小。纳米硒有护肝、抑制肿瘤、免疫调节作用，还能延缓衰老，抗氧化，提高免疫力。我国的纳米硒技术走在了世界的前列。

3. 纳米钙

对人体有重要生理作用的钙难溶于水因而不易被人体吸收，采用纳米技术制备出碳酸钙的超微粉与常规大颗粒碳酸钙相比，有更强的亲水性，碳酸钙分子有更活泼的化学性质，更易被人体吸收。

4. 纳米铁、锌

元素铁粉是一种被广泛应用的食品铁强化剂，控制铁粉的粒度达到纳米级，会表现出与普通铁粉不同的性质，对提高铁粉的相对生物利用率影响很大，可望进一步改善铁粉的应用性能。纳米锌制剂和普通锌制剂相比，具有生物活性高、吸收率高、安全性能好、能促进其他养分的吸收、促进和调节动物机体代谢等优势。

5. 纳米维生素

纳米维生素是指通过细微加工，把维生素微粒粉碎到100nm以内，直接操纵维生素的原子、分子微团，利用复配技术使其重新排列，研究其物理特性和生理、生化特性，最终研制成具有独特的溶解度、吸收率、生理生化特点，对机体起到高营养免疫作用的新剂型维生素。纳米维生素具有“功能协同结构体”的特性。不同的物质微粒之间通过各种作用力构筑成稳定的纳米结构体系，形成一种新型鲜活的、协同作用更强的、具有独特营养保健免疫功能的以“功能协同结构体”存在的维生素复合剂，而不是简单的各种保健功能的叠加。纳米维生素中的脂溶性维生素是亲水性的，又处在胶体分散状态，是一种热力学稳定体系，并且改善了其在体内的药物动力学特性；而纳米级的水溶性维生素可以增加与胃肠道细胞的有效接触面。所以，纳米维生素的吸收率和生物利用率都得到很大的提高。此外，纳米维生素的安全性、稳定性、高效价性都是普通单一或复合维生素不可比拟的。

6. 纳米茶

用超微粉碎技术制备的茶粉可以做成各种食品，或是作为食品的添加成分，可以增加茶叶中纤维素、茶蛋白等功能成分的利用率，对人体有利。日本在这方面的技术比较先进。纳米茶的粒径比超微茶粉更小，目前有利用机械粉碎的方法制备纳米茶产品，具有一定的保健功能，但相关理化性质、稳定性、生物活性和作用机理研究方面的报道还很少。

二、主要技术开发领域

具有如此广泛应用价值的纳米食品生产技术得到各国的一致肯定，纷纷投入巨资进行开发。人们普遍认为，纳米食品将是21世纪新品种食品诞生的源泉，纳米食品生产技术将会引起新一轮食品产业革命，必将推动生产力的发展，改善人类饮食条件。主要表现在以下几个方面。

1. 纳米保健食品和药品开发

纳米技术可广泛应用于药品和保健食品开发。国内已经试制完成了一些药用多肽物质，如胶原多肽复合钙、蚂蚁胶原多肽几丁质、免疫球蛋白多肽、羊胎胶原多肽、紫河车胶多肽等。有些企业已制成了人参、天麻、牛黄、辰砂、酸枣仁、珍珠等单味纳米中药，西洋参与红景天抗疲劳组方，以及六味地黄丸组方等。还试制了沙棘籽油、纳米灵芝孢子粉、纳米有机硒复合抗癌制剂等。

2. 纯食品开发

可将部分牛奶多肽化处理后再与鲜钙匀质混合，可以制成具有降血压和提高免疫功能的多肽奶；添加胶原多肽复合钙的第四代钙奶；添加大豆胚芽、玉米胚芽、小麦胚芽、果蔬纤维等制成豆奶、果奶。运用亚微米技术制备的各种水果、蔬菜、藻类、真菌等匀浆将是纯天然型的原浆化饮料，不但可以直接食用，而且还可以冻结、冲配、添加，或制成饮料、糕点、冰点、调味品等。

3. 农业领域应用

在农业领域应用纳米技术开发的产品有：运用经纳米破碎制备和纳米抑菌材料修饰的多糖类农用保水剂（固化水），经纳米匀浆处理的饲料添加剂，工厂化农业生产的各种细菌蛋白、真菌多糖、微藻多糖，可形成的高附加值的食品、药品、原料、抗菌、防腐剂和添加剂。

4. 改造传统食品

对传统食品的改造，使其性能根据需要进行不同程度的改善，并得到合理的性能价格比，是纳米食品应用领域的一个重要方面。英国制定了一个很庞大的纳米食品发展计划，美国、日本也投入了相当大的力量在将纳米技术应用到纳米食品研究方面。我国在1995年就开始了使用纳米技术改进传统原料功能的研究工作，有的研究成果已开始中试，总体研究水平处于国际前列。

三、安全性

纳米技术是一种全新的技术，使得纳米食品的功效性和安全性受到质疑，接受程度受到影响，如同转基因食品在安全性方面引起的争议，大部分消费者都持保守的态度。纳米食品在活性、吸收利用率等增大的同时还应该考虑到有害物质的吸收、渗透等问题。粒径变小是纳米食品最重要的特征，是纳米粒子具有新特性和活性的本质，由于粒径变小引起了很多特性的增强和改变，成为人们利用和研究纳米技术的关键。同时，粒径变小也是引起纳米食品安全性问题的主要原因。物质经纳米化处理后，由于小尺寸效应和量子效应，比表面积显著增大，表面结合能和化学活性显著增高，具有特殊的物理化学效应，虽然化学组成并未发生变化，但是化学特性和生物活性与常规物质有很大的不同，其在机体内的生物活性、靶器官和暴露途径发生了改变，产生的生物效应会得到放大，这种放大作用甚至是以数量级增长的。一些纳米粒子的表面吸附力很强，更容易进入细胞甚至细胞核内，容易把其他物质带入细胞。

食品领域应用纳米颗粒可能产生的安全性问题如下：一方面，食品中纳米颗粒能够通过人体的生物屏障，生物利用度增加，其在体内蓄积可能产生多种风险；另一方面，物质经过纳米化处理，由于小尺寸效应、量子效应等影响，其比表面积增大，表面结合能和化学效应显著增加，其产生的生物效应会得到放大。

近年来，围绕纳米产品的生物安全性，发达国家积极展开研究。2003年4月，R F Service在*Science*首先发表文章讨论纳米材料与生物环境相互作用可能产生的生物安全问题，并介绍了Lam研究小组的研究结果，发现单壁碳纳米管可能会损害老鼠的肺部组织。随后，各个领域的科学家们开始探讨纳米生物安全问题，尤其是关于纳米颗粒对人体健康、生存环境和社会安全等方面是否存在潜在负面影响的问题，即纳米生物环境安全性问题。比如尺寸小是否会避开生物的自然防御系统，是否能生物降解，毒性副作用如何，等等。

纳米颗粒被消化道吸收的过程与其被吸附和转运有关，黏液层被认为是纳米颗粒进入人体的第一屏障，消化道上皮是第二屏障，而且小颗粒能够比大颗粒更容易快速扩散通过。研究表明，消化道吸收纳米颗粒的途径之一是上皮细胞允许大分子蛋白和多肽进入，纳米颗粒借助特异的高分子材料也可通过此途径进入；另一途径是跨细胞途径，即上皮细胞通过胞吞作用吸收纳米颗粒，转运至Peyer's集合淋巴小结滤泡的微皱褶细胞（M细胞）和/或消化道细胞，从而在消化道上皮的基底外侧释放。纳米颗粒的大小、表面电荷、与受体结合或包被的活性能够影响消化道的跨细胞吸收。

纳米胶囊或纳米颗粒通过胃肠道进入血循环，与血液成分如血浆蛋白、凝血因子、血小板、红细胞和白细胞反应，这些反应与纳米颗粒的表面化学性有关，对于纳米颗粒的分布和排泄起着重要的作用。纳米颗粒能够在体内广泛分布，且小颗粒的分布比大颗粒更广泛。细胞屏障如细胞膜不能构成纳米颗粒的障碍，其可穿过生物膜进入细胞、组织和器官，在脑、心、肝、肾、脾、骨髓、神经系统、血液等中蓄积；血脑屏障能够限制颗粒物质进入脑部，而具有亲脂性、主动转运可溶性小分子（$<500Da$）的纳米颗粒则能够通过血脑屏障。纳米胶囊能够增加内含成分的生物利用度，防止携带的成分被肝代谢后经胆管排泄，如大鼠经静脉给予聚苯乙烯纳米颗粒通过肝脏吸收后经胆汁排泄。纳米颗粒的胆汁排泄与颗粒大小有关，小颗粒物质（50nm）既可经Kupffer细胞吞噬也可经肝细胞吸收，而大颗粒（500nm）主要由非实质细胞如Kupffer细胞和内皮细胞吸收。

纳米颗粒进入人体有4种途径：吸入、吞咽、从皮肤吸收或在医疗过程中被有意的注入（或由植入体释放）。一旦进入人体，它们具有高度的可移动性。在一些个例中，它们甚至能穿越血脑屏障。纳米粒子在器官中的行为仍然是需要研究的一个大课题。基本上，纳米颗粒的行为取决于它们的大小、形状和同周围组织的相互作用活动性。它们可能引起噬菌细胞（吞咽并消灭外来物质的细胞）的“过载”，从而引发防御性的发烧和降低机体免疫力。它们可能因为无法降解或降解缓慢，而在器官里集聚。还有一个顾虑是它们同人体中一些生物过程发生反应的潜在危险。由于极大的表面积，暴露在组织和液体中的纳米粒子会立即吸附他们遇到的大分子。这样会影响到例如酶和其他蛋白的调整机制。

目前，纳米技术在食品应用中的安全性问题受到了特别的关注。日本制定了一个三年计划，通过动物实验来研究纳米材料在机体中的吸收状况和毒性。随着我们对“纳米”这一种新的物质形态认识逐渐成熟，开始重视其对环境和有机体的安全性影响，并作了一些相关的研究。特别是纳米食品的出现，对其安全性的研究提出了更迫切的要求。目前，关于纳米食品是否对人体健康和环境存在潜在的影响等问题还没有确切的答案，等到我们能够操纵“纳米”与健康和环境的关系，最终明确认识到它的利弊时，纳米技术在农业和食品领域才能有更好的应用。

四、毒性来源

毒性的来源主要有两个途径：一是有些作为食品和保健品的原料本身就具有一定的毒性，如人参、何首乌、苦杏仁、决明子、肉豆蔻、白果等都被医药界证明具有毒性或小毒性，并且有些药物和食物经过配伍以后，也会产生一些毒性。这样的原料经纳米加工成纳米食品或保健品，其本身的小毒性增大，造成安全隐患。药物学研究结果表明，制剂的粒径变小后其毒副作用会有不同程度的增大，急性毒性、骨髓毒性、细胞毒性、心脏毒性和肾脏毒性明显增强，小剂量就有可能导致中毒。二是除去原料本身的毒性，原料中的有毒污染物，如农药残留、重金属污染等，也加剧了纳米化后的安全隐患，随着纳米食品的吸收利用率提高，有害物质进入人体组织器官的几率也提高。此外，食物中本身含有的微量元素，如硒、铁、钙、锌等，纳米化以后的安全性也值得重视。

纳米粒子进入人体的途径，主要包括以下几个方面。

（1）大部分纳米粒子进入人体是通过口腔、鼻和皮肤，再进入血液系统，最后到达全身，这就是说纳米粒子对人和动物作用的主要和直接靶组织是血液、肺、皮肤和一些器官。纳米食品进入人体的主要途径是通过消化道，直接被人体消化吸收，小部分会通过尿液排出体外，也有一部分进入血液循环，通过血液转移至肝脏。除了正常的消化道途径，纳米食品由于其颗粒尺寸很小，在食用生产时极容易分散到空气中，通过呼吸道和皮肤进入人体。纳米粒子进入呼吸道以后，容易沉积在鼻咽部、气管支气管和肺泡区，根据颗粒大小的不同，沉积的部位有差异。呼吸道的沉积物会通过两种不同的转移路线和机制转移到其他靶组织，一种是透过呼吸道表皮细胞进入血液循环或淋巴系统分布到全身；另一种是通过表皮末梢敏感神经摄取，经轴突转移到神经节和中枢神经系统。纳米粒子可以经过简单扩散或表皮渗透的方式通过皮肤而进入人体组织，目前这方面的研究较少。

（2）纳米粒子进入人体和组织器官的途径增加。食品和营养素进入人体是通过消化吸收进行的，各类营养物质在体内的运输、代谢有一定的规律和途径，各种生物膜和组织屏障保证了这一过程的有序进行。但是纳米粒子打破了自然界这一严密的屏障，可以通过其他途径吸收进入人体，并穿过生物膜屏障，使人体的防御能力降低，引起机体功能紊乱，出现健康问题。纳米粒子可以透过生物膜和各种组织屏障。长期以来，人们认为各种组织屏障可以有效地阻止有害物质通过，但是近年有研究表明，这一理论不适用于纳米粒子，一定尺度的纳米颗粒可以透过“肺－血屏障”“血－脑屏障”“血－睾屏障”和“胎盘屏障”，对中枢神经、精子的生成和活力，以及胚胎发育产生不良影响。纳米粒子还比较容易透过生物膜上的空隙进入细胞和线粒体、内质网、细胞核等细胞器内，和生物大分子发生结合或催化化学反应，改变生物大分子和生物膜的正常立体结构，导致体内一些激素和重要酶系的活性丧失，甚至使遗传物质产生突变引起肿瘤等疾病的发生和促进老化过程。

（3）纳米材料能够通过细胞膜，引起DNA损伤，干扰细胞活性和生长，产生炎症蛋白，破坏线粒体主要结构，甚至导致细胞死亡。纳米颗粒的大小是其毒性的关键因素，而其他因素如化学组成、表面电荷、表面结构、聚集性和可溶性等也是其毒性的重要因素。对不同纳米颗粒（如纳米铜、纳米硒、纳米锌、纳米氧化锌和纳米二氧化钛等）急性毒性试验研究表明，高剂量纳米颗粒能够引起急性毒性，其毒性大小取决于纳米颗粒的大小、表面包被成分及化学组成等。25nm和80nm二氧化钛经口灌胃5g/kg能够引起小鼠肝损伤，纳米颗粒蓄积于肝DNA，引起小鼠肝脏病理变化和肝细胞凋亡，产生急性肝毒性以及炎症反应，其肝损伤效应明显强于常规二氧化钛颗粒（155nm）。

目前很少有关于纳米颗粒慢性或急性低剂量暴露的资料。有研究表明，长期暴露纳米颗粒能够引起不同系统的毒性，包括神经系统、免疫系统、生殖系统和心血管系统等。对免疫的影响包括氧化应激和引起肺、肝、心、脑炎症细胞因子的活化；对心血管系统的影响包括促血栓形成效应、心脏功能性损伤（如急性心肌梗塞）和对心率的影响。另外，纳米颗粒还可能引起遗传毒性，具有致癌和致畸作用。

（4）血脑屏障是分离血液与脑脊液的特殊系统，主要由内皮细胞紧密连接组成，阻止大分子或亲水性的物质进入大脑，保护大脑免受外来化学物的伤害。通常，大多数分子不能通过血脑屏障，但多种代谢动力学研究表明，纳米颗粒能够穿过血脑屏障。进入体内的纳米二氧化钛、氧化锰、银等纳米颗粒能够引起大脑损伤，而动物试验也表明，在大脑皮质层和小脑中能够检测到氧化锰、二氧化硅等纳米颗粒。有研究表明，出生前暴露纳米二氧化钛颗粒能够引起小鼠额前皮质和新纹状体多巴胺水平升高，从而可能影响子代中央多巴胺系统的发育。纳米二氧化硅（10nm和30nm）在100μg/mL浓度下能够引起小鼠胚胎干细胞的分化、心肌细胞收缩，其效应与剂量呈一定关系，而80nm和400nm二氧化硅在最高浓度均不引起胚胎毒性。影响干细胞分化的剂量低于对细胞毒性的剂量表明纳米颗粒对干细胞分化具有特定的影响。Hougaard等发现，二氧化钛（21nm）消化道暴露能够引起子代中度的神经行为改变，但认知功能未受影响，因此，尚不能排除纳米颗粒通过胎盘引起胚胎生殖毒性。

综上所述，纳米颗粒能够通过吸入、经口或皮肤等途径进入人体，然后通过被动扩散、受体介导的胞吞作用以及网格蛋白等途径进入细胞，进而进入细胞核，再经过直接或间接的机制引起DNA损伤。纳米颗粒能够不受细胞膜限制，直接进入细胞核和DNA，但是其结合作用机制尚不清楚。研究表明，纳米氧化锌颗粒对HepG2细胞暴露6h能够引起细胞内氧自由基产生，氧化应激介导产生DNA损伤，表面包被活性是纳米颗粒引起遗传毒性的重要因素。体内试验表明，20～160nm二氧化钛500mg/kg经饮用水给药，能够引起小鼠8-OHdG和γ-H2AX焦点增加，并引起DNA双链断裂、DNA缺失等。

多种纳米颗粒通过与网织红细胞—内皮细胞反应释放氧自由基，引起氧化应激反应，进而引起炎症，而氧化应激和炎症反应能够直接或间接地引起免疫毒性，如纳米二氧化钛引起巨噬细胞的凋亡和坏死。研究表明，4nm和100nm的纳米金颗粒在4.26mg/kg剂量下均能够对BALB/C小鼠引起中度免疫反应，导致细胞凋亡和肝急性炎症，并在肝Kupffer细胞和脾巨噬细胞中蓄积。二氧化硅颗粒（12nm）引起血液中IL-1β和TNF-α水平升高，腹膜巨噬细胞释放氧化亚氮，促进IL-1、IL-6、TNF-α、iNOS和COX-2m RNA的表达。

五、纳米食品的安全性评价和技术问题

纳米食品是一种新工艺新技术生产的食品，利用新兴的纳米技术加工普通的原料，所以在评价纳米尺度物质的生物安全性时，要充分考虑纳米尺度物质与传统物质的不同点及其特殊的方面。①由于纳米食品改变了食品传统食用方式，使其在人体内的传统代谢途径可能发生了变化，传统的安全性评价方法难以全面检测其安全性。②吸收明显增加而容易导致中毒，对宏观物质的安全性评价标准不适用于纳米食品。③由于纳米尺度物质的特殊性质和穿透效应，以及对机体作用方式和机制的特性，传统的风险评估技术以及健康危险评估技术很难应用。

食品纳米技术的关键问题：纳米食品技术才刚刚起步，大量的科学问题有待发现，技术有待开发。现有纳米化方法有超细碾磨、喷雾干燥、化学沉淀法、乳化法、超临界CO_2抗溶剂技术等，这些方法存在粒径大小和分布、均匀程度无法控制、形成的材料的功能性无法预测、纳米结构的稳定性不高等问题。同时，纳米技术的产业化效果还不理想，许多纳米技术项目研发时间较短，缺乏从基础研究到产业化的无缝连接机制，纳米技术成果不能顺利转化。目前，国内建立的生产线主要集中在技术较低的纳米粉体制备方面。

纳米细化后，由于颗粒的比表面积增大，吸附性大大增强，很容易发生团聚，这是固体纳米食品普遍存在的一个难题。此外，一些纳米晶粒自身能量远离平衡态，相界面或晶界就会积聚一定的过剩自由能，当满足一定的激活条件，有时甚至在室温下就可能通过晶粒长大而释放出过剩的自由能，相应会丧失纳米晶粒的某些性能。此外，纳米技术由试验室研究向工业化转化的过程中，缺乏从基础研究到产业化的无缝链接机制，纳米技术成果往往不能顺利转化。用于大规模生产的纳米设计与生产工艺，在工业化放大过程中，由于设备规模、生产能力、能耗等方面与实验室条件存在较大差别，实验室研究得出的参数可能无法生产出预期产品，这些都需要进行进一步深入细致的研究。虽然纳米技术在食品工业中得到了广泛的应用，但是同采用任何新的食品接触材料一样，必须对食品产品中纳米粒子可能的释放以及这些材料对人类健康的安全性做出评估。例如，某些纳米粒子具有穿越血脑屏障的能力。此外，纳米粒子释放到环境中，也对监测

和效应评估提出了新的挑战。

纳米材料的特殊效应使人们不得不面对和重视其安全性问题。目前对于纳米食品的生物效应及其潜在的安全性研究很少，如可以通过纳米胶囊化提高脂溶性营养因子的溶解性和生物利用率，但同时也可能带来某些负面效应，因为某些维生素或矿物质如果人体吸收过多或过快，将会产生一定的毒副作用。此外，它们在生物体内的分布、代谢等特性可能与传统食品不一样，因而，在对纳米食品进行研究开发与纳米食品投放市场之前，应该对纳米食品的安全性问题和其膳食供应量（RDA）问题，以及纳米材料通过食品对人类的潜在性影响问题等给予足够的关注和探讨。纳米技术在食品工业中的应用虽处于起始阶段，但随着纳米技术的发展，将会引发一场新的食品科学的革命，也会使人们的饮食结构和生活方式发生巨大的变化。

2006年，美国政府和私人机构投资约40亿美元用于纳米技术，其中有10%用于研究纳米物质潜在的危害，而这其中的大部分用来研究纳米物质的一般毒性和对环境的影响。为了对纳米颗粒潜在危害进行研究，评估生产者和消费者可能遭受的风险，欧盟第五框架协议就启动“NANOSAFE”（纳米安全计划），投入了32.3万欧元，随后启动“NANOSAFE2”（纳米安全计划-2），快速增加到700万欧元对相关方面进行研究。在这些研究中，纳米干粉颗粒的危害评估被认为是最至关重要的领域。2007年启动的欧盟第七框架协议（2007—2013年）中，界面和尺寸相关的现象，包括对人体的安全性、健康和环境（以及度量学、术语和标准）被推荐为最主要的研究课题。

目前许多监管当局正在开展评价工作，以确定是否已将纳米技术在食品和食品接触材料中使用完全纳入其现有确保食品安全的食品成分监管和审批框架。各国采用的办法很可能有所不同。评价食品中所用纳米粒子的摄取情况，或许应当沿循建议用于食品或食品接触材料的其他材料的类似安全性评价途径。不过，纳米材料可能在评估接触以及在体内和复合基体中度量该材料方面提出新的挑战。或许还需要评价一些毒性检测，以确定用于审查安全性的信息与人类具有相关性并可预测对人类的效应。这些考虑因素已导致食品公司着重关注这些材料的市场前置审批、可追溯性和与其风险管理有关的其他监管方面。

2007年7月25日，美国食品药品管理局（FDA）发布首份纳米技术相关产品监管调查报告。报告说，随着纳米技术拓展到药品、医疗设备制造等诸多领域，监管机构必须及早动手，深入研究，以制定针对纳米产品的科学监管方法。FDA“纳米技术工作组”在报告中建议政府监管机构有必要整合现有的工具、资源、信息，出台一整套有针对性的纳米产品科学指导准则，作为产业制造商和研究人员的执行标准，以保证纳米技术新产品的安全性和有效性。纳米技术的应用利益和风险并存，比如在纳米尺度内，材料的化学、物理及生物特性可能会发生不可预知的变化，传统的产品安全标准不再适用。报告建议，FDA等监管机构有必要重新评估目前的纳米产品审查程序，未来还应建立内部专家小组，以获取最新的纳米技术信息，从更为科学的角度审查纳米技术新产品。

六、纳米食品的安全性评价现状及对策

许多国际机构、组织和政府纷纷关注于食品和环境中纳米颗粒的转运以及健康效应，欧盟、美国均针对纳米食品发布相关法规文件，要求对纳米食品的风险进行评估和研究。Dekkers等对食品中纳米食品添加剂二氧化硅的风险研究表明，食品添加剂二氧化硅E551可能对人体健康产生风险，而对其风险评估受到食品中纳米二氧化硅的暴露剂量、代谢动力学信息以及纳米二氧化硅的毒性等方面信息的制约。Qasim Chaudhry等认为尽管纳米技术在全球食品领域应用只在小规模和技术发展阶段，但对纳米材料的特性、性质和效应存在知识空白，对纳米材料的使用，特别是不溶性、生物持久性的纳米颗粒应用于食品必须关注其对环境和消费者健康的安全性。纳米食品的毒理学、毒物代谢动力学、迁移和暴露评估必须依赖对食品中纳米颗粒检测方法以及对复杂食品基质中纳米颗粒的鉴定，而当前在这些方面均存在空白，使得对纳米食品的消费风险评估出现困难，从而阻碍了纳米颗粒应用风险评估的发展。

纳米颗粒在食品领域应用的风险可以通过以下几方面来评估。

理化性质：通常对化学物的定性较为直观，而在复杂基质中鉴定纳米材料则较为复杂。不同功能的纳米颗粒如颗粒大小、大小分布、潜在聚集、表面电荷等在不同生物基质中可能不同，取决于基质中的化合物和热动力学条件，而食品基质中的纳米颗粒也可能随着食品加工过程而出现变化。

剂量：纳米颗粒的大小尺度、总表面积、颗粒数目以及其他特性均能够影响纳米颗粒的毒性。毒理学试验需要多个剂量参数进行分析，从而确定因果关系，并使之有足够的可信度，从而对食品中纳米颗粒毒性进行完全鉴定。

暴露评估：对纳米材料的暴露评估与传统化学物评估相同，但应考虑特定食品的抽样、复合样品的变异、不同样品含量的差异和消费资料与传统化学物暴露评估可能不同。应该综合食品消费量和食品中纳米颗粒或化学物含量的信息进行暴露评估。

毒物代谢动力学：纳米颗粒的特性能够影响纳米颗粒的吸收、分布、代谢和排泄（ADME）。而ADME的信息对于纳米颗粒的体内分布、靶器官、毒性评价均有重要作用。

纳米颗粒的安全性：纳米颗粒比大颗粒更具有化学反应性以及更容易进入人体等特点，纳米材料也很容易附着于身体或器官表面，这些因素以及小体积使得纳米颗粒更容易为细胞和组织所吸收，从而影响人体健康。

目前，国际上尚未形成统一的针对纳米食品（材料）的生物安全性评价标准，尽管使用的评价方法和生物体系很多，但是大多数是短期评价方法，如毒性、细胞功能异化和炎症等。例如，Zhou等研究纳米铁粉对大鼠呼吸道健康的影响也是用短期暴露模型，发现毒性作用和剂量呈正相关。短期的模型很难对纳米食品（材料）的生物效应有彻底的认识，甚至同样的样品会分析得出不同生物效用的结论，如Monteiro-Riviere等分别用透射电镜、中性红染色、MTT细胞活力分析和IL-8释放分析这4种方法评价某种纳米材料对人体皮肤角化细胞的毒性，得到了不同的结果。要更接近人体的实际情况，可以采用

低剂量长期暴露的动物模型来评价，可以更全面地反映纳米粒子对健康的影响。

纳米食品的特殊性，使得传统的毒理学评价方法难以兼顾全面，并且操作性有限。对于纳米粒子在人体内的分布以及透过组织屏障影响到下一代发育的因素等一系列复杂的安全性问题，由于缺乏足够的毒理学数据，目前很难对其做出精确的评价。我们需要从基础的部分做起，选取一些免疫细胞进行体外研究，同时进行体内急性毒性试验获得半数致死量（LD50）和最大耐受剂量（MTD）等基本数据，对其毒性进行分级，初步了解其毒性的强度、性质和靶器官，获得剂量–反应关系，为进一步的机理研究提供依据。

纳米粒子的特性变化很大，不同的食品其生物效应和毒性有差别，影响其安全性的主要因素是颗粒尺寸效应，相同的食品材料，颗粒大小不同，其毒性等也不能一概而论。所以，建立不同种类，特别是不同形态和尺寸的纳米食品的安全性评价技术指标是一项很有必要的工作。此外，由于纳米粒子穿透性强，在对其安全性评价中考虑致癌、致畸、致突变和慢性毒性显得尤为重要。

深入的研究食品纳米化的理论和技术，以及其特殊功能的作用机制；同时重视应用研究，针对我国人民健康开发功能食品，研制生产设备，解决生产技术难题，做好理论与技术在生产上的应用转化。所以，纳米食品技术用于开发纳米食品和营养素，主要有以下几个研究方向：制备关键技术，针对不同原料的性质，如植物、动物、硬度、韧性等，筛选制备纳米成分的工艺方法，优化工艺参数，研究纳米粒子的团聚与分散理论，确定理想的固体分散体系。结构稳定性，研究纳米食品材料生长动力学和纳米尺度的控制，纳米粒子的表征，制备工艺对纳米分子结构的影响，纳米材料在环境中结构和性质的稳定性。功能特性，研究食品和营养素经纳米化产生的新功能和新特性，如生物利用率提高（高效吸收）、靶向型增强、缓释控制、生物活性（抗氧化、抗突变、抗肿瘤等）提高等；并研究新功能的作用机理和工艺、粒度对功能的影响。规模化生产设备，根据不同的纳米食品和营养素、不同的原料性质、不同的生产工艺和对产品的要求不同，研制适合生产一类产品的规模化生产设备，并攻克技术上的难题，保证产品品质和功效。产品开发，针对目前世界范围内心脑血管疾病、糖尿病、骨质疏松、癌症等慢性病发病率较高的特点，研制具有预防和辅助治疗功效的、没有毒副作用的、不同于药品的纳米功能食品。

目前纳米食品技术集中于用物理球磨法制造纳米粉体，虽然球磨设备不断更新，但优缺点并存，如何改进设备，克服原有缺陷制造出精良的纳米粉体是目前亟待解决的问题。对于纳米食品的工厂化生产，仅仅依靠单一技术也不能获得理想的产品。多种技术交替使用，优势互补将是未来纳米食品制造的另一趋势。而各种物料受硬度、密度、含水量、含油量、含糖量、含果胶量、纤维量、热敏性、原料的结构、生产环境、生物条件、营养成分及气候条件等因素的影响，反映的物理、化学性质有较大的差别，决定生产工艺流程存在针对性和独特性，而达到同样目的设备也呈多样性。围绕产品设计粉碎系统工艺和设备选型，是减少投资、降低消耗的有效措施。

对于食品纳米化后的团聚现象，目前还没有特别有效的解决方法。攻克这方面的难题可能需要多种交叉学科共同研究，开发新的研究技术和方法。如运用化学方法对纳米粒子表面进行改性，可以降低粒子的表面能态，消除粒子的表面电荷以及削弱粒子的表面极性，减轻颗粒团聚，提高粒子分散性，并且防止晶粒生长，改善配伍性能等。近年来，研究人员利用超声空化技术，其产生的高温、高压增加了水分子的蒸发，减少了凝胶表面的氢键形成，同时高温和固体颗粒表面的大量微小气泡也大大降低了固化颗粒的比表面自由能，可以抑制颗粒的聚结，从而达到防团聚效果。

目前，由于受生物体内纳米尺度物质定性、定量检测方法的限制，纳米颗粒在体内的吸收、分布、代谢和清除等实验数据还很少。但目前的研究结果显示出一个明显的倾向：纳米颗粒容易进入细胞内并与细胞发生作用。这也许正是纳米药物之所以高效（高生物利用度）的内在本质。但是，各种纳米颗粒对细胞分裂、增殖、凋亡等基本生命过程的影响和相关信号转导通路的调控，以及在细胞水平上产生的生物效应等，目前还不清楚。国际上关于纳米载体的细胞毒理学研究、纳米结构表面与生物分子和细胞作用的研究已经起步，而且进展的速度非常快。特别是关于生物材料的纳米拓扑结构研究。研究人员发现，材料的拓扑结构和化学特性是决定细胞与其相互作用的重要因素。某些纳米拓扑结构会促进细胞的粘附、铺展和细胞骨架的形成，但是在某些情况下，纳米拓扑结构会对细胞骨架分布和张力纤维的取向产生负面的影响。目前，在分子水平上研究纳米物质与生物分子的相互作用及其对生物分子结构和功能的影响已经开始，但是相关的报道还很少。

由于纳米技术在食品中的应用涉及从研发、生产到消费的不同阶段和不同的主体，相应的风险防范也应该从不同阶段的不同主体出发，明确各个时期各自的责任，以构建一个立体的风险防范网络。首先，研发阶段是技术发展的上游，科学家对食品中的纳米粒子的毒理学研究，是风险认知的基础。即便在此阶段科学还不能完全确定某一具体的纳米物质的毒性，从预防原则出发，科学家有义务告知生产商、政府管理部门和公众相关的添加剂或包装材料所涉及纳米物质的成分含量，以及其中可能存在的风险。其次，生产阶段是风险防范的关键阶段。企业的管理人员、技术人员和工人以及政府管理部门都是该阶段的责任主体。鉴于目前有关纳米技术和纳米材料的定义和标准化还未确定，可以一方面比照化学品的生产规范加强生产过程中的风险防范，另一方面，必须在其产品包装上清楚注明“纳米”字样，明确注明使用纳米技术的信息，包括纳米级添加剂的使用剂量、食品包装中纳米技术的使用情况等。标注方式应分为两种，一种是非特殊标注，即在生产环节中有使用纳米技术，但最终的产品中可能并不含有纳米的成分，这种方式可以从广义上理解纳米技术及纳米材料的定义；另一种是特殊标注，应清晰地注明“纳米食品”的标记，包含所使用纳米材料的成分及所含比例，这样有利于对食品安全的监管，同时保障消费者自由选择的权利。无论哪种标注方式都应该在产品中说明什么地方采用纳米技术（添加剂、食品包装或其他生产食品的环节），并应该有效注明食品的什么性能得到了提高。最后，在产品的消费阶段，这一阶段的责任主体和风险主体是政府职能部门与消费者。政府的职能是检查和验证标注的真实性，以保证信息的可靠性。风险的真正主体是所有的消费者，消费者根据自己对纳米技术的认知和产品的相关信息，决定自己是否选用纳米技术相关食品。目前，市场上转基因大豆油基本上是采用了这样的做法。

公众作为纳米食品的直接消费者和接触者，他们对纳米食品风险的感知在一定程度上决定了纳米技术的发展。作为纳税人和风险主体，他们毫无疑问有权利了解纳米技术在食品中的风险。但另一方面，公众对技术风险的理性认知也是一个过程，在这当中，科学家和媒体与公众的对话，可以帮助公众提高对纳米技术的认知与风险意识。鉴于纳米技术在食品中的应用涉及多个利益主体，构建科研机构、生产商、政府公共行政机关在责任防范上的可追溯性和层级问责制度也是加强风险防范的重要举措。可追溯性既包括食品及食品中材料来源的可追溯性，也包括责任的可追溯性。可追溯性的目的在于可以清楚地知道食品中所用成分的来龙去脉，从原材料的最初来源到成型产品的最终去处，以及每一环节的责任主体。层级问责制，可以将利益相关者的责任与利益挂钩，构建立体的责任与风险防范网络。

目前正是开展纳米生物效应领域研究的最好时期，如果抓住机会，及时组织我国的优势力量，开展纳米生物效应深入系统的研究，非常有利于获得在科学上产生长远而重大影响的原始创新性成果。

第四节 展 望

继信息、生物技术之后，纳米技术是高新技术发展的第三大革命性突破。为了迎接21世纪科技发展的新浪潮，世界各国对纳米技术给予了高度关注，纷纷制定纳米技术的研究计划，并进行大规模的投资，如世界经济和技术强国美国、传统和现代相结合的欧洲诸国、中国等。

纳米技术在食品领域的应用才刚刚开始，大量的科学问题有待发现、研究，产业化的实现还要经过漫漫长路。食品纳米技术的理论和技术以及特殊功能的作用机制还需要进行更为深入的研究，例如，纳米粒子的制备关键技术中，纳米粒子的团聚与分散，确定理想的固体分散平衡体系；在纳米材料的使用中，要研究材料设备在使用环境中的结构和性质的稳定性；食品和营养素经纳米化后，新功能和新特性的产生机理及其引起的显著或潜在的安全问题。

2003年9月美国农业部首次展望了纳米技术在农业和食品上的应用前景，认为纳米技术将改变食品生产、加工、包装、运输和消费的整个食品工业。纳米农业生物技术是其重点扶持和长期研究的领域，无论在基础技术研究还是在应用研究和产品开发方面都取得了长足进步，如纳米载体、纳米生物传感器、纳米生物反应器、纳米自组装材料、植物病理学控制研究、处理废弃物的纳米生物催化剂等。

2005年7月，欧洲委员会在最新政策文件中指出，纳米技术的进步将有助于增强欧盟各国的竞争力，追赶美国在纳米技术研发领域的领先地位。同时，欧盟还必须避免出现不断重复的现象，即必须将研究转化为工业发展和商业应用。纳米论坛2007年度报告显示，爱尔兰、荷兰和希腊将成为欧盟成员国中领先展开纳米食品研究的3个国家。爱尔兰科学技术及创新委员会（ICSTI）的目标之一是开发能够满足消费者对安全、新鲜、质量等方面要求的食品生产和处理技术，这些技术包括食品微观结构、香味与质量、病菌控制系统、风险分析法、高压技术、机器人和信息技术等。荷兰TNO公司正在进行纳米生物研究，为食品、药物和农用化学品领域的应用做准备，同时特别关注利用纳米技术来确保食品的安全。在希腊，主要的纳米技术研究机构是希腊发展部研究和技术总秘书处，重点开发可再生能源、食品及其他领域的纳米技术，希腊物理化学研究院也在纳米生物研究领域处于领先地位。

日本政府不仅将纳米技术视为激活经济复苏的“起爆剂”，而且将其视为驱动经济持续发展的动力源。近年来，日本的纳米食品和营养物研究发展较快，日本太阳化学株式会社Nano-Function事业部利用纳米水平的界面控制技术，开发了营养输送系统（NDS），成功实现了多孔二氧化硅NPM纳米多孔材料（纳米多孔二氧化硅）的规模化大批量生产，目前，NDS已被广泛应用于各种食品。

纳米科技属于一个多学科交叉的边缘领域，因此，纳米食品与营养素的制备和产品开发研究工作也应该向多方向发展，包括超分子合成技术、分子组装技术、萃取技术、分散技术、纳米粉碎技术、表面修饰技术、纳米胶囊成型技术、分离技术、低温干燥技术、纳米尺度结构表征技术等多种技术，制备能达到各种特殊功能要求的纳米食品，朝着新型纳米食品材料、纳米营养物、纳米功能性食品的方向发展，尤其是赋予营养物或其载体体内控释性、靶向性等功能特性。同时，也并非盲目地将食品材料、营养物和功能性配料纳米化，而是更多的考虑纳米尺度下的生物效应、安全性、生物兼容性等问题。此外，纳米技术对农业产业结构、膳食结构以及食品贸易文化的冲击也是技术发展过程中关注的方向。

尽管纳米化食品和配料已经为我们展现了无可比拟的优越性和光明的应用前景，但是从技术理论的成熟完善到实际应用还有很长一段距离，理论和应用并重，才能体现纳米技术的巨大潜力；同时，不只是技术的应用和规模化生产，纳米食品的绿色加工以及标准化生产也将是纳米食品技术发展的热点方向。

总之，纳米科技为人类揭示了一个可见的原子、分子世界，已成为全世界关注的焦点，它在应用上的辉煌已经证明其将引导新一轮的产业革命。纳米科技必将带给食品产业机遇，随着对纳米食品安全性的认识，可以预想在不久的将来，食品工业将以纳米科技为平台而得以蓬勃发展。

参 考 文 献

[1] 常雪灵, 等. 纳米毒理学与安全性中的纳米尺寸与纳米结构效应[J]. 科学通报, 2011, 56(2): 108-118.

[2] 成军. 现代肝炎病毒分子生物学[M]. 北京: 科学出版社, 2009.

[3] 何培健, 等. 纳米技术在药品与食品包装中的应用[J]. 海峡药学, 2006, 18(4): 197-199.

[4] 黄黎红. 科学技术导论[M]. 四川: 电子科技大学出版社, 2009.

[5] 姜宝港. 智能家用电器技术[M]. 北京: 机械工业出版社, 2008.

[6] 金一和. 纳米材料对人体的潜在性影响问题[J]. 自然杂志, 2001, 23(5): 306-307.

[7] 李小林, 等. 纳米颗粒在食品领域中应用安全性及其风险的研究进展[J]. 检验检疫学刊, 2013, 23(1): 73-76.

[8] 李海龙, 等. 保健食品的发展及原料安全隐患[J]. 食品科学, 2006, 27(3): 263-266.

[9] 刘红梅. 纳米材料的生物安全性研究进展[J]. 化工进展, 2006, 25(9): 1 040-1 044.

[10] 孙炳新, 等. 国外纳米技术在食品工业中的应用研究进展[J]. 食品研究与开发, 2008(9): 173-175.

[11] 孙勇，等. 纳米食品的活性与安全性研究[J]. 食品科学, 2006, 27(12): 936-939.

[12] 王国豫, 朱晓林. 纳米技术在食品中的应用, 风险与风险防范[J]. 自然辩证法研究, 2012, 28(7): 19-24.

[13] 汪冰, 等. 纳米材料生物效应及其毒理学研究进展[J]. 中国科学: B辑, 2005, 35(1): 1-210.

[14] 卫英慧. 纳米材料概论[M]. 北京: 化学工业出版社, 2009.

[15] 袁飞, 等. 纳米技术在世界范围内食品工业中的应用[J]. 食品科技, 2007, 33(2): 17-20.

[16] 张劲松, 等. 纳米红色元素硒的护肝、抑瘤和免疫调节作用[J]. 营养学报, 2001, 23(1): 32-35.

[17] 赵宇亮, 等. 纳米尺度物质的生物环境效应与纳米安全性[J]. 中国基础科学, 2005, 7(2): 19-23.

[18] 赵秋艳, 等. 新型铁营养强化剂——超微细元素铁粉[J]. 食品与发酵工业, 2001, 27(6): 67-69.

[19] 赵成萍, 等. 纳米级维生素的研究[J]. 饲料工业, 2006, 27(6): 62-64.

[20] Brumfiel G. A little known knowledge[J]. *Nature*, 2003, 424(17): 246-248.

[21] EIAmin A. Nanoscale particles designed to block UV light[OL]. Food Production Daily. com Europe. (2007-10-10) [2007-10-30]. http://foodproductiondaily.com/new/ng.asp?id=80676.

[22] Huang B, Zhang J S, Hou J W, et al. Free radical scavenging efficiency of Nano-

Seinvitro[J]. *Frcc Radical Biology and Medicine*, 2003, 35(7): 805-813.

[23] Monteiro-Riviere N A, Inman A O. Challenges for assessing carbon nanomaterial toxicity to the skin[J]. *Carbon*, 2006, 44(6): 1 070-1 078.

[24] Pison U, Walte T, Giersig M, et al. Nanomedicine for respitatory diseases[J]. *European Journal of Pharmacology*, 2006, 533(1-3): 341-350.

[25] Service R F. Nanomaterials show signs of toxicity[J]. *Science*, 2003, 300(11): 243.

[26] Vaseashta A, Dimova-Malinovska. Nanostructured and nanoscale devices, sensors and dectectors[J]. *Science and Technology of Advanced Materials*, 2005, 6(6): 312-318.

[27] Zhou Ya-mei, Zhong Cai-yun, Kennedy I M, et al. Pulmonary responses of acute exposure to ultrafine iron particles in healthy adult rats[J]. *Environmental Toxicology*, 2003, 18(4): 227-235.